Günter Reinemann (Hrsg.)

AutoCAD
für die Haustechnik

Günter Reinemann (Hrsg.)
Johannes Briesovsky, Uwe Galow, Olaf Schymura

AutoCAD für die Haustechnik

Rechnergestützte Projektierung Heizung, Lüftung, Sanitär

Mit 142 Abbildungen und 13 Tabellen

Der Herausgeber:
Günter Reinemann, Abteilungsleiter der Gesellschaft f. Organisation u. Informationsverarbeitung, Halle

Die Autoren:
Günter Reinemann, Abteilungsleiter der Gesellschaft f. Organisation u. Informationsverarbeitung, Halle
Johannes Briesovsky, Firma ITAP, Bad Dürrenberg
Uwe Galow, Gesellschaft f. Organisation u. Informationsverarbeitung, Halle
Olaf Schymura, Gesellschaft f. Organisation u. Informationsverarbeitung, Halle

Alle Rechte vorbehalten
© Friedr. Vieweg & Sohn Verlagsgesellschaft mbH, Braunschweig/Wiesbaden, 1996

Der Verlag Vieweg ist ein Unternehmen der Bertelsmann Fachinformation GmbH.

Gedruckt auf säurefreiem Papier

ISBN 978-3-528-03826-7   ISBN 978-3-322-90858-2 (eBook)
DOI 10.1007/978-3-322-90858-2

Vorwort

"AutoCAD für die Haustechnik" – wenn Ihnen dieses Buch im Bücherregal aufgefallen ist, sind Sie sehr wahrscheinlich selbst als Ingenieur in der Heizungs-, Lüftungs- und/ oder Sanitärtechnik tätig, vielleicht sind Sie aber auch Student an einer Technischen Universität oder Fachhochschule, aber auf jeden Fall einer der potentiellen Leser, für die dieses Buch geschrieben wurde.

Wir, die Autoren sind selbst Ingenieure, verfügen über langjährige Erfahrungen in der Nutzung von CAD-Systemen sowie in der Schulung und dem Support von AutoCAD und AutoCAD-Applikationen für die Heizungs-, Lüftungs- und Sanitärtechnik. In diesem Buch vermitteln wir Ihnen neben einführenden (konventionellen) Grundlagen der Projektierung der Gewerke Heizung, Lüftung und Sanitär insbesondere Grundlagen zur Einordnung von CAD-Systemen und behandeln speziell zwei AutoCAD-Applikationen, nämlich die Softwareprodukte **"C.A.T.S."** der C.A.T.S. Software GmbH aus Darmstadt und **"pit-cup"** der pit-cup GmbH aus Heidelberg. Aus Gründen der Übersichtlichkeit haben wir uns auch hier auf die Gewerke Heizung, Lüftung und Sanitär konzentriert. Natürlich bieten die Systeme für alle Gewerke der Haustechnik Mittel an, d. h. also auch für Elektro, Sprinkler, Regelung,...

Es ist das Anliegen dieses Buches, eine systematische Einführung in die rechnergestützte Pojektierung für die Gewerke Heizung, Lüftung und Sanitär zu geben. Deshalb wurde das Buch als Arbeitsbuch konzipiert und auch so realisiert, damit es Ihnen als Leitfaden zur Verfügung steht. Es liegt uns sehr am Herzen, die Softwareprodukte "C.A.T.S." und "pit-cup" in ihren Strukturen transparent zu machen und an einfachen und komplexen Beispielen ihre Leistungsfähigkeit zu verdeutlichen.

Wir wenden uns mit diesem Buch an die Ingenieure in der Praxis, die sich häufig im Selbststudium diese Kenntnisse aneignen müssen. Außerdem ist das Buch so konzipiert und realisiert, daß es als Schulungsgrundlage in vielfältiger Art und Weise eingesetzt werden kann, nämlich für Firmenschulungen, freie Seminare und Schulungen sowie auch für AfG-Schulungen und AfG-Umschulungen.

Eine wichtige Zielgruppe, die mit diesem Buch angesprochen werden soll, sind Studenten technischer Fakultäten von Technischen Universitäten und Fachhochschulen, die in diesem Buch eine praxisnahe Ergänzung der im Studium vermittelten Methoden und Verfahren finden. Deshalb ist das Buch so aufgebaut, daß der Umgang und die Handhabung mit AutoCAD sowie "C.A.T.S." und "pit-cup" Schritt für Schritt erlernt werden kann.

Im *ersten* Kapitel werden die (konventionellen) Grundlagen der Projektierung der Gewerke Heizung, Lüftung und insbesondere Sanitär behandelt. Es vermittelt eine Einführung über Verfahren und Methoden der Projektierung der Branche Heizung, Lüftung, Sanitär (HLS).

Das *zweite* Kapitel beinhaltet Anforderungen und Klassifizierung von CAD-Systemen für die rechnergestützte Pojektierung für die Gewerke Heizung, Lüftung und Sanitär. In

diesem Kapitel werden produktunabhängige Ergebnisse und Schlußfolgerungen dargelegt.

Im *dritten* Kapitel informieren Sie sich über die Architektur von CAD-Systemen und deren Schnittstellen sowie den den CAD-Systemen immanenten Methoden und Arbeits-techniken.

Im *vierten* Kapitel wird allgemein die Einordnung und Entwicklung der Produkte "C.A.T.S." und "pit-cup" behandelt.

Im *fünften* Kapitel wird die Funktionalität von "C.A.T.S." und zwar in der neuesten Version 13.01 ausführlich behandelt und mit vielen grundlegenden und übersichtlichen Beispielen unterlegt.

Analog zum fünften Kapitel wird im *sechsten* Kapitel die Funktionalität von "pit-cup" und zwar in der neuesten Version 4 ausführlich behandelt. Schritt für Schritt werden Sie in die rechnergestützte Projektierung Heizung, Lüftung und Sanitär mit "pit-cup" einge-wiesen.

Im Kapitel *sieben* werden die wichtigsten Features und Funktionalitäten von "C.A.T.S." und "pit-cup" zusammenfassend dargestellt.

Das Autorenkollektiv

- Dr.-Ing. habil. Günter Reinemann, Abteilungsleiter der Gesellschaft für Organisation und Informationsverarbeitung Sachsen-Anhalt, Halle (Saale) und Honorardozent an der FHS Anhalt, Leiter des Autorenkollektivs und verantwortlich für die Gesamt- und Endredaktion sowie die Kapitel 2, 3, 4 und 7,
- Dr.-Ing. habil. Johannes Briesovsky, Firma ITAP, Bad Dürrenberg; Bearbeiter des Kapitels 1,
- Dipl.-Ing. Olaf Schymura, Mitarbeiter der Gesellschaft für Organisation und Infor-mationsverarbeitung Sachsen-Anhalt, Halle (Saale), Bearbeiter des Kapitels 5,
- Dipl.-Ing. Uwe Galow, Mitarbeiter der Gesellschaft für Organisation und Informa-tionsverarbeitung Sachsen-Anhalt, Halle (Saale), Bearbeiter des Kapitels 6 und Mit-arbeiter bei der Endredaktion.

bedankt sich sehr herzlich bei

- Herrn Ewald Schmitt vom Vieweg-Verlag für die Anregung zum Schreiben dieses Buches sowie bei den
- Herren Andreas Schwab und Werner Herbert von der C.A.T.S. Software GmbH aus Darmstadt und Kurt Weber von der pit-cup GmbH aus Heidelberg für wertvolle Hinweise und die uneingeschränkte Unterstützung bei der Realisierung des Buch-projektes und
- bei den Herren Jens Wierzchowski und Erik Lietz, die im Rahmen studentischer Arbeiten zum Gelingen des Buches beigetragen haben.

Halle (Saale), im Januar 1996　　　　　　　　　　　　　　　　*Das Autorenkollektiv*

Inhaltsverzeichnis

1 Grundlagen der Projektierung Heizung, Lüftung, Sanitär

1.1 Einleitung

Die computerunterstützte Projektierung haustechnischer Anlagen, insbesondere Heizung, Lüftung, Sanitär (HLS) als Bestandteil der Fachgewerke des Bauwesens im Sinne von CAD, erhält in den Ingenieurbüros für die Gebäudeausrüstung und Fachfirmen der Bauausführung immer größere Verbreitung. Man spricht sogar von CIB, dem computerintegrierten Bauen, das analog zum CIM - Begriff des Maschinenbaues - verwendet wird /1-1/.

Die Integration von DV-Anwendungen der Gebäudeausrüstung kann in horizontale, d. h. die verschiedenen Fachplanungen betreffend, und in vertikale Integration, d. h. die verschiedenen Stadien der Planung betreffend, gegliedert werden. Dabei sollen die Lösungen die verschiedenen Objekte (die Wohnhäuser und die Gebäude der Industrie, des Gewerbes und der Kommunen vom Einfamilienhaus bis zu speziellen Gebäuden, wie Flughafenabfertigungen, Krankenhäuser, Gewerbezentren, Banken, Schulen, Supermärkte u. a.) berücksichtigen.

CAD betrifft in erster Linie die horizontale Integration, d. h. nach /1-1/ die DV-technische Zusammenfassung aller Teilaufgaben innerhalb eines Planungsbüros, wobei jedes beteiligte Unternehmen bemüht ist, die Durchgängigkeit der Abwicklung seines Teilprojektes gemäß den Phasen der Honorarordnung für Architekten und Ingenieure (HOAI) /1-2/ zu optimieren. Wesentliche Tätigkeitsbereiche, die in den Fachgewerken laut HOAI mittels DV bearbeitbar sind, zeigt Tabelle 1-1. Von der Vorplanung bis zur Ausführungsplanung überwiegt CAD, d. h. die grafisch orientierte Bearbeitung hat Vorrang. Außerdem finden die Textverarbeitung, die Datenbankarbeit und die Methoden der Künstlichen Intelligenz Einzug in die Planungstätigkeit.

1.2 Planungsablauf

1.2.1 Planungsetappen

Die **Vorplanung**, auch als Vorentwurf bezeichnet, umfaßt die skizzenhafte Lösung der wesentlichen Teile der Bauaufgabe. Dazu gehören die Ver- und Entsorgungsanschlüsse für Gas, Wasser, Abwasser und die Elektroenergiezuführung. Es sind die Anforderungen für solche wesentlichen Ausrüstungssysteme, wie die Heizungsanlage, die Druckerhöhungsanlage, Warmwasserversorgungs-, Feuerlösch-, Abwasserbehandlungs-, Gas-, Druckluft-, und Vakuumversorgungsanlage festzulegen.

Tabelle 1-1:   DV-Einsatzbereiche in der Haustechnik gemäß der HOAI-Phasen

HOAI-Phase	DV-Techniken	Einsatz der GDV
1. Grundlagenermittlung	GIS	Kataster, Liegenschaften
2. Vorplanung	CAD	Ver- und Entsorgungs-anschlüsse (Lageplan)
3. Entwurfsplanung	CAD	Übernahme der Baupläne, Konzipierung der Zentralen und Trassen
4. Genehmigungsplanung	DTP	Zusammenstellung der Unterlagen
5. Ausführungsplanung	CAD	Ausführungsunterlagen für die Verlegung und Werkstattfertigung
6. Vorbereitung der Vergabe	AVA	Mengenermittlung
7. Mitwirkung bei der Vergabe	AVA, DTP	Angebotseinholung und -prüfung
8. Objektüberwachung	Standardsoftware, DTP	Netzplantechnik, Balkendiagramme
9. Objektbetreuung und Dokumentation	DTP, CAD	as-built-Dokumentation
Gebäudemanagement (keine HOAI-Phase)	GIS, CAD	Anlageninformationssysteme

Die Einrichtungen sind nach dem Raum- und Ausstattungsprogramm und nach den Entwürfen des Architekten zu bestimmen. Dabei wird nach folgenden Anlagen unterschieden, die durch die Fachplanungen bzw. Gewerke entworfen und geplant werden:

–   Heizungsanlage

–   Lüftungsanlage

–   Sanitäranlage

–   Starkstromanlage

- Schwachstromanlage

- Gasversorgungsanlage

- Blitzschutzanlage

- Maschinentechnische und Förderanlagen

In dieser Phase werden die Architektenzeichnungen und Lagepläne mit den Netzen übernommen (Lage-, Gebäude- und Anschlußpläne).

In der **Entwurfsplanung** werden in die Lagepläne die Anschlußleitungen für Elektro, Gas, Wasser und Abwasser mit Höhenangaben gezeichnet. Die technischen Einrichtungen werden in Funktions- bzw. Prinzipschaltbildern dargestellt. Die Gebäudepläne werden mit den einzelnen technischen Einrichtungen, Zentralen, den Leitungstrassen sowie den Kanälen und Schächten für die Installationen gezeichnet, und die Baumaßnahmen werden in einem Erläuterungsbericht beschrieben sowie Bedarfs- und Leistungswerte angegeben. Hierzu gehören auch die Betriebskosten und die Kostenermittlung der einzelnen Gewerke. Die Entwurfsplanung ist die Voraussetzung für die Einholung der Genehmigungen oder Zustimmungen nach den öffentlich-rechtlichen Vorschriften (**Genehmigungsplanung**).

Die **Ausführungsplanung** umfaßt die Fachleistungen bis zur ausführungsreifen Lösung mit der zeichnerischen Darstellung der Anlagen mit Bemaßung. Außerdem werden die Schlitz- und Durchbruchpläne erarbeitet. In der Elektrotechnik werden die Stromlaufpläne angefertigt. Bei Erfordernis werden Montage- und Werkstattzeichnungen erstellt. Auf der Basis der Berechnungen, Beschreibungen und der zeichnerischen Darstellungen werden die Leistungsverzeichnisse nach Leistungsbereichen aufgestellt. In der **Bauphase** werden bei größeren Objekten Bauablaufpläne als Balkendiagramm oder Netzplan erstellt. Der Istzustand nach der Errichtung wird als as-built-Darstellung erfaßt und dient mit den anderen Revisionsunterlagen, den Bedienungsanleitungen und Prüfprotokollen als Basis für die **Gebäudeverwaltung** (**Facility Management**) einschließlich der Wartungs- und Instandhaltungsplanung.

Für die weiteren Ausführungen wurde vorzugsweise das Gewerk **Sanitäranlagen**, das die Wasserver- und -entsorgung, die Gasversorgung und die Warmwasserbereitung umfaßt, gewählt. Dies ist möglich, da die planerischen Probleme bei den anderen Gewerken ähnlich sind. Es handelt sich bei den Heizungs-, Lüftungs- und Sanitäranlagen um technische Systeme, in denen fluide Medien strömen und behandelt werden. Außerdem ist die Sanitärtechnik das kostenmäßig umfangreichste Gewerk der Haustechnik. In der Sanitärtechnik werden gasförmige Medien in Form der Lüftungssysteme der Gebäudeentwässerung und der Brenngasversorgung behandelt, die somit ein gewisses Analogon für die Lüftungstechnik darstellen.

Das Medium Wasser wird neben der Wasserversorgungstechnik in Form der Warmwasserbereitungsanlagen behandelt, wobei es der Warmwasserheizung, die das typische System des Gewerkes Heizung darstellt, nahe kommt. Natürlich gibt es auch Spezifika. Diese werden im Abschnitt 1.5 behandelt.

Einige wesentliche vergleichende Betrachtungen sind in der Tabelle 1-2 dargestellt.

Tabelle 1-2:   Vergleich der Medien und Funktionselemente in den Gewerken HLS

Parameter	Warmwasserheizung	Lüftung	Sanitärtechnik
Hauptmedium	Wasser	Luft	Wasser, Luft
Medien-geschwindigkeit	Schwerkraftheizung: 0,1 bis 0,3 m/s Pumpenheizung: 0,3 bis 1,5 m/s	Niederdrucklüftung: 2 bis 8 m/s Hochdrucklüftung: 10 bis 20 m/s	Wasser: 1 bis 2 m/s
Medientransport in Rohrleitungen	Dichteunterschied bzw. Pumpe	Dichteunterschied bzw. Ventilator	Pumpe, geodätische Höhe, Schwerkraft
Medienzu- und -abführung	Umlauf	Zuluft, Fortluft	Wasserversorgung, Entwässerung
Transportleitung für Hauptmedium	Rohr	Rohr, Kanal	Rohr, Entwässerungskanal
Funktionselement	Heizkörper	Lufteinlaß und -auslaß	Sanitärgegenstände

1.2.2 Entwurfs- und Ausführungsplanung in der Heizungs-, Lüftungs- und Sanitärtechnik

Die Planungen verlaufen in verschiedenen Phasen vom Groben zum Feinen bzw. von der Übersichts- zur Detailplanung. Während in frühen Phasen der Architekt und der Bauherr grundsätzliche Aussagen über Grundflächen, umbauten Raum, Raum- und Ausstattungs-programm auf der Basis von funktionellen Anforderungen an das Gesamtbauwerk treffen und die Grobstruktur festgelegt wird (Etagenzahl, Treppenhäuser, Schächte, Zentralen der Haustechnik), werden in den späten Planungsphasen detaillierte Aussagen über konkrete Gestaltungen der einzelnen Räume, über die Leitungsführungen für die Ver- und Entsorgung und die zu verwendenden Werkstoffe getroffen.

Die Anforderungen an die Funktion der haustechnischen Einrichtungen ergeben sich aus den Wohnkomfortwünschen, den Vorschriften und den Planungsgrundsätzen in Form von Regelwerken (z. B. Technische Regeln für die Trinkwasserinstallation), d. h. be-währten anerkannten Regeln der Technik.

Für die Sanitärtechnik ergeben sich solche einzuhaltende funktionsorientierte Grundsätze aus den Anforderungen an das Trinkwasser als Lebensmittel sowie den Notwendigkeiten und Möglichkeiten der Entwässerung und der Abwasserbehandlung.

Anforderungen an das Trinkwasser, die bei der Wasserversorgung in den technischen Einrichtungen der Gebäude realisiert werden müssen, bestehen lt. Leitsätzen für Anforderungen an Trinkwasser /1-3/ darin, daß es frei sein muß von Krankheitserregern und keine gesundheitsschädigenden Eigenschaften haben darf, keimarm, farblos, klar, kühl und geruchlos sein soll und immer in genügender Menge und mit ausreichendem Druck zur Verfügung stehen soll. Diese Anforderungen werden in Abhängigkeit von der Rohwasserbereitstellung durch technische Maßnahmen der Wasseraufbereitung, des Werkstoffeinsatzes, der Rohrleitungsführung usw. realisiert.

Bei der Heizung und Lüftung stehen die Schaffung und Erhaltung eines für den Menschen zuträglichen und ausgeglichenen Raumklimas im Vordergrund. Dafür sind Anforderungen bezüglich der Raumlufttemperatur, der Luftfeuchte, -geschwindigkeit und erneuerung durch die Eigenschaften der Heizungs- und Lüftungssysteme zu erfüllen.

Die Funktionserfüllung erfolgt durch entsprechende Strukturierung der Anlagen, wobei die Heizkörper und Lüftungsgeräte sowie die Sanitärgegenstände wesentlich sind. Außerdem müssen diesen Geräten die entsprechenden Energien zugeführt werden, die aus Zuleitungen bzw. Zentralen bezogen werden. Dazu dienen Leitungen. Diese bestehen wiederum aus einer Reihe von Elementen, die notwendig sind, um die Funktionsfähigkeit des Gesamtsystems unter allen Betriebsbedingungen zu garantieren (Armaturen, Sicherheits- und Schutzeinrichtungen). Die Gestaltung der Systeme umfaßt sowohl die äußere Form (z. B. verschiedene Heizkörper, Badewannen), die Maße (Abmessungen, Nennweiten) und zweckmäßige Anbringung bzw. Verlegung bis hin zur Oberflächenbeschaffenheit und Farbgestaltung.

Dem Planer obliegt es, die Systeme so zu gestalten, daß sie bestimmungsgemäß funktionieren, den Ansprüchen der Menschen gerecht werden und außerdem wirtschaftlich sind.

Die Ergebnisse seiner Planungstätigkeit fixiert der Planer in Texten (z. B. Baubeschreibung), Tabellen und Listen (z. B. Leistungsverzeichnis, Materialauszug) und in Zeichnungen, wobei letztere im Mittelpunkt von CAD stehen.

1.3 Zeichnerische Unterlagen

Zeichnungen dienen dem Entwurf, der Bauvorlage, der Herstellung und Aufnahme von baulichen Anlagen, wobei diese in Inhalt, Form und Gestaltung bestimmten Vorschriften genügen müssen, z .B. gilt für Bauzeichnungen generell die DIN 1356 /1-4/.

Die Darstellung erfolgt maßstäblich in Form von Ansichten und Schnitten, perspektivisch als dimetrische oder isometrische Darstellung oder unmaßstäblich als Schema. Die Gebäudetechnik verwendet die Entwürfe des Architekten bzw. vorhandene maßstäbliche Bauzeichnungen, in die die Gegenstände/Einrichtungen und Leitungen eingetragen werden. Die Darstellung erfolgt vorzugsweise in Schnitten (Grundriß und Aufriß bzw. Deckenriß). Die isometrische Darstellung ermöglicht einen guten und schnellen Überblick über das Gesamtsystem.

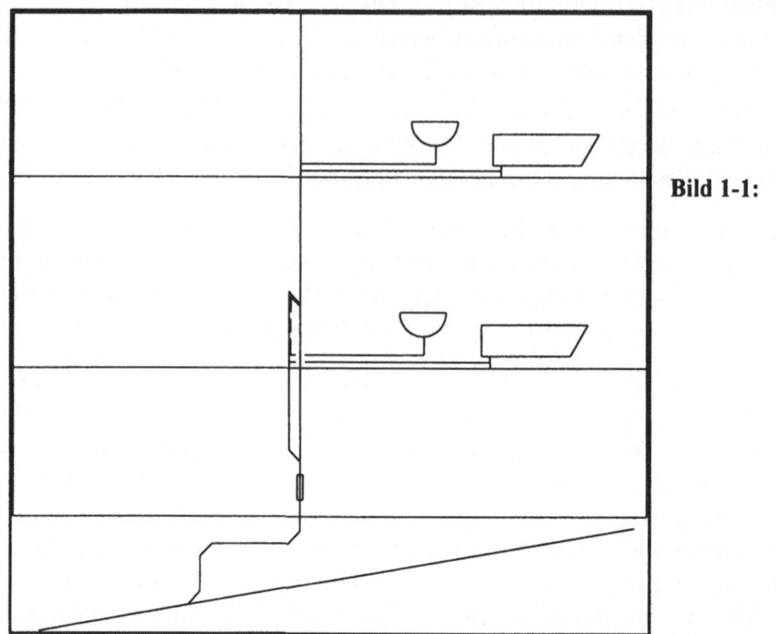

Bild 1-1: Schematische Darstellung der Falleitung mit angeschlossenen Sanitärgegenständen im Gebäude, gezeichnet mit AutoCAD

Das Bild 1-1 zeigt die schematische Darstellung der Sanitärgegenstände mit der Rohrleitungsführung in einem maßstäblichen Seitenriß (gezeichnet als 2D-Modell mit AutoCAD). Als Grundriß ist im Bild 1-2 ein Kellergeschoß mit Grund- und Sammelleitungen dargestellt (modelliert als 2D-Modell mit AutoCAD). Bild 1-3 zeigt die perspektivische Darstellung der Heizungsverlegung in einem Raum einschließlich Grundriß als 3D-Modell (modelliert mit pit-cup (Kapitel 6)).

1.4 Sanitärplanung

1.4.1 Planungsregeln und -vorschriften

Die Sanitärtechnik umfaßt die Versorgung mit Wasser und Gas sowie die Entsorgung des Abwassers, des Mülls und der Abgase von Wasser- und Gassystemen. Wichtige Anlagen sind die Trinkwasseranlagen, die Gasversorgungsanlagen für Erd- und Flüssiggas, die Entwässerungsanlagen für Gebäude und Grundstücke sowie die Gasversorgungs- und Lüftungssysteme. Die Anlagen werden nach bestimmten Regeln und Vorschriften geplant, errichtet und betrieben, von denen wichtige in der Tabelle 1-3 zusammengestellt sind.

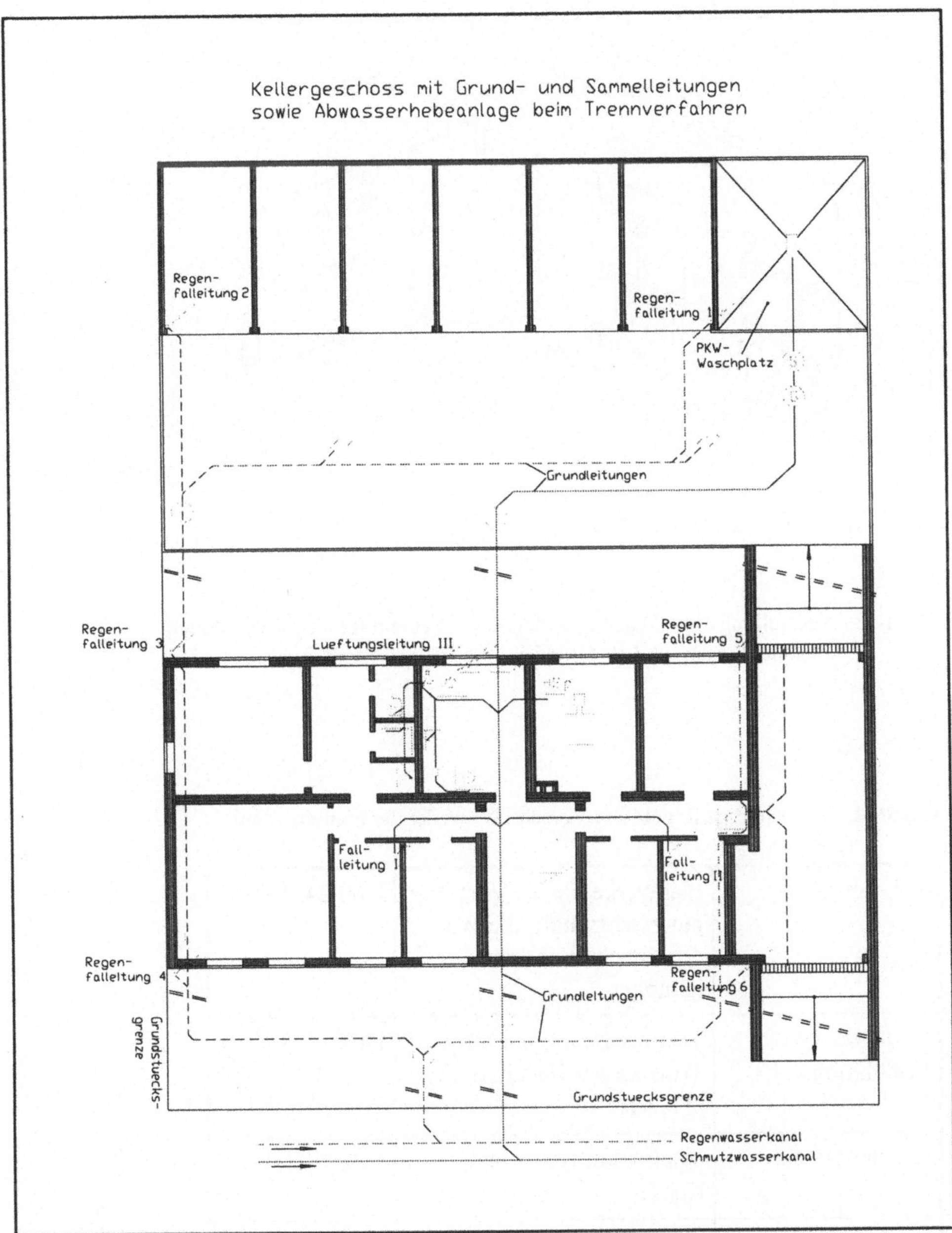

Bild 1-2: Grundriß Kellergeschoß mit Grund- und Sammelleitungen sowie Abwasserhebeanlage beim Trennverfahren /1-8/ (modelliert mit AutoCAD)

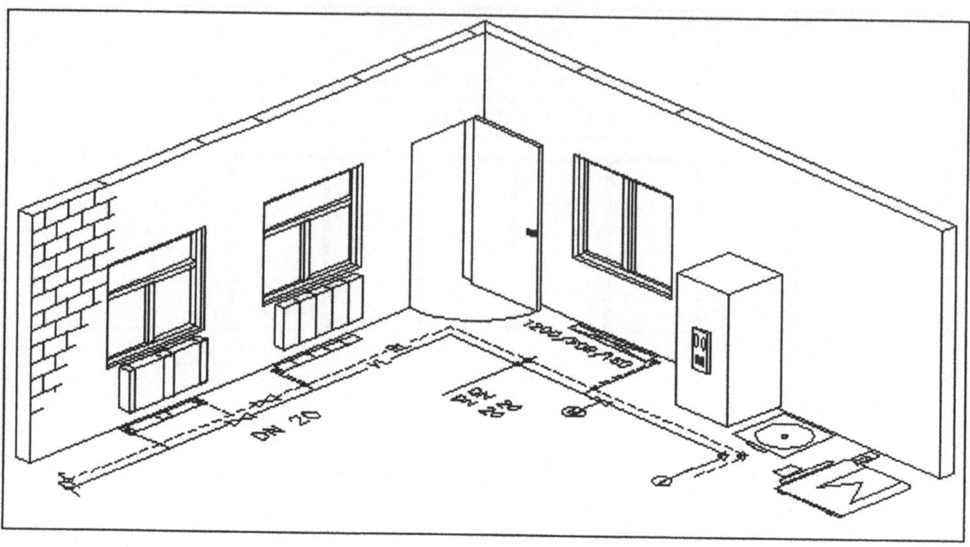

Bild 1-3: Darstellung einer Heizungsinstallation in einem Raum als 3D-Modell (perspektivisch) und als Grundriß (modelliert mit pit-cup)

Tabelle 1-3: Wichtige Regel- und Vorschriftenwerke der Sanitärtechnik

Rohrnetze	Planwerke für die Versorgungswirtschaft, die Wasserwirtschaft und für Fernleitungen	DIN 2425 /1-5/
Trinkwasser-Installation	Technische Regeln für Trinkwasser-Installationen (TRWI)	DIN 1988 /1-6/
Rohrleitungen	Installationsrohre aus Kupfer	DIN 1786 /1-7/
Entwässerung	Entwässerungsanlagen für Gebäude und Grundstücke	DIN 1986 /1-8/
Rohrleitungen	Sinnbilder für Rohrleitungsanlagen	DIN 2429 /1-9/

1.4.2 Sanitäranlagen (Funktion und Strukturierung)

Sanitäranlagen umfassen die Sanitärgegenstände für und die Ver- und Entsorgungssysteme von Sanitäreinrichtungen, welche vornehmlich für die Nahrungsbereitung, Wäsche- und Raumpflege, Körper- und Schönheitspflege, Beseitigung menschlicher Abfallstoffe, das öffentliche und medizinische Badewesen, die Heilkunde, die Desinfektion, die gewerbliche und industrielle Produktion vorgesehen sind /1-10/. Sie können strukturiert werden in die Sanitärräume und deren Einrichtungen sowie die Ver- und Entsorgung derselben mit und von Gasen und Flüssigkeiten sowie die Entsorgung von Feststoffen. Sie reichen von den Versorgungsstellen bis zu den Versorgungs- bzw. Entsorgungssystemen an den Grundstücks- oder Objektgrenzen.

Für die Trinkwasserversorgung umfaßt sie die Entnahmestellen für Trinkwasser, Warmwasser und sonstiges Wasser, z. B. Betriebs- und Prozeßwasser, die Ausstattungs- und Einrichtungsteile (Objekte, Armaturen, Zubehör), die Wasser- und Abwasserleitungen im Gebäude und Grundstück, die Wassererwärmungs-, Druckerhöhungs-, Speicher- und Wasseraufbereitungssysteme sowie den Trinkwasserschutz und die Wasserzähleinrichtung.

Die Entwässerung schließt die Entwässerungsgegenstände und Abläufe für Abwasser und Regenwasser, die Rohrleitungen einschließlich der Lüftungsleitungen für das Abwassersystem sowie die Rückhaltevorrichtungen für schädliche Stoffe und die Kläranlage bzw. das Einleiten in die Kanalisation ein. Schematisch ist im Bild 1-4 das Schema einer Entwässerungsanlage im Seitenriß eines Gebäudes dargestellt.

1.4.3 Sanitärgegenstände

Die in den einzelnen haustechnischen Räumen (Wirtschaftsräume, Sanitärräume, Sonderräume) unterzubringenden Ausstattungen (bauseitig eingebracht bzw. eingebaut) und Einrichtungen (vom Wohnungsnutzer eingebracht) benötigen Stellflächen, die im Grundriß nach Breite und Tiefe und im Aufriß nach der Höhe angegeben werden. Außerdem sind Abstände zwischen den Ausstattungsteilen und Einrichtungsteilen untereinander sowie zu den Wänden oder Wandöffnungen einzuhalten. Desweiteren sind Bedienungs- bzw. Nutzungs-, Bewegungs- und Verkehrsflächen erforderlich. Zu berücksichtigen sind außerdem Flächen für Zubehörteile (Seifenschale, Papierhalter, Entwässerungsanschluß für die Waschmaschinen), Armaturen und die Rohrleitungs- und Elektroinstallationen. Ausstattungen und Einrichtungen werden gefordert bzw. empfohlen in den Bauordnungen und Normen (z. B. /1-11/) und können auch Wünsche des Bauherren sein. Für den Sanitärplaner sind die Gegenstände in der Regel als Objektbeschreibung vorgegeben und im Zeichnungsplan (Grundriß) anzuordnen.

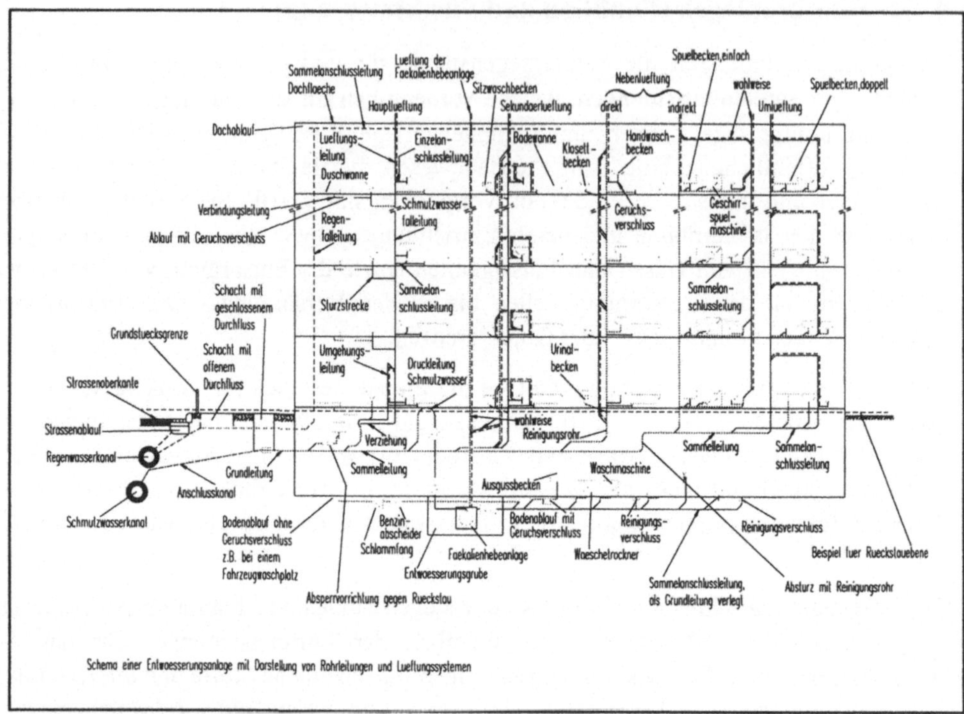

Bild 1-4:   Schema einer Entwässerungsanlage mit Seitenriß eines Gebäudes /1-8/
(modelliert mit AutoCAD)

Für die Berechnungen zur Leitungsdimensionierung werden häufig schematische Darstellungen, die unmaßstäblich (z. B. Berechnungsplan nach DIN 1988 /1-6/ (Bild 1-5) für die Summendurchflüsse) oder maßstäblich als Aufriß (Seitenriß) für den Installationsplan (beispielsweise mit Darstellung der Fliesen) sein können, angefertigt. Das Bild 1-5 demonstriert in ausgezeichneter Art und Weise die Möglichkeiten von AutoCAD zur Modellierung von Isometrien für die Gewerke HLS.

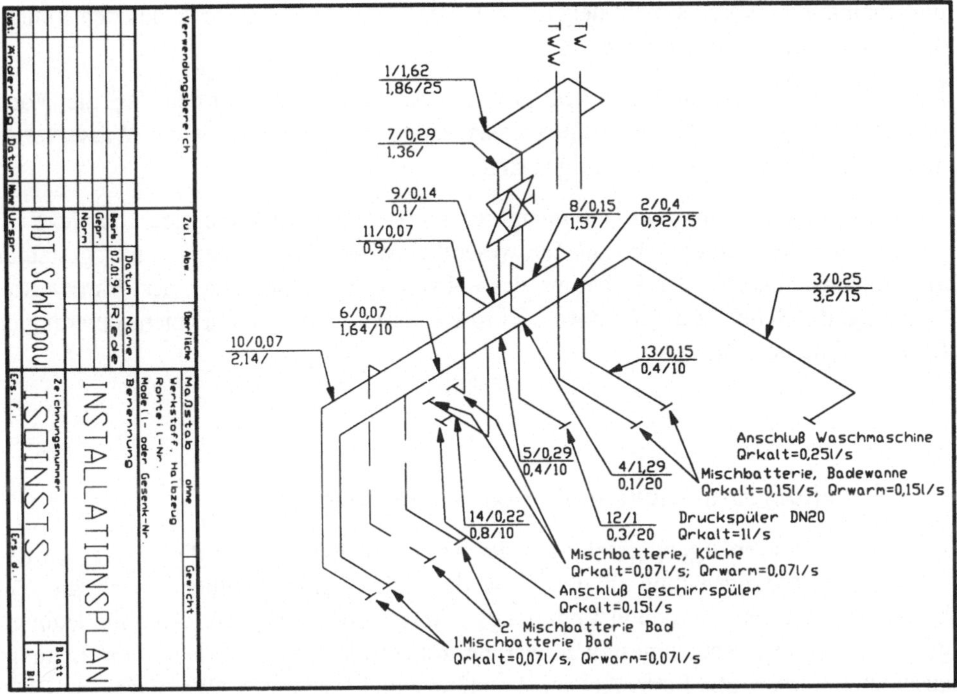

Bild 1-5: Berechnungsplan (schematisch, isometrisch, modelliert mit AutoCAD) für die
Ermittlung der Summendurchflüsse nach /1-6/

1.4.4 Rohrleitungsinstallation für Trinkwasser

1.4.4.1 Anforderungen an die Installation

Für die Funktionsfähigkeit der Sanitärgegenstände sind in erster Linie die Wasserzuführung und die Entwässerung zu sichern. Dabei geht es aus funktioneller Sicht darum, daß das Wasser immer in ausreichender Qualität und Menge sowie mit dem erforderlichen Druck zur Verfügung steht und entsprechend sicher als Abwasser abgeleitet werden kann. Die Schwierigkeiten bei der Planung der Trinkwasseranlagen (definitionsgemäß lt. DIN 1988 /1-6/ als Trinkwasserinstallation bezeichnet) bestehen darin, daß das Trinkwasser in sehr unterschiedlicher Menge und nur kurzzeitig benötigt wird. Das Füllen bzw. Entleeren einer Badewanne (als Großverbraucher von Wasser in der Wohnung) dauert nur wenige Minuten.

Dauerverbraucher (über 15 Minuten Entnahmezeit) werden gesondert berücksichtigt. Hinzu kommt, daß aber möglichst keine Stagnation in den Leitungen auftreten soll, um die Qualität des Wassers nicht negativ, z. B. durch sich lösende Stoffe aus den Rohrleitungsmaterialien, zu beeinflussen.

Der zeitliche Wasserbedarf unterliegt größeren Schwankungen über den Tag, die Woche und über das Jahr, wobei auch die schwankenden Wasserparameter der Wasserversorgungsunternehmen zu berücksichtigen sind.

Somit ist die Auslegung und Gestaltung der Trinkwasserinstallation eine komplexe planungstechnische Aufgabe, die aus den wesentlichen Abschnitten der Leitungsgestaltung und -dimensionierung, der Sicherung des notwendigen Fließdruckes, der Warmwasserbereitung, des Schutzes des Trinkwassers sowie der Gestaltung und Dimensionierung der Entwässerung besteht.

1.4.4.2 Leitungsgestaltung und -dimensionierung

Die Trinkwasserversorgung erfolgt aus der Anschlußleitung, durch die das Trinkwasser aus der Versorgungsleitung in das Gebäude fließt. Danach schließen sich die Verbrauchsleitungen an, die sich in Verteilungs-, Steig-, Stockwerks- und Anschlußleitungen gliedern. Zu den Entnahmestellen werden Einzelzuleitungen verlegt. Die Leitungsabschnitte werden mit Formstücken, Armaturen und Apparaten (Wasserzähler, Filter) komplettiert.

Für die Dimensionierung der Leitungen sind die Verbräuche der einzelnen Entnahmestellen wichtig. Es wird hierfür ein Entnahmearmaturendurchfluß für übliche Nennweiten und Entnahmestellenarten bei dem Mindestfließdruck angenommen, der dann für die einzelnen Rohrleitungsteilstrecken summiert wird (Summendurchfluß) und unter Berücksichtigung einer bestimmten Gleichzeitigkeit der Wasserentnahme zum Spitzendurchfluß umgerechnet wird.

Die Verbräuche sind gleichbedeutend mit den zu sichernden Durchflüssen (Durchsätzen) an Trinkwasser. Auf das ganze Gebäude bezogen, muß das Trinkwasser immer und aus jeder Entnahmestelle anforderungsgerecht fließen. Dies wird erreicht, wenn der anliegende Druck an der Versorgungsleitung (vorhandener Versorgungsdruck, der vom Wasserversorgungsunternehmen (WVU) garantiert wird) ausreicht, um die Druckverluste des fließenden Wassers in den Rohrleitungen und Apparaten sowie den an der Entnahmestelle erforderlichen Fließdruck und die erforderliche höchste geodätische Höhe zu überwinden.

Von diesen Parametern ist nur der Druckverlust in den Rohrleitungen vom Planer beeinflußbar, denn dieser hängt von der Leitungslänge, dem Leitungsdurchmesser und von der Fließgeschwindigkeit des strömenden Mediums ab. Eine wichtige Größe stellt das sogenannte Rohrreibungsdruckgefälle dar. Es ist der längenspezifische Druckverlust bzw. der Druckverlust pro Meter Rohrleitungslänge. Wenn die Menge an Wasser pro Zeiteinheit (Spitzendurchfluß) konstant ist und die Leitungsführung festgelegt ist und damit die Rohrleitungslängen bekannt sind, dann kann man die Fließgeschwindigkeit und damit den Druckverlust nur über den Leitungsdurchmesser beeinflussen. Der Druckverlust strömender Medien in Rohrleitungen ist eine Funktion der Länge und der Struktur der Leitung, des Leitungswerkstoffes und des Durchflusses und kann nach den bekannten Gleichungen der Hydrodynamik berechnet werden /1-12/.

Neben der Ermittlung der Leitungsdurchmesser werden eine Reihe von Regeln angewandt, um eine günstige Gestaltung der Stränge zu erreichen. Diese Regeln lauten z. B.:

–   Die Anschlußleitung soll nicht kleiner als DN 25 verlegt werden.

–   Die Änderung der Leitungsdurchmesser soll so erfolgen, daß die Fließgeschwindigkeiten sich nur allmählich ändern, damit keine zusätzlichen Druckverluste auftreten und die Geräuschentwicklung gering bleibt.

–   Die Fließgeschwindigkeiten sollen ca. 2 m/s nicht überschreiten, wobei für besondere Fälle auch bis 5 m/s zugelassen sind /1-6/.

In dem üblichen Durchmesserbereich von DN 10 bis DN 150 spielt der konkrete Durchmesser für die maßstäbliche Darstellung in Zeichnungen der Maßstäbe 1:50 und 1:100 eine geringe Rolle, da bei einer Durchmesseränderung um eine Nennweite die Änderung der zu zeichnenden Durchmesser (bei Vernachlässigung der eigentlich noch zu addierenden 2 Wandstärken) im Bereich

–   von DN 10 zu DN 12 bei Maßstab 1:50 0,04 mm und bei Maßstab 1: 100 0,02 mm

sowie

–   von DN 125 zu DN 150 bei Maßstab 1:50 0,5 mm und bei Maßstab 1:100 0,25 mm

betragen.

1.4.5 Zeichnerische Darstellungen von Trinkwasserleitungen

1.4.5.1 Schnitte und Schemata

In Gesamtplänen von Gebäuden oder Anlagen erfolgt die Darstellung von Rohrleitungen vereinfacht durch Linien, die den Verlauf der Rohrachse angeben. In diesen als Leitungsschema, Strangschema, Schaltschema (Funktionsschema) bezeichneten Darstellungen verlaufen die "Rohrachsen" in den maßstäblichen Zeichnungen ausführungsähnlich, so daß aus diesen Darstellungen überschläglich die Leitungslängen ermittelt werden können (siehe auch Bild 5-29). Schalt- bzw. Funktionsschemata werden für verschiedene funktionsorientierte Darstellungen verwendet, wobei die entsprechenden Details hervorgehoben werden, z. B. die Darstellung aller Rohrleitungselemente.

Für Details, z. B. Verteiler, sind maßstäbliche Zeichnungen im Maßstab 1:20 üblich, wo dreidimensional gearbeitet wird, um die genauen Lageverhältnisse, z. B. Leitungsabstände, Bedienbarkeit von Armaturen, Befestigungen u. a. zu erkennen. Damit wird auch Vorfertigung in der Werkstatt möglich.

Von derartigen dreidimensionalen Zeichnungen sind auch die im Industrieanlagenbau üblichen Isometrien ableitbar, wobei CAD- Systeme auch leistungsfähige Isometrieprogramme bieten. Es muß aber gesagt werden, daß bei konsequenter Volumenmodellierung neuerdings auf Isometrien verzichtet werden kann und sehr anschauliche perspektivische maßstäbliche und bemaßte Werkstattzeichnungen zur Verfügung stehen. Außerdem werden die Apparate dargestellt, und es sind wichtige Rohrleitungselemente erkennbar, z. B. Bögen, Abzweige (Bild 1-6).

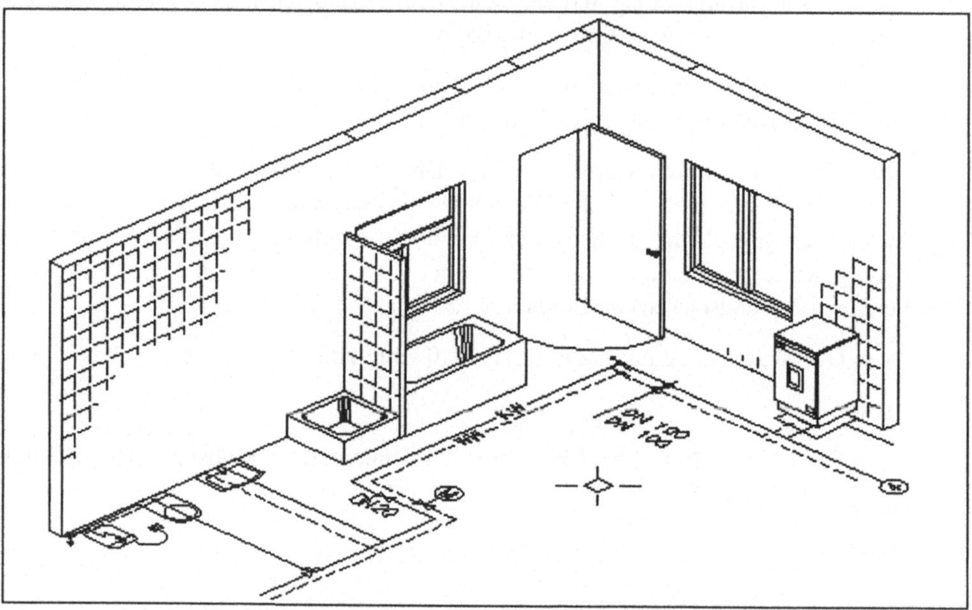

Bild 1-6:   Darstellung einer Sanitärinstallation in einem Raum als 3D-Modell (perspektivisch) und als Grundriß (modelliert mit pit-cup)

Die unmaßstäbliche schematische Darstellung als Berechnungsplan /1-6/, Fließbild oder Schaltschema wird häufig als vereinfachter Grund- und/oder Seitenriß gezeichnet, d. h. es wird z. B. als Strangschema der Seitenriß gezeichnet, wobei die Höhen maßstäblich und die seitliche Ausdehnung unmaßstäblich dargestellt werden.

1.4.5.2 Leitungskennzeichnung

Man unterscheidet Stränge, die die vertikale (Steig- und Falleitungen) Verlegung angeben und Leitungen, die die horizontale Verlegung (Stockwerksleitungen, Grundleitungen, Verbindungsleitungen) kennzeichnen.

Die Leitungen erhalten Kennzeichnungen nach dem Medium, wobei Kennbuchstaben, z. B. TW für Kaltwasser, TWW für Warmwasser, TWZ für Warmwasser in der Zirkulationsleitung, verwendet werden.

Zusatzbezeichnungen sind üblich für den Werkstoff, z. B. St-Stahl, Cu- Kupfer.

Zusätzlich werden weitere Kennzeichnungen verwendet, z. B. WD für die Dämmung warmgehender Leitungen. Außerdem werden auch Verbindungen (V - Verschraubungsverbindung, M - Muffenverbindung, S - Schweißverbindung, L - Lötverbindung, P - Preßverbindung), Armaturen(G - Geradsitzventil, D - Drosselventil, UP - Unterputzventil, E - Eingriffbatterie, DS - Druckspüler, RV - Rückflußverhinderer, S - Spülkasten), Wasserbehandlungsgeräte (DOS - Dosierer, EH - Enthärtung, FIL - Filter) und Einrichtungen (GS - Geschirrspüler, WM - Waschmaschine) sowie Steuer- und Regeleinrichtungen (WZ - Wasserzähler, T - Temperaturmeßgerät, KO - Antrieb durch Kolben), Behälter (DB - Druckbehälter) und Trinkwassererwärmer (UTE - Trinkwassererwärmer, unmittelbar beheizt) gekennzeichnet.

Ziffern stehen für Nennweiten ("80" für DN 80), für Reduzierungen (50/40 für den Übergang von DN 50 auf DN 40) und für Drücke (bei Druckerhöhungsstationen bedeutet z. B. 4/8 die Erhöhung von 4 bar Überdruck auf 8 bar).

Die Kennzeichnungen stehen in der Regel zusammen mit grafischen Symbolen, so daß damit eine eindeutige gut verständliche Darstellung der Leitungen möglich ist und auf Beschreibungen weitgehend verzichtet werden kann.

1.4.5.3 Grafische Symbole

Grafische Symbole reichen von einfachen Linien bis zu komplizierten Darstellungen verschiedener Apparate, Gegenstände und Einrichtungen. Sie werden überall dort verwendet, wo eine detaillierte maßgerechte Darstellung nicht erforderlich oder sinnvoll ist. Man kann auch nach Grundsymbolen und Zusatzsymbolen unterscheiden. Die Symbole müssen so gestaltet sein, daß Verwechslungen ausgeschlossen sind und die Symbole leicht verständlich sind. Sie werden in den einschlägigen Normen zusammengestellt und stellen eine wesentliche Rationalisierung bei der Zeichnungserstellung dar. Wichtige Symbole der Trinkwasserinstallation sind in der Tabelle 1-4 aus DIN 1988 /1-6/ zusammengestellt.

Tabelle 1-4: Grafische Symbole für Rohrleitungen /1-6/

Benennung	Grafisches Symbol
Wasserleitung	
Lagekennzeichnung einer Entnahmearmatur	
Steigleitung	
Richtungshinweise	
a) hindurchgehend	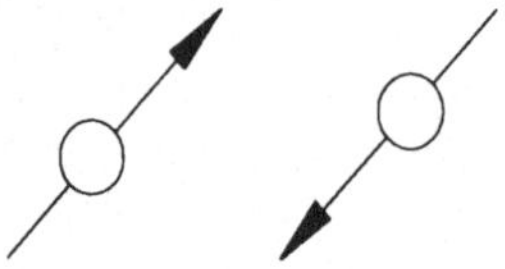
b) beginnend und aufwärts verlaufend	
c) von unten kommend	
d) beginnend und abwärts verlaufend	
e) von oben kommend und endend	
Leitungsfestpunkt	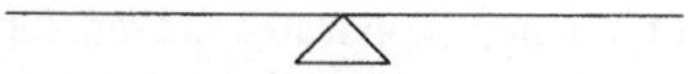
Leitungsbefestigung mit Gleitführung	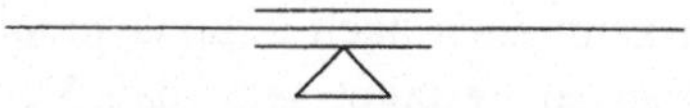
Leitungsgefälle, Leitungssteigung 5%	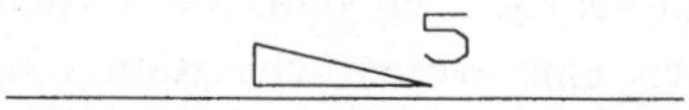
Wand- oder Deckendurchführung mit Schutzrohr	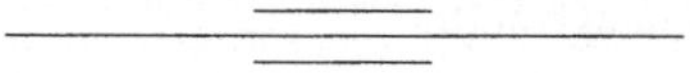

Trichter	
Lösbare Verbindung	
Unlösbare Verbindung	
Lagekennzeichnung für Übergang in der Nennweite von DN 50 auf DN 40	50 / 40
Lagekennzeichnung für Übergang im Werkstoff von Stahl auf Kupfer	St / Cu
Apparat, ohne rotierende Teile	
Apparat, mit rotierenden Teilen	
Waschmaschine	
Geschirrspülmaschine	
Wäschetrockner	
Klimagerät	
Filter	FIL
Pumpe	
Behälter, drucklos, offen, mit Überlauf	

Wassererwärmer, allgemein	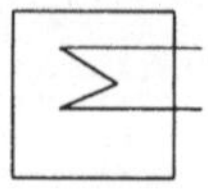
Absperrarmatur, allgemein	
Dreiwegeventil	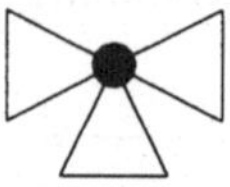
Sicherheitseckventil, federbelastet	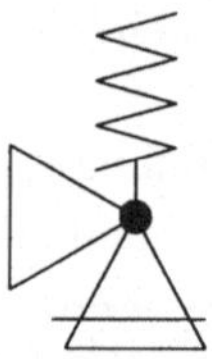
Rückflußverhinderer	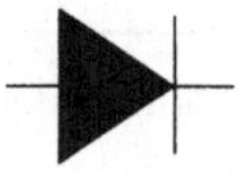
Druckspüler	
Wandbatterie	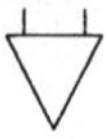
Spülkasten	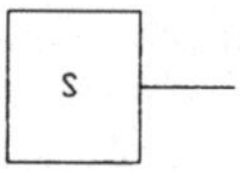
Anzeige- oder Registrierinstrument	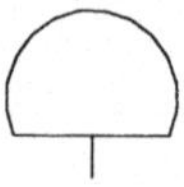
Meßeinrichtung, in die Leitung eingebaut	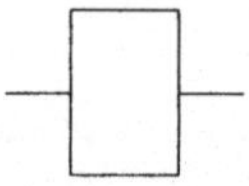
Volumenstrommeßgerät, Durchflußmeßgerät	

Volumenzähler, Wasserzähler	$\boxed{000}$ $\Sigma\,m^3$
Wärmemengenzähler	$\boxed{000}$ $\Sigma\,J$
Antrieb durch Elektromotor	(M)
Antrieb durch Membrane	

1.4.6 Entwässerungsanlagen

1.4.6.1 Funktion und Struktur von Entwässerungssystemen

Entwässerungsanlagen dienen zur Ableitung von Abwasser in Gebäuden (vorzugsweise Schmutzwasser) und auf Grundstücken (vorzugsweise Niederschlagswasser).

Zum Abwasser zählt sowohl das aus WC und Urinalen und aus häuslichen Wasch- und Spülvorgängen aller Art sowie auch aus Schwimmbecken, Kreislaufkühlanlagen und aus der Luftwäsche von Klimaanlagen.

Das Entwässerungssystem im Gebäude schließt an die Sanitärgegenstände an. Das Abwasser wird über Verbindungs-, Einzelanschluß- und Sammelanschlußleitungen und weiter über Fall-, Sammel- und Grundleitung in einen Anschlußkanal abgeleitet, der die Verbindung zum öffentlichen Abwasserkanal (Schmutzwasser-, Regenwasser- oder Mischwasserkanal) oder zur Abwasserreinigungsanlage, z. B. Klärgrube, schafft. Das Abwassersystem beim Mischverfahren ist im Bild 1-7 dargestellt. Niederschlagswasser wird über das Regenfallrohr oder Abläufe in Grundleitungen entwässert, die ebenfalls in einen Kanal einbinden.

Wichtiger Teil der Entwässerungssysteme sind die Lüftungsleitungen. Sie nehmen kein Wasser auf, sondern dienen der Be- und Entlüftung der Entwässerungsanlage, um einerseits Über- und Unterdrücke (Vakua) in den Falleitungen abzubauen und die Selbstreinigung zu sichern.

Im Vergleich zur Trinkwasserversorgung gelten bei der Entwässerung andere hydraulische Gesetze, nämlich das Fließen als Schwerkraftförderung in Freispiegelleitungen und in Falleitungen. Wesentlich sind bei Freispiegelleitungen das Gefälle (von 1:100 bis 1:20), der Füllungsgrad und die Fließgeschwindigkeit zur Erreichung einer ausreichenden Schwemmwirkung.

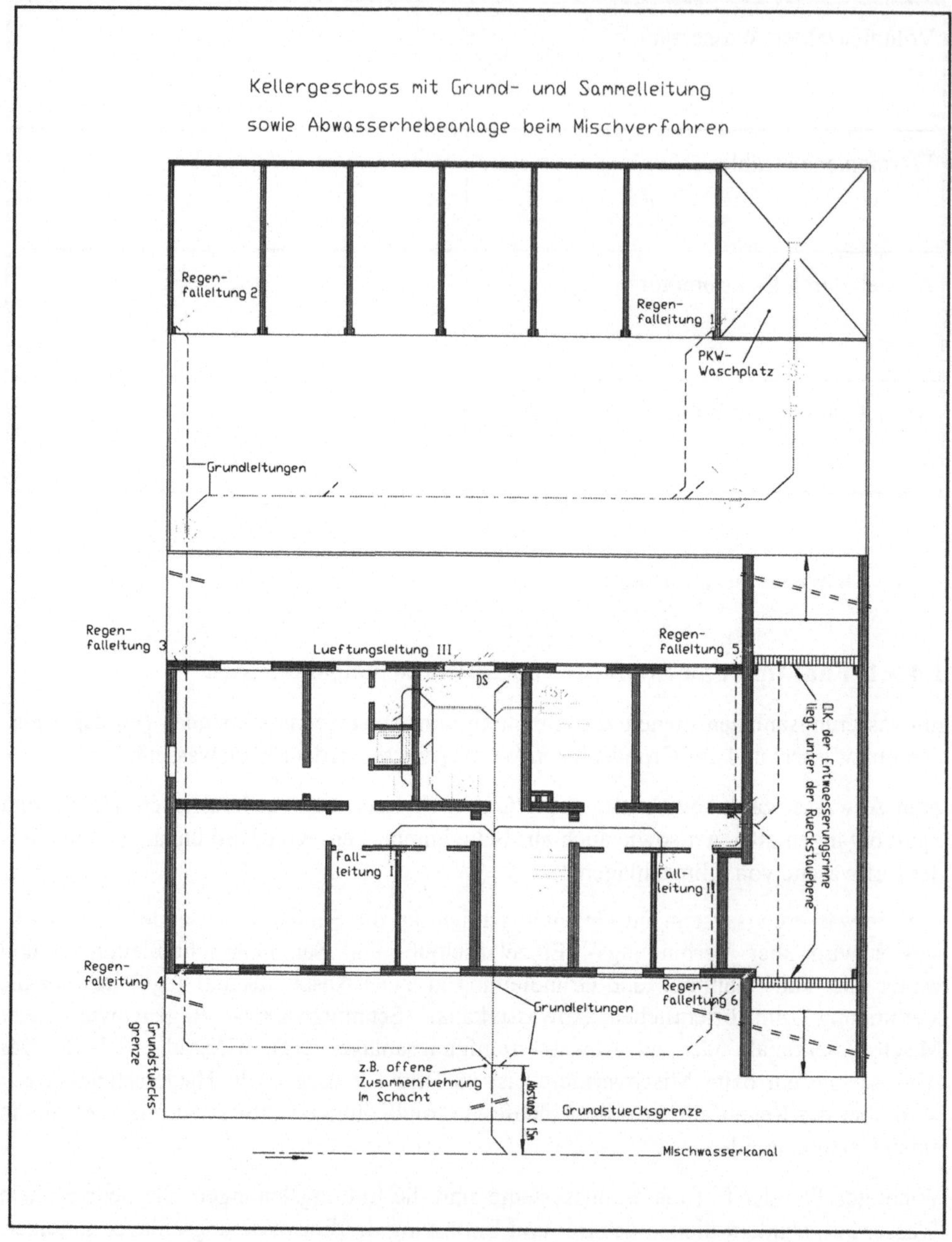

Bild 1-7: Grundriß Kellergeschoß mit Grund- und Sammelleitungen sowie Abwasserhebeanlage beim Mischverfahren /1-8/ (modelliert mit AutoCAD)

Die Leitungsdimensionierung für die Gebäudeentwässerung erfolgt nach Abflußkennzahlen für Gebäudearten und Anschlußwertsummen für die Entwässerungsgegenstände. Für das Regenwasser erfolgt die Dimensionierung auf der Basis der Regenspende, der zu entwässernden Flächen und von Abflußbeiwerten.

Die Leitungsdurchmesser liegen im Bereich von DN 40 bis DN 500, wobei neben der Dimensionierung der Leitung bestimmte Regeln für die Gestaltung der Leitungssysteme einzuhalten sind.

1.4.6.2 Abläufe und Leitungskennzeichnung

Die Ablaufstellen entstehen dort, wo das Trinkwasser in behälterartigen Einrichtungen aufgenommen wird, d. h. sie sind unmittelbar mit den Sanitärgegenständen verbunden (Badewanne, Klosett, Waschmaschine, Küchenspüle) oder sie stellen Abläufe dar (z. B. Bodenabläufe in Bädern oder Hofabläufe für Regenwasser).

Um Geruchsbelästigungen aus dem Abwassersystem zu vermeiden, werden Ablaufstellen mit Geruchverschlüssen versehen, die durch das ablaufende Wasser selbst gereinigt werden. Der Verschluß gegen Gasaustritt wird durch Sperrwasser erreicht. Sanitärgegenstände sind in der Tabelle 1-5 zusammengestellt, wobei Grundriß und Seitenansicht ausführungsähnlich in Form und Größe dargestellt werden.

Bei der Darstellung dreidimensionaler Objekte ist die Maßhaltigkeit und Ausführungsähnlichkeit von noch größerer Bedeutung, um Bedienvolumina und Kollisionsvermeidung richtig zu erfassen.

Die Abläufe werden schematisch als Symbole (Tabelle 1-6) dargestellt und unterscheiden sich nach "mit und ohne Geruchverschluß". Abscheider für Schlamm, Fett, Stärke, Benzin und Heizöl dienen zur Rückhaltung von schädlichen Stoffen. Sie werden bei entsprechenden Abwässern vorgesehen. So sind z. B. Fettabscheider in die Abwasserleitungen von Gaststätten ab einer bestimmten Größe, Fleischereien, Schlachthöfen u. a. einzubauen und regelmäßig zu leeren.

Desweiteren sind unter bestimmten Bedingungen Rückstauverschlüsse und Abwasserhebestationen erforderlich. Außerdem werden Schächte in den Anschlußkanälen installiert (Bilder 1-2 und 1-7).

Leitungen werden in Schmutzwasser- (S), Regenwasser- (R) bzw. Mischwasserleitung (M) sowie Lüftungsleitung unterscheide. Die Kanäle der öffentlichen Abwassersysteme werden in Zweistrichdarstellung gezeichnet und erhalten eine entsprechende Buchstabenkennzeichnung (Kanal für Mischwasser (KM), für Schmutzwasser (KS), für Regenwasser (KR)) bzw. unterscheiden sich farblich.

Tabelle 1-5:   Symbole von Sanitärgegenständen /1-8/

Benennung	Grundriß	Aufriß
Badewanne	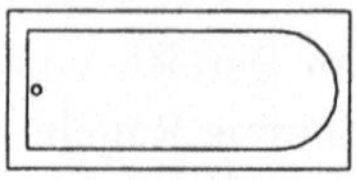	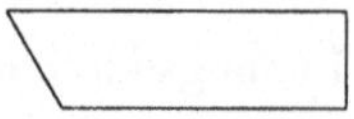
Brausewanne	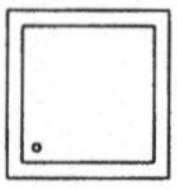	
Waschtisch, Handwaschbecken	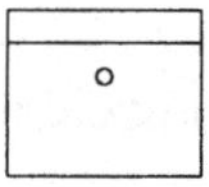	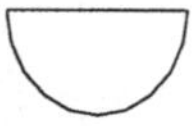
Sitzwaschbecken	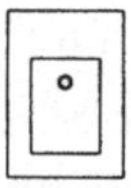	
Urinal	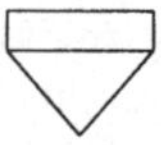	
Klosett	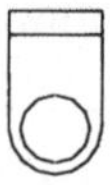	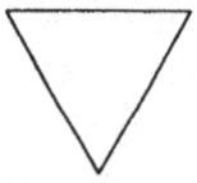
Ausgußbecken, rechteckig	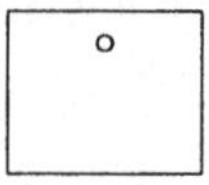	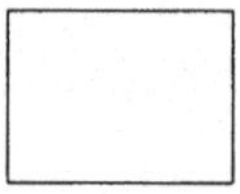
Spültisch, einfach	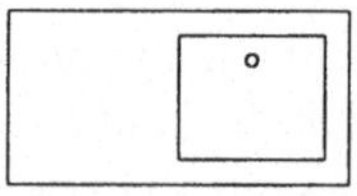	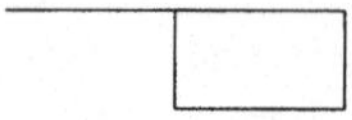
Doppelspültisch	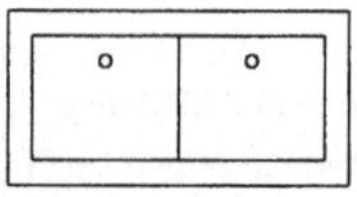	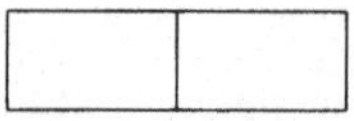

Tabelle 1-6:   Symbole für Abwasserabläufe, -abscheider und -schächte /1-8/

Benennung	Grundriß	Aufriß
Ablauf, Entwässerungs-rinne ohne Geruchsver-schluß		
Bodenablauf ohne Geruchs-verschluß		
Bodenablauf mit Geruchs-verschluß		
Schlammfang		
Fettabscheider		
Heizölabscheider		
Schacht mit offenem Durchfluß		

1.4.6.3 Leitungsgestaltung

Es besteht die Grundforderung für Freispiegelleitungen, daß sie leerlaufen können. Deshalb sind sie mit Gefälle (nicht größer als 1:20) zu verlegen. Da die meisten Leitungen ohne Gefälle gezeichnet werden bzw. die Größe des Gefälles auf der Zeichnung kaum meßbar ist, wird das Gefälle an der Leitung angegeben.

Tabelle 1-7:   Symbole für Entwässerungsleitungen /1-8/

Benennung	Grafisches Symbol
Schmutzwasserleitung	
Regenwasserleitung	
Mischwasserleitung	
Lüftungsleitung beginnend und aufwärtsverlaufend	
Falleitung a) hindurchgehend b) beginnend und abwärts verlaufend c) von oben kommend und endend	
Werkstoffwechsel	
Rohrende mit Muffendeckel	
Reinigungsrohr	
Rohrendverschluß	
Nennweitenänderung	125 150

Für größere Höhenunterschiede werden Abstürze mit Reinigungsmöglichkeiten vorgesehen. Für Leitungsanschlüsse an Sammelanschlußleitungen, Sammmelleitungen, Fallleitungen und Grundleitungen (Tabelle 1-7) gibt es spezielle Einbindevorschriften, um die Funktionsfähigkeit der Leitungen zu sichern (Über-, Unterdruck- und Verstopfungsvermeidung, Lüftung). Die Maßnahmen hängen mit dem nur kurzzeitigen Wasserfluß als Freispiegel oder Pfropfen beim Betätigen der Toilettenspülung oder dem Entleeren der Badewanne oder dem Starkregen zusammen. Die Einbindung erfolgt so, daß möglichst kein Stau beim Wasserfluß entsteht und die Drücke sich ausgleichen können, um z. B. das Leersaugen der Geruchverschlüsse zu verhindern.

Für den Fall des Verstopfens werden an gefährdeten Stellen Reinigungsöffnungen vorgesehen, z. B. an den Einmündungen von Fall- in Grundleitungen.

Bei der Leitungsverlegung ist bezüglich der Anordnung im Gebäude zu beachten, daß die Leitungsverlegung den Anforderungen des Schall-, Brand- und Frostschutzes gerecht wird. Außerdem ist die geforderte Gas- und Wasserdichtheit zu sichern.

Die Falleitungen für Schmutzwasser, die das Rückgrat der gesamten Gebäudeentwässerungsanlage bilden, sollen im Querschnitt unverändert bleiben und senkrecht über Dach entlüftet werden.

Bei einer Falleitungsverziehung, d. h. einer Richtungsänderung von Schmutzwasserfalleitungen, sind besondere verlegetechnische Maßnahmen erforderlich, insbesondere wenn die Anzahl der Geschosse groß ist. Solche Maßnahmen sind die besondere Gestaltung der Anschlüsse und das Anbringen bestimmter Lüftungsleitungen. Regeln gelten auch für benachbarte Anschlußleitungen, um Fremdeinspülungen von Abwasser auszuschließen, was insbesondere für Abwasser aus Klosettbecken gilt.

1.5 Heizungs- und Lüftungsanlagen

1.5.1 Zur Funktion der Heizungs- und Lüftungsanlagen

Sie haben die Aufgabe, das Wohlbefinden und die Gesundheit des Menschen in den Räumen zu erhalten sowie ihre Arbeitsfreude und Leistungsfähigkeit zu steigern. Die Heizung soll durch Erwärmung der Umgebung die Wärmeabgabe des Menschen in der kalten Jahreszeit derart regulieren, daß sich ein Gleichgewicht zwischen Wärmeproduktion und -abgabe einstellt, wobei sich der Mensch behaglich fühlt. Die Wärmeversorgung wird vornehmlich durch das Verbrennen fossiler Energieträger, die ihre Wärme in einem Kessel an das Wasser und dieses wiederum über Heizkörper an die Raumluft abgeben, realisiert. Derartige Systeme sind Warmwasserheizungen, die entweder als Schwerkraft- oder Pumpen-Warmwasserheizungen installiert werden.

Die Lüftungs- einschließlich der Klimatechnik hat zum Ziel, den Zustand der Raumluft hinsichtlich Reinheit, Temperatur, Feuchte und Bewegung innerhalb bestimmter Grenzen zu halten. Dabei reichen die technischen Systeme vom reinen Fensterlüften bis zu vollautomatischen Klimaanlagen. Gemeinsam ist den raumlufttechnischen Anlagen, daß die Luft in das Gebäude als Zuluft geführt und behandelt wird (Reinigung, Befeuchtung, Erwärmung) und als Abluft aus den Räumen ins Freie strömt.

1.5.2 Planung von Warmwasserheizungen (WWH)

Warmwasserheizungen gehören zu den Zentralheizungen, die mehrere Räume bzw. das gesamte Gebäude von einer zentralen Kesselanlage aus beheizen, wobei nach der Triebkraft des Wasserumlaufes zwischen Schwerkraft- und Pumpenheizung, nach der Wasserführung in den Rohrleitungen zwischen Ein- und Zweirohrsystemen und nach der Energieträgerart zwischen festen Brennstoffen, Gas, Öl und elektrischer Energie unterschieden wird. Größtenteils werden gegenwärtig in Deutschland Pumpen-Warmwasserheizungen errichtet, wobei für die Berechnung maximale Vorlauftemperaturen von 65 bis 70 $^{\circ}$C (Niedertemperaturheizung) für das Wasser zugrunde gelegt werden.

Das Heizungssystem besteht also im wesentlichen aus dem Kessel (Heizungszentrale) und den Rohrleitungen, die zu den Heizkörpern und von diesen zurück zum Kessel führen. In unmittelbarer Nähe des Kessels werden die Umwälzpumpe (als Kreiselpumpe), die Verteiler (bei unterer Verteilung) und das Ausgleichsgefäß, welches als Membranausdehnungsgefäß die Volumenänderung des Wassers bei Temperaturänderung kompensiert, installiert. Das Bild 5-26 zeigt eine Kesselanlage mit dem Brennstoff Gas.

1.5.3 Lüftungsanlagen

Lüftungsanlagen nach DIN 1946 /1-13/ sollen in Aufenthalts- und Versammlungsräumen vorwiegend ein dem Menschen zuträgliches Raumklima schaffen. Wichtigste Aufgabe der lüftungstechnischen Anlage ist die Erneuerung der Raumluft, wobei eine Aufbereitung der Luft eingeschlossen sein kann. Danach werden Anlagen einfacher Art, Anlagen mit zusätzlicher Luftaufbereitung und Klimaanlagen unterschieden. Die Menge der zu- und abzuführenden Luft ist beträchtlich, so daß relativ große Luftkanäle erforderlich sind. Eine Lüftungsanlage greift somit erheblich in die Gesamtplanung eines Bauwerkes ein (Bild 1-8).

Der Entwurf der Anlage, insbesondere die Lüftungszentrale und das Kanalnetz, muß vor Baubeginn ausgearbeitet und in den Ausführungszeichnungen mit Querschnitten, Wand- und Deckendurchbrüchen sowie Luftdurchlässen eingetragen sein. Damit sind auch die Voraussetzungen für die Werkstattfertigung der einzelnen Komponenten gegeben, um beispielsweise die Luftkanäle herzustellen und problemlos im Gebäude einbauen zu können. Die schematischen Darstellungen haben deshalb nicht die Bedeutung wie in der Heizungs- und Sanitärtechnik.

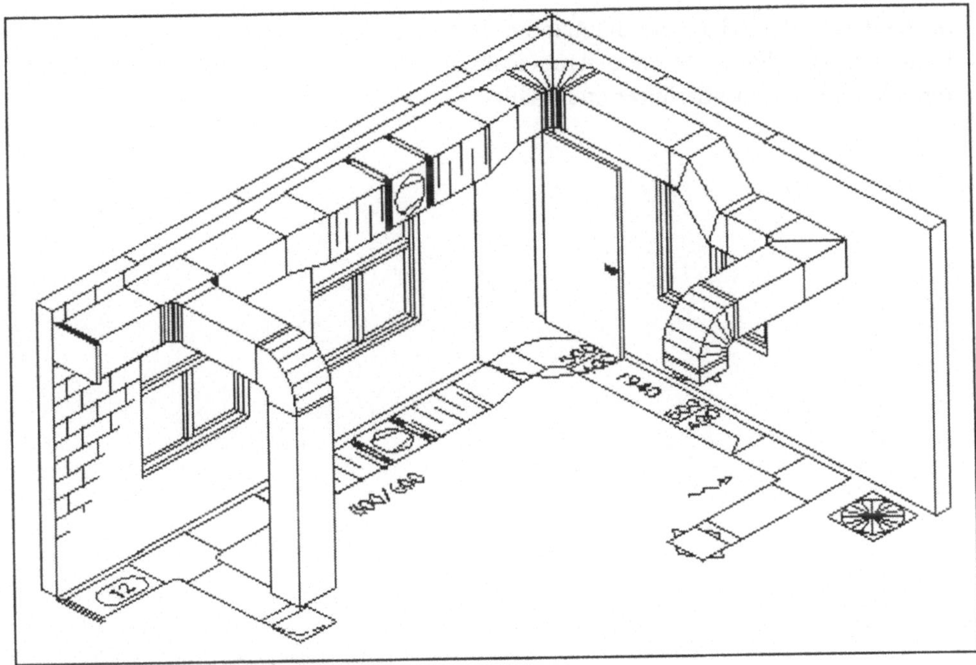

Bild 1-8: Darstellung von Lüftungskanälen in einem Raum als 3D-Modell
(perspektivisch) und als Grundriß (modelliert mit pit-cup)

Die Luftkanäle werden mit rundem (in ausgedehnten Gebäuden für Hochdruckanlagen bei Luftgeschwindigkeiten von 10 bis 20 m/s) und rechteckigem bzw. quadratischem Querschnitt (für Niederdruckanlagen mit Luftgeschwindigkeiten von 1,5 bis 8 m/s) geplant. Die Vorteile der Rechteckkanäle, die aus verzinktem Stahl, Edelstahl, Aluminium oder Kunststoff gefertigt werden, sind die gute Anpassungsfähigkeit an die Gebäudeform bei fast beliebigem Querschnitt und der geringe Bedarf an Raumhöhe. Die Verbindung der Kanalteile erfolgt durch Falzen, Schweißen oder mittels Flanschverbindungen.

Die Nennmaße (Außenmaße) der Blechkanäle sind genormt, z. B. nach DIN 24190 /1-14/ für die Kantenlängen (Vorzugsmaße sind z. B. 100, 112, 125, 140, 160, 180 mm usw.). Die Wandstärken beginnen bei 0,6 mm. Blechkanalformstücke (siehe auch Bild 5-34) sind Übergänge bei Nennmaß- und Querschnittsformänderungen, Bogen und Winkel sowie Hosen- und T-Stücke. Die Leitungen werden nach DIN 1946 /1-13/ entsprechend der Luftart bezeichnet als Zuluft (ZU), Außenluft (AU), Abluft (AB), Fortluft (FO), Umluft (UM) oder Mischluft (MI). Für vorbehandelte Luft werden zusätzlich der Buchstabe V, z. B. VAU für vorbehandelte Außenluft und N für nachbehandelte Luft verwendet.

Für weitere Kanalelemente werden grafische Symbole nach DIN 1946 in schematischen und maßstäblichen Darstellungen angewendet. Es handelt sich dabei vorrangig um Armaturen (Absperr-, Brand- und Drosselklappen), Volumenstromregler und -steller, Ventilatoren und Verdichter, Schalldämpfer, Misch- und Verteilerkammern, Filter für das Entfernen von festen Stoffen, Tropfenabscheider, Befeuchter und wärmetechnische Einrichtungen, wie Lufterhitzer und -kühler.

2 Anforderungen und Klassifizierung von CAD-Systemen für die rechnergestützte Projektierung HLS

2.1 Grundlagen der Modellierung und Klassifizierung

In den letzten Jahren hat der CAD-Arbeitsplatz, ausgestattet mit unterschiedlichen CAD-Systemen, in Ingenieurbüros sowie mittleren und kleinen Unternehmen der Haustechnik zunehmend Einzug gehalten. Es ist nicht mehr die Frage, ob die altvertrauten Zeichenmittel, wie Reißbrett, Blei- oder Tuschestift, Lineal, Radiergummi und Rasierklinge, durch CAD-Systeme zu ergänzen bzw. zu ersetzen sind, sondern die Frage ist für die Einsteiger in dieses Metier, welches CAD-System nehme ich denn nun.

In diesem Kapitel sollen dazu Antworten gegeben werden. Diese Antworten können natürlich nur Aspekte für die Systemauswahl enthalten. In jedem Fall ist vor dem Kauf eines solchen Systems durch den potentiellen Anwender dazu eine gründliche Analyse der eigenen Anforderungen an das CAD-System vorzunehmen, und im Gegenzug dazu sind die CAD-Systeme auf ihre Leistungsparameter hin zu untersuchen. Bevor diese Fragen erörtert werden, wollen wir Sie aber kurz mit einigen Grundlagen des Inhaltes und der Entwicklung grafikorientierter, rechnergestützter Systeme vertraut machen.

Bild 2-1:
Teilgebiete der Computergrafik

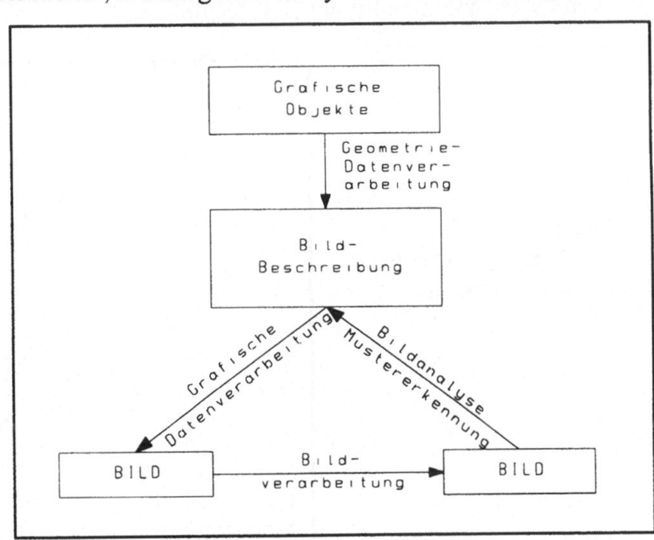

Prinzipiell ist es heute problemlos, der informationsverarbeitenden Technik eines Rechnersystems Informationen in grafischer Form mitzuteilen, bzw. von dieser die Ergebnisse in grafischer Form, z. B. als Zeichnung einer Zeichenmaschine oder eines Plotters zu erhalten. Dabei gilt, wie generell bei allen Anwendungen der Informatik, daß die Qualität der Endergebnisse, die der Nutzer vom Computer erwartet, entscheidend davon abhängt, mit welchem Aufwand und in welcher Qualität die Eingangswerte in den Computer gebracht werden. Diese Problematik soll an Hand der Bilder 2-1 und 2-2 vertieft werden.

Im Bild 2-1 wird der Zusammenhang zwischen den Teilgebieten der Computergrafik, nämlich

– der Geometriedatenverarbeitung,
– der Grafischen Datenverarbeitung,
– der Bildverarbeitung und der
– Bildanalyse

verdeutlicht /2-1/.

Alle Verfahren und Methoden zur Modellierung und rechnerinternen Darstellung von Objekten auf geometrischer Basis sind danach Gegenstand der **Geometriedatenverarbeitung**. Die Gewinnung, Speicherung und Verwaltung der geometrischen Daten nimmt dabei eine zentrale Stellung ein. Der Ausgangspunkt der Geometriedatenverarbeitung sind geometrische Objekte (z. B. Häuser, Wände, Türen oder Treppen), die in einem mehrstufigen Modellierungs- und Abbildungsprozeß in eine Bildbeschreibung als sogenannte Rechnerinterne Darstellung (RID) überführt werden.

Gegenstand der **Grafischen Datenverarbeitung** sind die Verfahren und Methoden zur bildhaften Aufbereitung und Darstellung rechnerinterner Bildbeschreibungen, z. B. für die Ausgabe auf den Bildschirm bzw. Plotter.

Diese beiden Teilgebiete der Computergrafik sind auch entscheidend für die Arbeitsweise von CAD-Systemen für die Haustechnik.

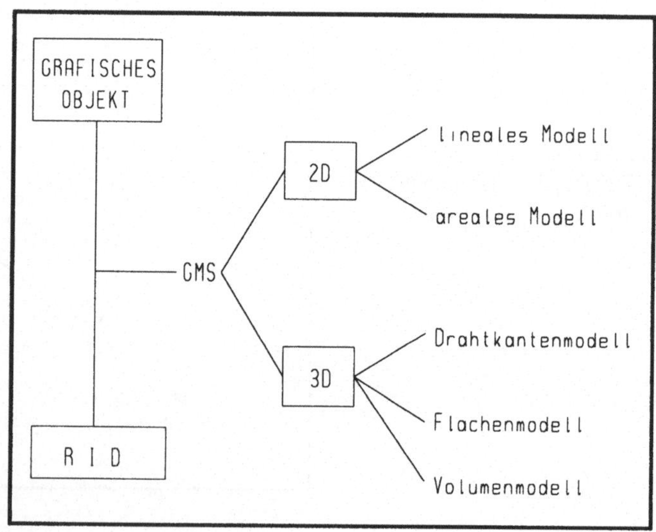

Bild 2-2:
Klassifizierung geometrischer
Modellierungssysteme

Ausschlaggebend für die Leistungsfähigkeit eines CAD-Systems ist der Prozeß der geometrischen Modellierung (Bild 2-2). Die Auswahl und Festlegung der Methoden zur geometrischen Modellierung entscheidet wesentlich darüber, welche Ergebnisse mit der grafischen Aufbereitung zu erreichen sind.

Man unterscheidet drei Grundtypen von geometrischen Modellierungssystemen (GMS):
- linienorientierte GMS,
- flächenorientierte GMS und
- volumenorientierte GMS.

Weiterhin wird danach unterschieden, ob die realen technischen Objekte zwei- oder dreidimensional modelliert wurden.

Die unterschiedlichen Möglichkeiten der Geometrieerzeugung führen auch zu unterschiedlichen Datenmodellen. Praktisch verfügen die CAD-Systeme über die Fähigkeiten der 2D-Modellierung, der 2½D-Modellierung und der 3D-Modellierung:

2D-Modell: Mit einem GMS dieser Leistungsklasse können nur zweidimensionale Daten verarbeitet werden. Die Draufsicht, der Grundriß, Ansichten, Schnitte und Perspektiven können entsprechend der herkömmlichen Arbeitsweise gezeichnet und konstruiert werden. Jeder Teil der Zeichnung besteht aber für sich. Der Schnitt wird also nicht aus dem Modell abgeleitet, da es keinen Körper gibt.

2½D-Modell: In einem GMS dieser Leistungsklasse werden den zweidimensionalen x/y-Koordinaten gruppenweise z- oder Höhenkoordinaten zugeordnet. Zum Beispiel kann einem Kreis eine Objekthöhe in z-Richtung zugeordnet werden, und aus dem Kreis wird damit ein Zylinder. Mit der 2½D-Modellierung sind also einfache 3D-Darstellungen möglich.

3D-Modell: Geometrische Modellierungssysteme auf dieser Basis verarbeiten dreidimensionale x/y/z-Koordinaten. Bei der Eingabe wird das räumliche Modell z. B. eines Bauwerks gebildet. Das linienorientierte Modell (oft auch Drahtmodell bezeichnet) generiert das Bauwerk dabei durch freie Positionierung von Linien, Kurven und Punkten im Raum. Da dem Computer keine Informationen über die den Körper umgebenden Flächen noch über das Volumen bekannt sind, lassen sich nur einfache Operationen mit diesem Modell durchführen. Z. B. lassen sich keine verdeckten Linien bzw. Flächen erkennen und entfernen.

Flächenorientierte Modellierungssysteme erzeugen das 3D-Modell durch die den Körper umgebenden Oberflächen. Durch entsprechende Segmentierung der Flächen lassen sich alle Körper darstellen. Verdeckte Linien bzw. Flächen werden erkannt und entfernt.

Die besten Ergebnisse erhält man, wenn der Modellierer des CAD-Systems über die Fähigkeit der 3D-Volumenkörpermodellierung verfügt. Die erzeugten Körper besitzen "Masse". Durch Vorgabe von Materialeigenschaften werden neben der zeichnerischen und konstruktiven Ausgestaltung die verschiedensten Auswertungen des 3D-Objekts möglich. Das bedeutet für die Ressourcen des Rechners, daß er hinsichtlich Rechenzeit und Speicherplatzbedarf maximal gefordert wird. Beim gegenwärtigen Entwicklungsstand der CAD-Systeme für die Haustechnik ist allerdings einzuschätzen, daß dort noch 3D-Flächenmodellierer dominant sind.

Mit Sicherheit kann aber festgehalten werden, daß Großprojekte für die Branche Heizung, Lüftung, Sanitär, Elektro und Feuerschutz nicht mehr ohne CAD zu realisieren sind und daß inzwischen auch wirtschaftliche Plattformen für kleinere Projekte zur

Auswahl stehen. Wenn also die Ingenieure, Konstrukteure und Projektanten bis in die 80er Jahre ohne Computer auskamen, ist dies in den 90er Jahren nicht mehr möglich.

2.2 Analyse der Projektierungsphasen in der Haustechnik

Rechnergestützte Verfahren dienen dem Projektanten als Hilfsmittel bei der Bearbeitung seiner Projekte. Dies bezieht sich sowohl auf die Erstellung von Zeichnungen als auch auf die Dimensionierungsrechnungen. Selbstverständlich sind Rechensysteme nicht in der Lage, den Projektierungsingenieur zu ersetzen, aber die in den einzelnen Planungsphasen anfallenden Zeichnungs- und Entwurfsarbeiten mit sich immer wiederholenden Vorgängen können jedoch weitestgehend automatisiert oder zumindest auf ein Minimum reduziert werden.

Eine Analyse der Projektierungsphasen in der Haustechnik (Bilder 2-3 und 2-4) zeigt dabei, daß ein beträchtlicher Teil der Arbeiten aus Zeichnungstätigkeit bzw. aus Entwurfs- und Planungstätigkeit besteht, die sich beim Stand der Technik effizient rechnergestützt bearbeiten lassen.

Vorplanung	10%	
Entwurf	30%	
Genehmigung	6%	
Ausführungsplanung	18%	
	64%	davon **25%** Zeichnungsarbeiten
Bau	33%	
Revision	3%	

Bild 2-3:   Analyse des Anteils der Projektierungsphasen

Allerdings läßt sich auch bei der Betrachtung rechnergestützter Systeme zur Erstellung von Projektunterlagen das althergebrachte Reißbrett nicht ignorieren. Wohl dient es nicht mehr der eigentlichen Zeichnungserstellung, jedoch ist es bei der Anfertigung von Skizzen oder für die Vorarbeit im Hinblick auf die Arbeit mit einem CAD-System recht hilfreich.

Vor Beginn der Arbeit ist eine exakte Planung der Herangehensweise zum Erstellen einer Zeichnung notwendig. Die intuitiven Abläufe, die beim Zeichnen vom Planer oder Technischen Zeichner durchgeführt werden, müssen dem CAD-System im Dialog mit dem Computer exakt beschrieben werden. Die dafür notwendigen Kenntnisse bzw. das Verständnis der Philosophie des jeweiligen CAD-Systems sind in der Anfangsphase sicherlich das größte Problem.

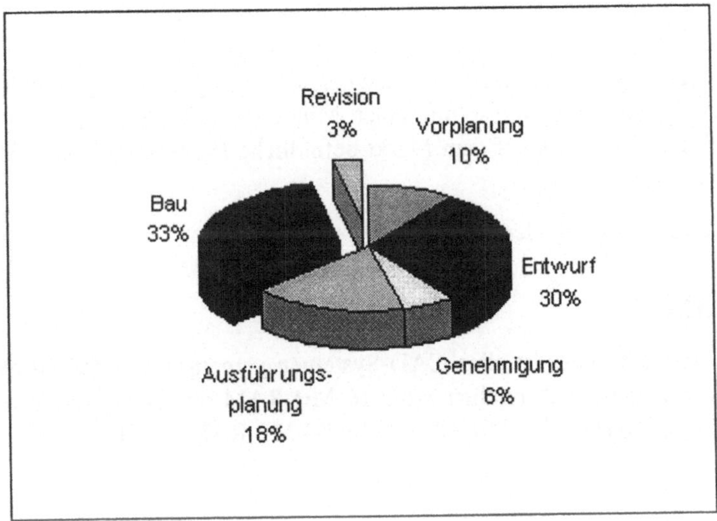

Bild 2-4:   Diagrammatrische Darstellung der Projektierungsphasen

2.3 Anforderungen an die Hardware

Grundlage für rechnergestützte Projektierung bildet natürlich das Rechensystem selbst mit seinen Ein- und Ausgabegeräten. Man unterscheidet drei Arten von Rechenplattformen:

- Großrechenanlagen,
- Workstations und
- Personal Computer (PC).

Zweifellos sind Großrechenanlagen für den Einsatz von CAD und Berechnungssystemen wegen ihrer großen Leistungsfähigkeit bestens geeignet. Sie spielen allerdings in den meisten Ingenieur- bzw. Projektierungsbüros für die Technische Gebäudeausrüstung so gut wie keine Rolle. In solchen Büros werden in zunehmendem Maße PCs eingesetzt. Bei einem Vergleich von Kosten und Leistungsfähigkeit zwischen Großrechner und Personalcomputer liegen die Gründe auf der Hand. Die Leistung moderner PC erreicht noch nicht die der Großrechenanlagen, ist jedoch für einen effizienten Einsatz gängiger CAD-Software vollkommen ausreichend. Zudem stehen die Anschaffungskosten eines PC in keinem Verhältnis zu denen einer Großrechenanlage.

Das Spektrum der PCs ist weit gefächert. Daher müssen für den Einsatz von Berechnungssoftware und CAD-Systemen bestimmte Voraussetzungen erfüllt sein. Da sich international das CAD-System AutoCAD mit vielen Applikationen in allen Bereichen der Technik durchgesetzt hat, werden im weiteren exemplarisch die Hardwareanforderungen für dieses System angeführt.

Prozessor

Durch die rasante Entwicklung auf dem Markt ist eine genaue Festlegung des geeigneten Prozessors sehr schwierig und wird meist mit einer Mindestanforderung angegeben. Grundsätzlich gilt, daß der modernste auf dem Markt befindliche Prozessortyp für CAD Anwendungen auch der beste ist.

Mindestanforderung:Pentium 75, 90 oder 120 MHz

Arbeitsspeicher (RAM)

Der große Bedarf an Arbeitsspeicher ist allen CAD-Systemen gemeinsam. Während der Arbeit im zweidimensionalen Bereich reichen 8 bis 16 MB RAM durchaus, jedoch erfordert die Arbeit mit dreidimensionalen Modellen 32 bis 64 MB RAM oder mehr.

Grafikausgabe

Da ein CAD-System von einer schnellen Grafikausgabe bestimmt wird, sollte sich im Rechner auch eine dementsprechende Grafikkarte befinden. Aus heutiger Sicht wäre das eine Karte mit einem Grafikprozessor, der die Grafikinformationen mit 64 Bit verarbeitet. Zusätzlich sollten 2 oder 4 MB Grafikspeicher auf der Karte verfügbar sein, um auch bei CAD üblichen Auflösungen von 1024 x 768 bzw. 1200 x 1024 mit einer hohen Farbtiefe arbeiten zu können.

Monitor

Ein Monitor für die Arbeit mit CAD sollte mindestens eine Bildschirmdiagonale von 20" aufweisen, um den Umgang mit mehreren Ansichtsfenstern effizient zu gestalten. Die Prädikate strahlungsarm und flimmerfrei erfüllen Bildschirme der neueren Generation ohnehin.

Ein- und Ausgabemöglichkeiten

Um den Dialog mit dem Rechner zu gewährleisten, sind bestimmte Eingabegeräte notwendig. Als Standardeingabegeräte stehen dem Nutzer in erster Linie Tastatur und Maus zur Verfügung. Eine komfortablere und effizientere Möglichkeit der Eingabe besteht im Einsatz eines frei definierbaren Digitalisiertabletts. Optionen, die in etliche Untermenüs verschachtelt wurden, lassen sich bequem über einen Tastendruck anwählen.

Eine weitere Möglichkeit, Informationen zur Weiterbearbeitung in den Rechner einzubringen, ist die Verwendung von Scannern. Der Stand der Softwareentwicklung, im Hinblick auf die weitere Bearbeitung der eingescannten Informationen (z.B. in Textverarbeitung, CAD, Grafik) läßt sich zur Zeit noch nicht mit den Wünschen der Anwender vereinbaren.

Als Ausgabegerät läßt sich in erster Linie der Bildschirm nennen, der den Dialog Rechner → Nutzer übernimmt. Dabei ist zu beachten, daß bei CAD-Systemen zwischen Text- und Grafikbildschirm unterschieden wird. Dieser Umstand wird in den meisten Fällen auch über zwei Bildschirme gelöst. Steht nur ein Bildschirm zur Verfügung, kann zwischen den Modi mittels Tastendruck umgeschaltet werden.

Für die Ausgabe auf den üblichen Papierformaten stehen alle zur Zeit auf dem Markt befindlichen Geräte wie z.B.

- Nadeldrucker,
- Tintenstrahldrucker,
- Thermotransferdrucker,
- Laserdrucker,
- Stiftplotter oder
- Tintenstrahlplotter

zur Verfügung. Für die technisch korrekte Ausgabe von Zeichnungen der Branche HLS sind nur die beiden letztgenannten relevant, da sie die in der Zeichnung enthaltene Layerstruktur durch Zuweisung von Stiften oder Farben umsetzen können.

Vernetzung

Ein weiterer Vorteil bei der Arbeit mit rechnergestützten Systemen ist die Verfügbarkeit der Projektunterlagen in maschinenlesbarer Form. Dadurch eröffnen sich nach dem heutigen Stand der Kommunikationstechnik ungeahnte Möglichkeiten des Datenaustausches. Neben der lokalen Vernetzung im Ingenieurbüro bzw. im Unternehmen gestattet die Vernetzung vieler Rechenanlagen auch den Austausch von Daten in weltweitem Maßstab.

Somit ist es z. B. möglich, internationale Projekte durchzuführen. Das heißt, ein Architekt aus anderen Staaten schickt seine Unterlagen z. B. einem deutschen Ingenieur für Technische Gebäudeausrüstungen, der sie somit weiter bearbeiten kann. Eventuell notwendige Zusatzinformationen können entweder telefonisch oder wiederum im internationalen Netzwerk ausgetauscht werden. Der einzige Nachteil beim Datenaustausch über lokale oder weltweite Netzwerkdienste (Bild 2-5) liegt in der Sicherheit. Trotz intensiver Bemühungen, in solchen Netzwerken Datensicherheit zu gewährleisten, kann niemand 100%ig garantieren, daß Informationen in für sie nicht bestimmte Hände gelangen. Der damit entstandene Schaden kann beträchtliche Ausmaße annehmen.

Auch die Archivierung fertiggestellter Projektunterlagen ist im Rahmen vernetzter Rechnerkonfigurationen wesentlich besser möglich. Füllten sich bei konventioneller Projektierung ganze Archive, so können, bedingt durch die maschinenlesbare Form, die Unterlagen wesentlich kompakter und zentral z. B. auf optischen Speichern gelagert werden. Dadurch besteht auch die Möglichkeit, Pläne gegebenenfalls zentral plotten zu lassen oder bei ähnlich gearteten Projekten auf schon vorhandene Pläne zurückzugreifen.

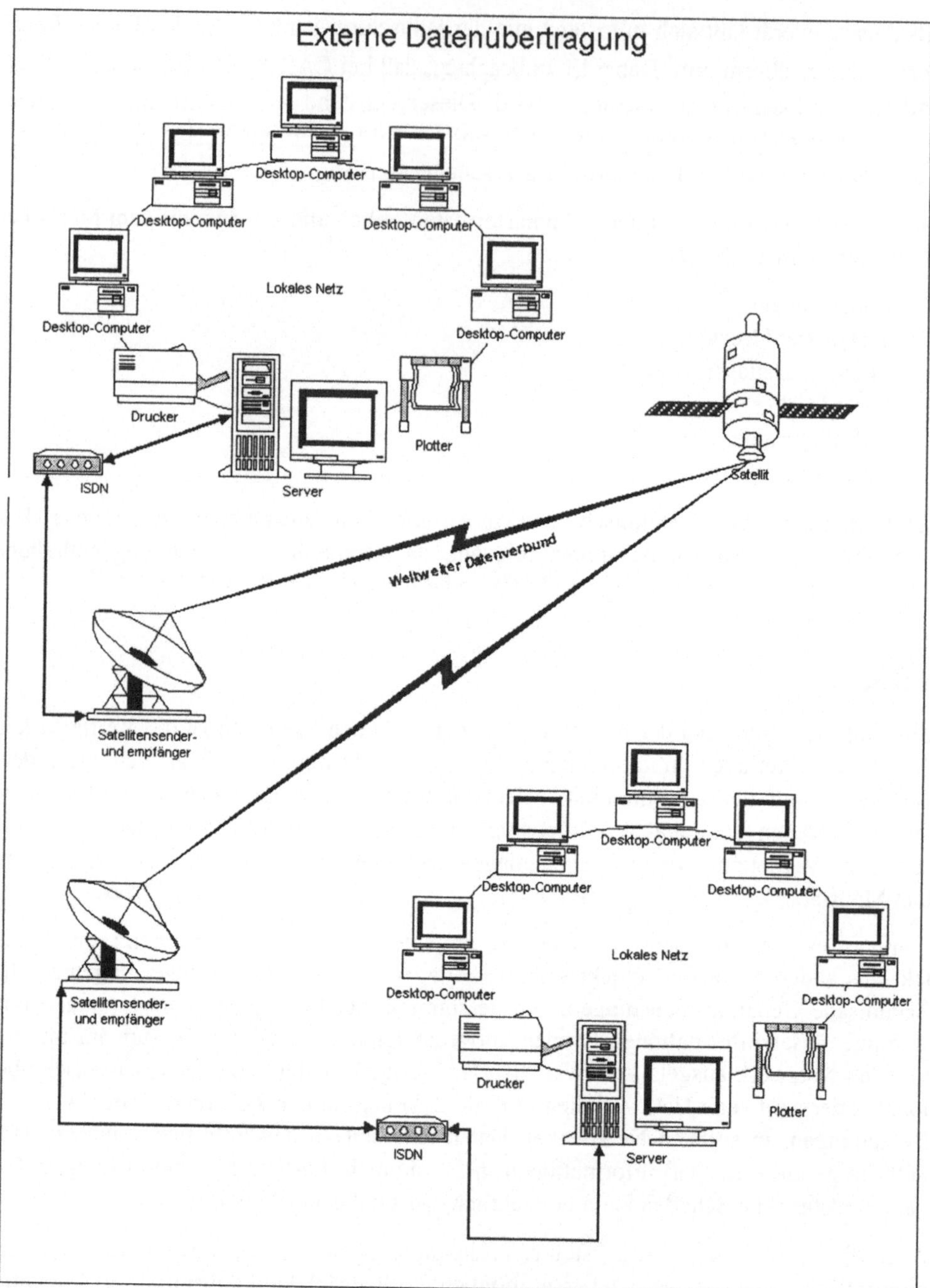

Bild 2-5:　　Datenaustausch über lokale und internationale Netzwerke

2.4 Anforderungen an die Software

Das Angebot an Softwaremodulen für alle Bereiche des Lebens wird immer vielfältiger.
Die steigende Leistungsfähigkeit der Rechner läßt die Entwicklung und Nutzung immer
komplizierterer und detaillierterer Software zu. Der Kreativität der Softwareentwickler
sind "keine" Grenzen gesetzt. Die Abstrahierung der mit dem Rechner zu beschreibenden
Prozesse ist sicherlich immer noch notwendig, aber die Orientierung an der Realität und
deren Umsetzung im Rechner gelingt immer mehr.

Besonders die Softwareentwicklung im wissenschaftlich-technischen Bereich konnte in
den letzten Jahren stark vorangetrieben werden. Begriffe wie "Virtual Reality" fallen
nicht nur im Zusammenhang mit der Entwicklung von Spielsoftware, auch CAD-Software versucht diese Möglichkeiten zu erschließen. Beispielsweise ist es durchaus denk-
bar, daß der Kunde "virtuell" durch sein fertig projektiertes Bad laufen kann, um so die
Umsetzung seiner Wünsche besser einschätzen zu können.

Bei der rechnergestützten Projektierung von Anlagen der Technischen Gebäudeausrüstung bzw. Haustechnik werden meist zwei unabhängige Softwarekategorien genutzt,
nämlich **Berechnungssoftware und CAD-Software**. Um die Vielfalt der derzeit auf dem
Markt befindlichen Produkte aufzuzeigen, sollen an dieser Stelle einige der führenden
genannt werden. Die Vertriebsanschriften für diese Produkte finden Sie im Anhang.

Berechnungssoftware

- IBM Haustechnik-Software.
- MW-Software.
- Solar.
- MH-Software.
- SSS.

CAD-Software, basierend auf AutoCAD

- C.A.T.S.
- pit-cup.
- PHi-Tech.
- RoCAD.
- Triplan.

Ein Vergleich hinsichtlich des Funktionsumfanges der genannten Softwareprodukte findet sich in den Tabellen 2-1 und 2-2. Daraus geht z.B. hervor, daß die angebotenen Produkte der Berechnungssoftware in ihrer Funktionalität nahezu identisch sind. Kaufkri-
terium für den Kunden wären in diesem Fall Preisniveau, Bedienbarkeit, Handbücher
oder Supportangebote der Hersteller.

Die Kosten solcher Softwarepakete sind nicht unerheblich. Bei voller Kenntnis und
Ausnutzung derselben dürften sich die Kosten, durch den eingesparten Zeitaufwand gegenüber konventionellen Projektierungsmethoden, sehr bald amortisiert haben.

Tabelle 2-1:   Übersicht zu führenden Produkten von HLS-Berechnungs-Software

Berechnungs-software / Funktionsumfang	MW-Software	IBM Haustechnik	SSS	Solar	mh-Software
Betriebssystem-voraussetzungen	MS-DOS	MS-DOS	MS-DOS	WINDOWS	WINDOWS
Kopieren von Projektdaten (Geschosse, Räume usw.)	●	●	●	●	●
Netzwerkfähigkeit	●	●	●	●	●
Wärmebedarfs-berechnung					
k-Wert Berechnung (auch mehrflächig)	●	●	●	●	●
k-Wert Tabellen	●	●	●	●	●
beliebige Anzahl von Baustoffen, Bauteilen, Räumen, Etagen	●	●	●	●	●
Wasserdampfdiffusion und Taupunktberechnung mit Diagramm	●	●	●	●	●
Heizkörperauslegung					
automatische Heizkörperauslegung	●	●	●	●	●
unterschiedliche Fabrikate pro Raum	●	●	●	●	●
Automatische Korrekturrechnung bei veränderten Wärmebedarfs- oder Vor/Rücklaufdaten	●	●	●	●	●
Rohrnetzberechnung					
einfache Strangschema-konstruktion	●	●	●	●	●
Einrohr-, Zweirohr-, Tichelmann und asymmetrische Netze in beliebiger Kombination	●	●	●	●	●

Tabelle 2-2:   Übersicht zu führenden Produkten von HLS-CAD-Software

Haustechnik-Applikation Funktionsumfang	phi-tech	C.A.T.S.	pit-cup	RoCAD	Triplan
Grundmodul	ACAD	ACAD	ACAD	ACAD	TRICAD Base
Betriebssystem	MS-DOS, WINDOWS, SUN, UNIX	MS-DOS	MS-DOS, WINDOWS, SUN, UNIX, MAC	MS-DOS, WINDOWS	UNIX
Netzwerkfähig	•	•	•	•	•
Integrierte Blattformatgenerierung	•	•	•	•	•
Integrierte Zeichnungsverwaltung	•	•	•	•	•
Integriertes Architekturmodul	•	•	•	•	•
Modellierungsmöglichkeit	2D/3D	2D/3D	2D/3D	2D/3D	2D/3D
3D Modell	3D Festkörper	3D Oberflächen	3D Oberflächen	3D Oberflächen	3D Oberflächen
Integrierte Stücklistengenerierung	•	•	•	•	•
Symbolbibliotheken für die einzelnen Gewerke	•	•	•	•	•
Automatisiertes Anbinden von Komponenten	•	•	•	•	•
Dimensionierung von Rohrleitungssystemen					•
Dimensionierung von Lüftungssystemen		•	•		•
Integrierte Kollisionsprüfung	•	•	•	•	•
Schnittstellen zu Berechnungsmodulen	keine Angabe	SSS, Solar, MW, IBM-Haustechnik	SSS, Solar, MW, IBM-Haustechnik	AVAnce, Domus (Schweiz), SSS, AAA	keine, da bereits integriert

Generell kann festgestellt werden, daß sich die Auslegung und Dimensionierung haustechnischer Anlagen mittels der in Tabelle 2-1 genannten Berechnungssoftware oder anderen Produkten in den wesentlichen Punkten hinsichtlich der Bearbeitungsphilosophie gleicht. Der chronologische Ablauf der Berechnungen im Vergleich zur konventionellen Methodik ist ebenfalls in etwa der gleiche.

Die Softwarepakete weisen im wesentlichen folgende Leistungsmerkmale auf, die dem heutigen Stand der Technik entsprechen sollten:

– **Netzwerkfähigkeit:**

  Abhängig von den Bedürfnissen eines Unternehmens können die Programme auf einem Einzelplatzrechner (stand-alone-PC) oder im Netzbetrieb gefahren werden. Letzteres ermöglicht die Bearbeitung eines Projektes an jedem beliebigen Arbeitsplatz, der mit dem Netzwerk verbunden ist. Auch die gleichzeitige Bearbeitung mehrerer Projekte ist möglich, sofern die Netzwerksoftware solchen Zugriff ermöglicht.

– **Computer und Benutzer im Dialog:**

  Alle Programmteile sollten voll im Dialog mit dem Anwender stehen. Die Verarbeitung der eingegebenen Daten erfolgt sofort. Berechnete Ergebnisse werden aktuell am Bildschirm ausgegeben, um unmittelbar mit erforderlichen Änderungen zu reagieren.

– **Datensicherheit:**

  Bereits während der Eingabe werden die Daten auf ihre Richtigkeit hin überprüft und im Fehlerfall zurückgewiesen. Fehlerhinweise und Hilfetexte sollten eine sofortige Korrektur ermöglichen. Eingegebene Daten werden gespeichert. Damit ist es möglich, die Projektbearbeitung jederzeit zu unterbrechen, zu korrigieren und fortzusetzen.

– **Durchgängiger Datenverbund:**

  Die Übernahme und Weiterbearbeitung von Daten sollte zumindest innerhalb eines Programmsystems zur Selbstverständlichkeit gehören. Ergebnisse aus einem Programmteil werden automatisch in den nächsten übernommen. Zum Beispiel sollten die Programmbausteine zur Heizkörperauslegung die Daten des Wärmebedarfs kennen. Bei Änderung des Wärmebedarfs werden die neuen Werte durch eine Korrekturrechnung automatisch übernommen, so daß überall der neueste Stand vorliegt.

– **Hilfetexte:**

  Der Bedienungskomfort eines Softwarepaketes hängt in starkem Maße von den bereitgestellten Hilfetexten ab, mit denen man in der Lage ist, den Anwender zu jedem Arbeitsgebiet oder Eingabefeld auf Tastendruck die sofortige Beantwortung aufkommender Fragen zu ermöglichen.

- **Ausgabelisten:**

Ausgabelisten dokumentieren die Rechenergebnisse und den Materialbedarf. Sie sollten in einer möglichst übersichtlichen Form ausgegeben werden. Mitunter besteht die Notwendigkeit zwischen verschiedenen Blattformaten z.B. DIN A4 hoch oder quer zu entscheiden.

- **Druckoptionen:**

Umfangreiche Druckoptionen, die die Ausgabe mehrerer Listen oder bei Änderung den Ausdruck einzelner Seiten ermöglichen, sind mittlerweile Standard. Der Beginn der Seitennumerierung sollte individuell festlegbar sein.

- **Benutzerhandbücher:**

Didaktisch gut aufgebaute Benutzerhandbücher mit anschaulichen Beispielen und praxisnahen Übungen sollen dem Einsteiger schnell den Umgang mit dem Programm vermitteln. Kritisch anzumerken sei an dieser Stelle, daß gute Handbücher noch keine Selbstverständlichkeit sind. Mitunter wird die Bedienung technisch ausgereifter Software mangels guter Dokumentation durch Handbücher zu einem zeitraubenden Problem. Die Gestaltung der Benutzerhandbücher sollte bei der Entscheidung für ein Programm ein nicht zu unterschätzendes Kriterium sein.

- **Expertenmodus:**

Die in der Anfangsphase mit der Arbeit des Programms notwendigen und sinnvollen Sicherheitsabfragen und Überprüfung der eingegebenen Werte, können für "Anwendungsprofis" mitunter sehr lästig werden. Eine Funktion für den Expertenmodus, der die Sicherheitsabfragen abschaltet, haben die meisten Programmpakete integriert.

- **Zusatztexte:**

Zusatztexte gestatten dem Anwender Zusatzinformationen mit Hilfe eines Editors zu den allgemeinen und spezifischen Projektdaten einzugeben und auszudrucken.

Anforderungen der Gewerke an die Berechnungssoftware

Für die wichtigsten Gewerke der Haustechnik werden im folgenden die wichtigsten Anforderungen an die Berechnungssoftware dargestellt.

Heizungsbau

Berechnungssoftware für den Heizungsbau umfaßt im wesentlichen drei Funktionen:

1. Berechnung der Wärmedurchgangszahl (k-Wert)

2. Wärmebedarfsberechnung nach DIN 4701/83

3. Heizkörperauslegung nach DIN 4703

Einige Programme können noch mit einer integrierten Rohrnetzberechnung aufwarten.

Die für die Berechnung notwendigen Werte zur Ermittlung des Wärmebedarfs können zu einem Großteil aus schon vorhandenen projektspezifischen Tabellen entnommen werden. Nicht vorhandene k-Werte, insbesondere bei zusammengesetzten Wänden, können innerhalb der Wärmebedarfsberechnung nachgerechnet und in die Tabellen eingepflegt werden (Bild 2-6).

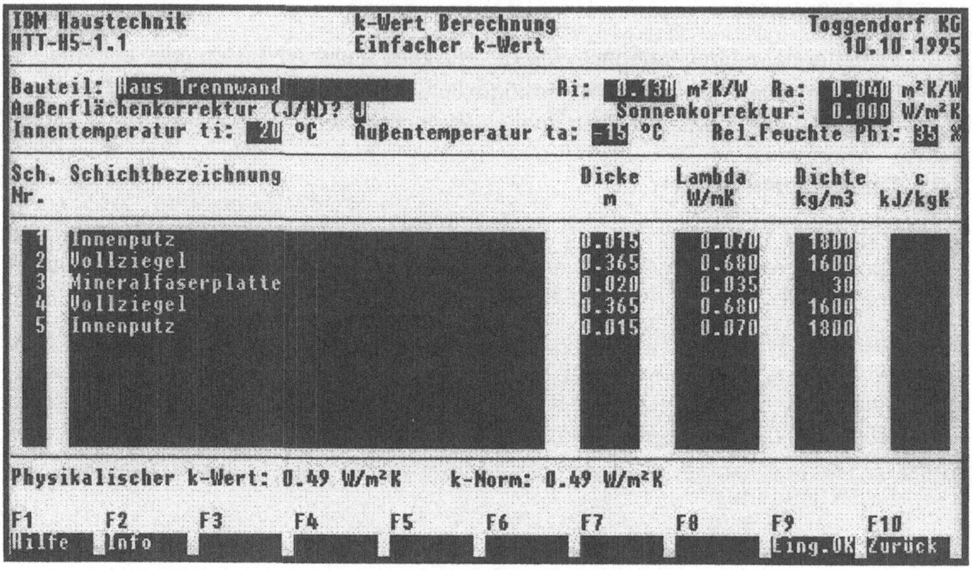

Bild 2-6: k-Wert Berechnung mit der Software IBM Haustechnik

Der Wandaufbau und der damit verbunden Temperaturverlauf kann grafisch ausgegeben werden. (Bild 2-7)

Standardflächen, die die Größe von Wänden, Fenstern, Türen und anderen Bauelementen definieren, sind meist in Tabellen zusammengefaßt. Überholte und neue Werte infolge bautechnischer Änderungen können ebenfalls in schon vorhandene Tabellen eingepflegt werden. Der große Vorteil dieser Methodik liegt in der flexiblen Arbeitsweise. Änderungen von Abmessungen oder anderer Parameter werden sofort auch in der Berechnung aktualisiert. Berechnungen lassen sich bei Bedarf geschoßweise kopieren (nur sinnvoll bei ähnlichen baulichen Gegebenheiten).

Sanitär

Berechnungen im Sanitärbereich unterliegen sehr vielfältigen Kriterien. Die wichtigsten sind zunächst die Unterteilung in Warm-, Kalt- und Abwasseranlagen. Der Algorithmus zur Dimensionierung der Rohrleitungen ist bei allen in etwa gleich, lediglich die verwendeten Einbauten unterscheiden sich je nach Anlagenart und gehen mit ihrem Rohrreibungsbeiwert in die Berechnung ein. Die gebräuchlichsten Einbauten mit ihren

Parametern liegen in tabellarischer Form vor. Diese Tabellen können gegebenenfalls geändert oder ergänzt werden.

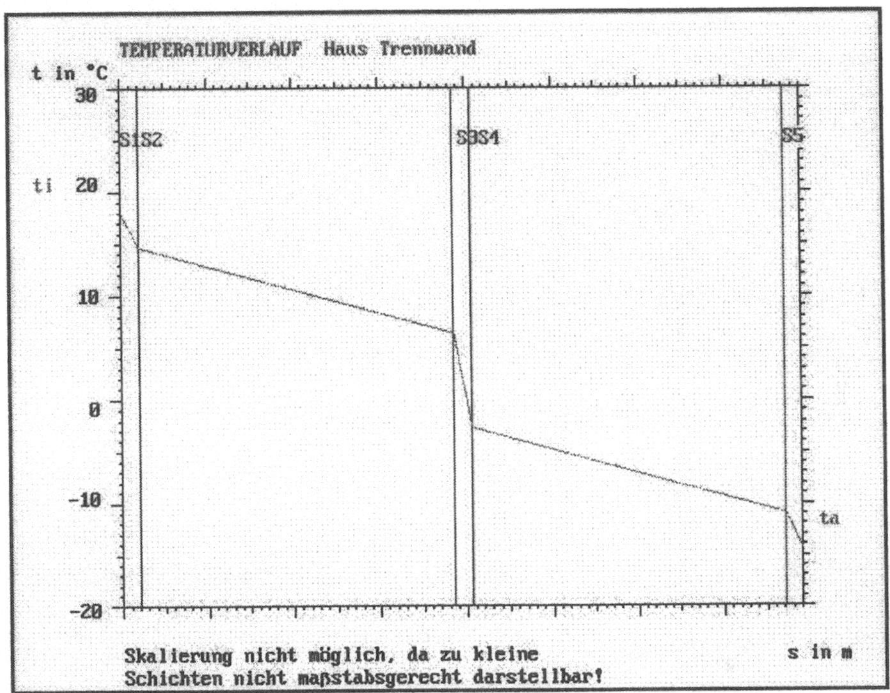

Bild 2-7:   Grafische Ausgabe des Temperaturverlaufes einer Wand

Lüftung

Module zur Berechnung lüftungstechnischer Anlagen sind zumeist in der Haustechnik-Software integriert. Die Schwerpunkte liegen dabei besonders auf

– der Luftkanalnetzberechnung,

– der Kühllastberechnung,

– der Klimageräteauslegung nach Mollier h,x Diagramm und

– der Klimageräteauslegung (produktspezifisch).

Zur Berechnungssoftware gehört in jedem Fall eine integrierte Kollisionsprüfung aufgrund eines Schemas des Leitungsverlaufs (der mit dem Berechnungsprogramm zu erzeugen ist) für alle Module, also Heizung, Sanitär, Lüftung. Eine solche ist bei den meisten Anbietern mittlerweile Standard. Eine wesentlich aussagekräftigere und präzisere Kollisionsprüfung ist erst mit dreidimensionalen Modellen einer CAD Applikation möglich.

3 Architektur, Schnittstellen, Methoden, Arbeitsweise und Arbeitstechniken von CAD-Systemen für die rechnergestützte Projektierung HLS

Die Architektur eines CAD-Systems ist durch folgende Komponenten gekennzeichnet (Bild 3-1):

- Eingabebaustein,
- Algorithmenteil,
- Ausgabebaustein und
- Datenbasis.

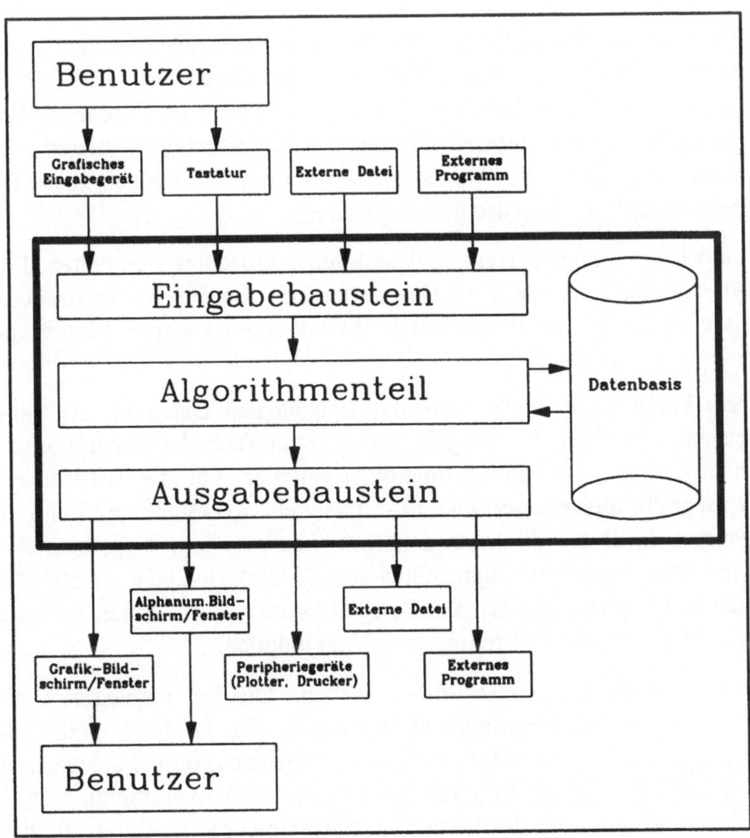

Bild 3-1: Architektur eines CAD-Systems

Der **Eingabebaustein** dient dem Empfang und der Interpretierung der von außen kommenden Anweisungen und aktiviert nötige Prozeduren. Die Anweisungen können direkt vom Nutzer kommen, welcher interaktiv über ein grafisches Eingabegerät oder über die alphanumerische Tastatur mit dem CAD-System kommuniziert. Weiterhin ist es möglich, aus externen Dateien und von anderen Programmen oder Programmsystemen Daten bzw. Anweisungen zu empfangen.

Die interaktive Arbeitsweise ist eine Form der Nutzung rechnergestützter Systeme, bei der der Mensch und das System im Dialog gemeinsam eine Aufgabe bearbeiten. Voraussetzungen für die interaktive Arbeitsweise ist die Fähigkeit des Betriebssystems zur Verarbeitung von Unterbrechungen des Programmablaufes sowie hinreichend leistungsfähige Hard- und Software für die Durchführung einzelner Interaktionen oder des gesamten Dialogs. Benötigte Peripheriegeräte für die interaktive Arbeitsweise beim CAD-Einsatz sind grafische Eingabegeräte wie Maus oder Grafik-Tablett und grafische Ausgabegeräte (Grafikbildschirme). Die ständig mögliche Veränderung der auf dem Bildschirm dargestellten Objekte entspricht der Arbeitsweise von Versuch und Irrtum (trial and error) und ermöglicht eine Kontrolle und Korrektur.

Im **Algorithmenteil** sind die zur Durchführung der Aufgaben des CAD-Systems nötigen Methoden und Arbeitstechniken (die sogenannten Basisprozeduren) enthalten. Diese Prozeduren dienen zum Beispiel dem Eintragen neuer Elemente in die Datenbasis und dem Manipulieren oder Löschen vorhandener Elemente. Außerdem sind in diesem Teil noch globale Funktionen untergebracht. Als Beispiele für diese Funktionen seien Berechnungsroutinen oder Datenbasis-Konsistenztests genannt.

Auch im Eingabe- und im Ausgabebaustein sind bestimmte Prozeduren enthalten. Entsprechend ihrem Verwendungszweck und zur Unterscheidung von den Basisprozeduren des Algorithmenteils wird für sie die Bezeichnung "Ein- und Ausgabeprozeduren" gewählt.

Der **Ausgabebaustein** bereitet die in der Datenbasis abgelegten Daten für Ausgabezwecke und -medien auf und führt die Ausgabe durch. Man kann die auszugebenden Daten grundsätzlich in Grafik- und Textinformationen einteilen. Für die Textinformationen ist auch der Begriff "alphanumerische Informationen" gebräuchlich. Beim interaktiven Dialog werden die Daten direkt an den Nutzer ausgegeben, Ausgabemedien sind Grafikbildschirme oder -fenster und alphanumerische Bildschirme oder Fenster. Die Datenausgabe ist auch an periphere Geräte, zum Beispiel Drucker oder Plotter, an externe Dateien und andere Programme oder Programmsysteme möglich.

Die **Datenbasis** bildet den Kern eines CAD-Softwaresystems. Die dort abgelegten Daten ergeben den für das CAD-System verfügbaren Ausschnitt des Produktmodells, die **Rechnerinterne Darstellung (RID)**. Eine RID ist die in der Datenbasis digital gespeicherte Beschreibung des Wissens, die sich als Ergebnis der Geometriedatenverarbeitung ergibt (Bild 3-2). Der Inhalt und die Struktur der Datenbasis bestimmen die Leistungsfähigkeit des CAD-Softwaresystems, denn die Funktionen des Systems sind auf die Möglichkeiten beschränkt, welche durch die in der Datenbasis abgelegten oder daraus ableitbaren Daten vorgegeben werden.

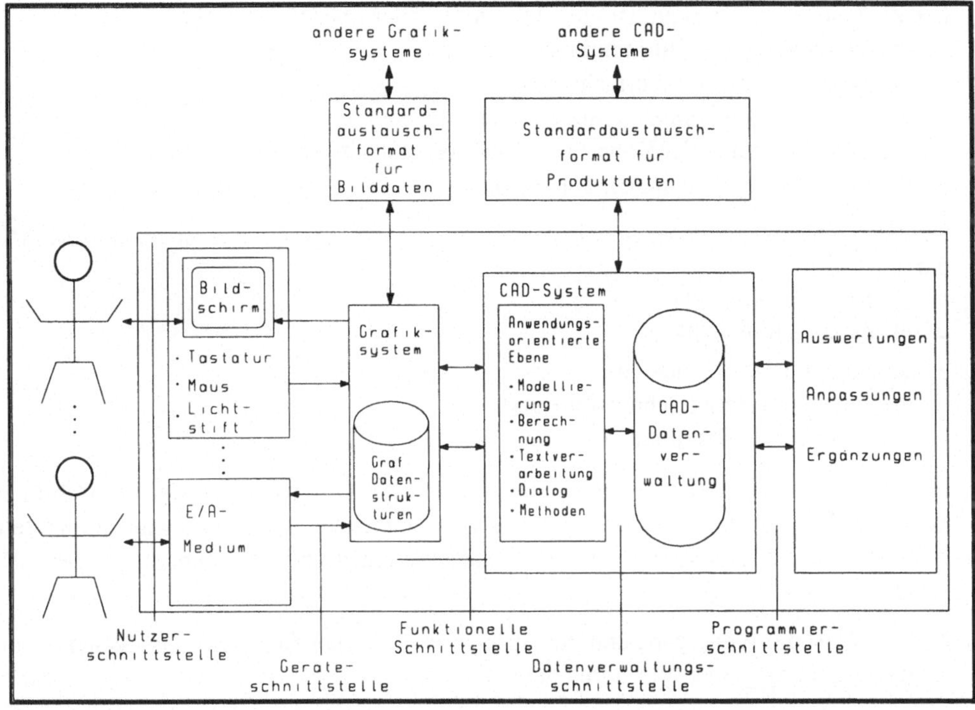

Bild 3-2: Schnittstellen von CAD-Systemen

Von besonderer Bedeutung für die Leistungsfähigkeit eines CAD-Systems sind seine
externen und internen Schnittstellen. In der gegenwärtigen Entwicklungsetappe des Ein-
satzes von CAD-Systemen ist dieser Faktor neben der Sicherung der Durchgängigkeit der
rechnergestützten Bearbeitung sowie der Schaffung organisatorischer und technologi-
scher Voraussetzungen von ausschlaggebender Bedeutung für effiziente Anwendungen.

Bild 3-3:

Ablauf der Mensch-Maschine-
Kommunikation in CAD-
Systemen

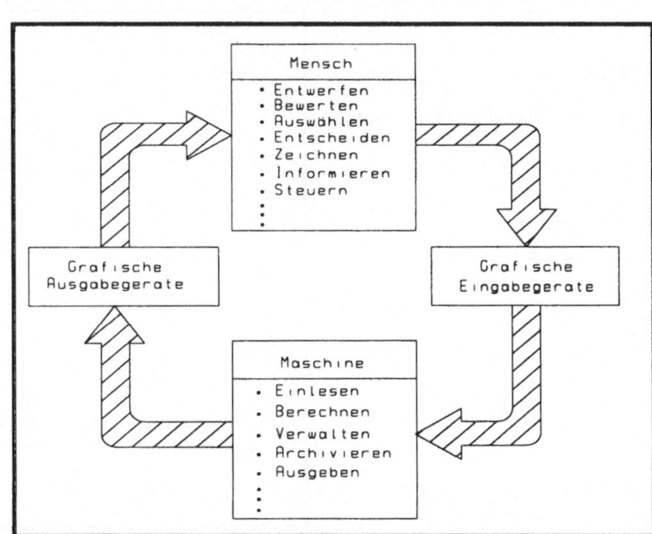

Die Zielstellungen der Schnittstellendefinitionen aller Ebenen sind dabei
– die Vermeidung von Informationsverlusten,
– die Vermeidung von Mehrfacharbeit,
– die Beherrschung komplexer technischer Anwendungen,
– die Gewährleistung der Konsistenz der Datenbestände und
– die Reduzierung redundanter Datenhaltung.

Die Hierarchie existierender Schnittstellennormen der CAD-Systeme ist gekennzeichnet durch (Bild 3-2)
– die Nutzerschnittstelle
– die Geräteschnittstelle,
– die funktionelle Schnittstelle,
– die Datenverwaltungsschnittstelle und
– die Programmierschnittstelle.

Für die Kommunikation zwischen CAD-System und Nutzer hat sich der grafisch-interaktive Dialog durchgesetzt (Bild 3-3). Dabei nimmt der Nutzer überwiegend visuelle Informationen auf und verwendet den effizientesten menschlichen Sinneskanal, den Sehkanal.

Nach /3-1/ ist die Weitergabe und der Austausch von Daten zwischen EDV-Systemen mit einem der drei folgenden Verfahren möglich:

— Weitergabe auf analogen Datenträgern, auch als konventionelle Lösung bezeichnet,

— Weitergabe auf digitalen Datenträgern über Schnittstellen, die gekoppelte Lösung und

— Weitergabe auf digitalen Datenträgern auf der Basis einheitlicher Datenmodelle, die integrierte Lösung.

Für eine durchgängig rechnergestützte Informationsverarbeitung kommen selbstverständlich nur die gekoppelte und die integrierte Lösung in Frage.

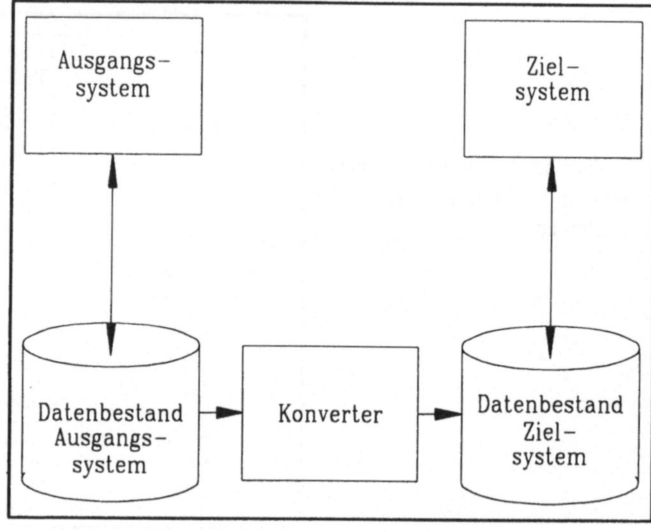

Bild 3-4:

Direkte Datenkonvertierung

Bei der Weitergabe von Daten über Schnittstellen läßt sich die Kopplung von EDV-Systemen auf mehreren Wegen erreichen /3-2/:

— direkte Konvertierung der Daten des Ausgangssystems in die Daten des Zielsystems (Bild 3-4) und

— Erzeugung systemneutraler Datenformate, welche das Empfängersystem wieder einlesen und interpretieren kann (Bild 3-5).

Der Vorteil der direkten Konvertierung liegt darin, daß ein Konverter auf die beteiligten Systeme sehr genau abgestimmt werden kann. Dadurch läßt sich ein Maximum an Informationen übertragen. Nachteilig ist, daß für den Datenaustausch zwischen n Systemen in beiden Richtungen $2 \cdot n \cdot (n-1)$ unidirektionale Konverter benötigt werden.

Bild 3-5:

Datenaustausch über ein neutrales Datenformat

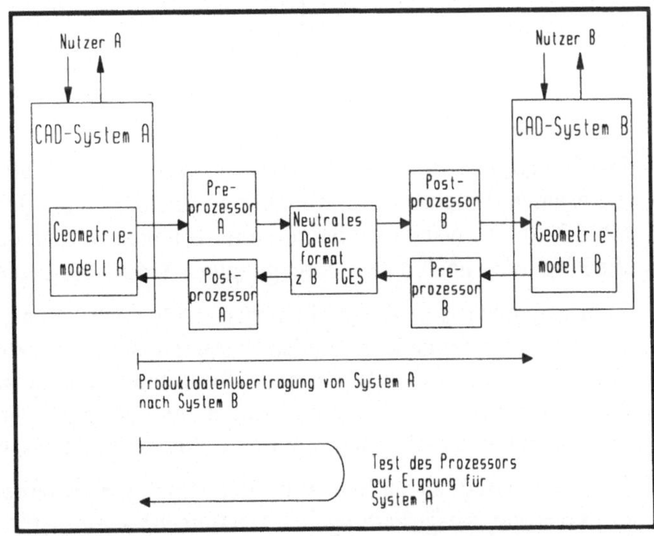

Bei der Verwendung eines neutralen Datenformates für den Datenaustausch zwischen n Systemen sind dagegen nur 2n unidirektionale Pre- und Postprozessoren erforderlich. Der Nachteil dieser Lösung liegt darin, daß sich der Umfang der zwischen allen Systemen austauschbaren Informationen am schwächsten System orientieren muß. Weiterhin müssen standardisierte Datenformate definiert werden.

Um ein ausgewogenes Aufwand/Nutzen-Verhältnis zu erreichen, wird das **neutrale Datenformat** als Bindeglied zwischen den verschiedenen Systemen favorisiert. Die bisher vorliegenden Standards und Normungsvorschläge für solche neutralen Formate berücksichtigen allerdings im wesentlichen nur die Geometriesicht auf das Produkt. Von praktischer Relevanz sind dabei gegenwärtig die Austauschformate **IGES** (Initial Graphics Exchange Specification) und **DXF** (Drawing eXchange Format). Letzteres Format ist durch die Einbindung in AutoCAD gewissermaßen zum Quasi-Standard geworden.

Integrierte Systeme unterstützen verschiedene anwendungsabhängige Subsysteme und stellen anwendungsspezifische Verarbeitungsprogramme sowie die Kommunikation für die Datenweitergabe und den Datenaustausch zur Verfügung.

Bild 3-6:   Integrierter
              Datenaustausch

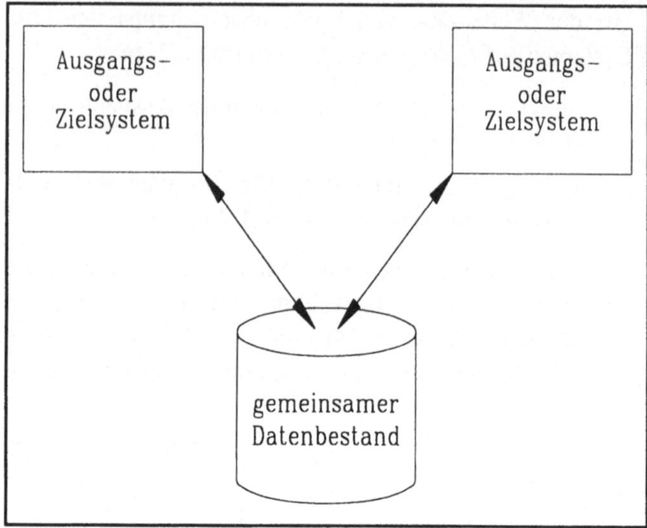

Die Integration verlangt eine allgemeingültige Informationsrepräsentation in einem gemeinsamen Datenbestand, welcher unabhängig von den speziellen Anwendungen ist (Bild 3-6). Die Nachteile der vorigen Lösungen werden dabei vermieden. Weiterhin wird die Forderung nach einem durchgängigen Produktmodell erfüllt.

Zum gegenwärtigen Zeitpunkt liegen dafür noch keine Lösungen vor, da sich die Entwickler der in Frage kommenden Systeme bisher nicht auf ein einheitliches Datenformat geeinigt haben. Zukunftsweisende Bestrebungen sind in den Normungsaktivitäten zu STEP zu sehen /3-3/. Mit STEP soll erstmals versucht werden, vollständige Produktmodelle nach einheitlichen Kriterien zu archivieren und auszutauschen.

Welche Konsequenzen haben die Betrachtung zu Architektur und Schnittstellen nun für die konkrete Ausgestaltung der Gerätetechnik eines CAD-Arbeitsplatzes für ein Ingenieur- bzw. Planungsbüro? Zunächst soll noch einmal an die Betrachtungen des Kapitels 2 erinnert werden, daß die Auswahl des Systems durch die Software und die weiteren Nebenkosten bestimmt wird.

Mit der Software muß das Büro lange leben. Ein Umstieg in ein anderes System würde unter anderem bedeuten, daß die bisherigen Daten mit hohem Aufwand und entsprechenden Kosten zu konvertieren wären und daß das erarbeitete Know-how verloren gehen würde. Von den Kosten her gesehen ist die Hardware zweitrangig. Ihr Preis verfällt rasant weiter, wie sie sich auf der anderen Seite enorm weiterentwickelt.

Für die Auswahl der Hardware gelten zwei Faustregeln: je schneller und je mehr Arbeitsspeicher (RAM), umso besser. In /2-1/ wurden vier Levels definiert, auf die in Tabelle 3-1 Bezug genommen wurde:

- Das Einsteigersystem
- Das Einzelplatzsystem
- Das kleine Netzwerksystem
- Das echte Netzwerksystem

Das Einsteigersystem ist auch für Einsteiger gedacht. Die einfache Konfiguration, bestehend aus einem 486er PC, kann schon mit einem CAD-Programm (z. B. AutoCAD und C.A.T.S. oder AutoCAD und pit-cup) konfiguriert und genutzt werden. Mit dieser Konfiguration sind allerdings nur einfache Anwendungen des Anwendungsbereiches Heizung, Lüftung, Sanitär, Elektro,... (HLS) bearbeitbar.

Das Einzelplatzsystem ist ein professionelles Single-User-System. Mit dieser Konfiguration lassen sich auch komplexe HLS-Anwendungen bearbeiten. Betriebssystemseitig geht dabei eindeutig der Trend zu Windows-Applikationen.

Das kleine Netzwerksystem besteht im Unterschied zum Einzelplatzsystem aus deutlich leistungsfähigerer Hardware, sehr oft (noch) mit Unix und dem Trend zu Windows NT als Betriebssystem und einem komfortablen Ausgabegerät.

Das echte Netzwerksystem erlaubt professionelles Arbeiten im Netzwerk. Mehrere Anwender können gleichzeitig auf die Daten eines Projektes zugreifen. Die Kosten für die beiden letztgenannten Systeme relativieren sich im Netzwerk. Die einzelnen Arbeitsplätze kommen mit kleineren Festplatten aus, dafür benötigt der Server entsprechend viel Speicherplatz.

Tabelle 3-1: Hardware-Eigenschaften und -Kosten unterschiedlicher CAD-Systeme

	Einsteiger-system	**Einzelplatz-system**	**Kleines Netz-werksystem**	**Echtes Netz-werksystem**
Anwendungsziel	Einzelplatz- u. Einstiegssystem	Einzelplatz- u. Profisystem	Netzwerk-User; keine simultanen Zugriffe auf Projekte	Netzwerk-User; simultane Zugriffe auf Projekte
Computer	Pentium 75 MHz	Pentium 90 MHz	Pentium 120 MHz	Workstation HP 9000
Arbeitsspeicher	16 MByte	32 MByte	64 MByte	128 MByte
Festplatte	1 GByte	2 GByte	2 GByte	6 GByte
Betriebssystem	DOS/Windows	DOS/ Windows	Unix/ Windows NT	Unix/ Windows NT
Grafikkarte	VGA	VESA/SVGA/PCI	VESA/SVGA/ PCI, 4 MB VRAM	VESA/SVGA/ PCI, 4 MB VRAM
Monitor	17 Zoll	20 Zoll	21 Zoll	21 Zoll
Digitalisiertablett	Digitalisiertablett mit Aufleger		A0-Digitizer als eigenständiger Arbeitsplatz	
Ausgabegeräte	DIN A4 Laser	DIN A3 Laser Plotter	DIN A0 Plotter	DIN A0 Plotter
Gesamtpreis	**ca. DM 10.000**	**ca. DM 30.000**	**ab DM 60.000**	**ab DM 80.000**

Sehr oft wird noch ein Streamer zur Datensicherung gebraucht. Diese Datensicherung wird sehr oft nicht ernst genommen, ist aber im Grunde für alle vier dargestellten Varianten ein "muß".

Im weiteren wollen wir darauf eingehen, welche wichtigen Methoden und Arbeitstechniken den CAD-Systemen immanent sind. In /3-3/ wurde dazu eine Bewertungsstrategie entwickelt, die zunächst generell die Verfahren und Techniken der CAD-Technologien erfaßt, sie systematisiert und klassifiziert. Ergebnis dieser Betrachtungen ist ein Bewertungskatalog, mit dem Sie beliebige CAD-Technologien und CAD-Systeme einer Bewertung unterziehen können. Diese Methodik wollen wir für ausgewählte HLS-Gewerke transparent machen.

Ausgehend von diesen grundlegenden Methoden und Arbeitstechniken wurde eine Wichtung für die zu unterstützenden Aufgabenbereiche vorgenommen. Die Wichtung erfolgt mit einer Zahl zwischen 0 und 1 für ein ideales CAD-System, welches den Aufgabenbereich optimal unterstützt und damit für konkrete CAD-Systeme eine obere Grenze darstellt. Die Summation der Wichtungsfaktoren erlaubt eine grobe Globaleinschätzung zum Idealsystem sowie zu anderen Systemen.

Eine Klassifikation der Fähigkeiten von CAD-Systemen erlaubt eine Grobeinteilung in
- Arbeitstechniken,
- Dialogtechniken und
- Datenaustauschtechniken.

Arbeitstechniken sind:

- Einfache Techniken, wie
  * 2D-Modellierungstechniken,
  * 3D-Modellierungstechniken,
  * 3D-Modellabbildungstechniken und
  * 3D-Modellrekonstruktionstechniken.

- Rationalisierungstechniken, wie
  * Blocktechnik,
  * Symboltechnik,
  * Parametrisierungstechnik,
  * Ebenentechnik,
  * Routertechnik,
  * Vermaßungstechnik und
  * Prototyptechnik.

- Verwaltungstechniken, wie
  * Bibliothekstechnik und
  * Datenbanktechnik.

Dialogtechniken sind

- Einfache Techniken, wie
  * Menü-/Maskentechnik,

* Kommandotechnik,
* Zoomtechnik und
* Raster-/Skalentechnik.

- Rationalisierungstechniken, wie
  * Makrotechnik,
  * Teach-in-Technik,
  * Hilfetechnik und
  * Arbeitsfenstertechnik.

Datenaustauschtechniken sind

- Einfache Techniken, wie
  * Digitalisierungstechnik,
  * Scan-Technik und
  * Fotogrammetrie.

- Rationalisierungstechniken, wie
  * Dateitechnik und
  * Prozessortechnik.

Welche Eigenschaften sich hinter diesen Termini "verbergen", wird in /3-3/ im einzelnen ausführlich dargelegt und erörtert.

Wir wollen nun eine quantifizierte Bewertung der einzelnen Techniken vornehmen. Diese Quantifizierung soll zum einen für ein "ideales CAD-System" und zum anderen für die Anwendungsbereiche

- **Heizung/Sanitär** und

- **Lüftung**

erfolgen.

In der nachfolgenden Tabelle wurden die Werte 0., 0.25, 0.5, 0.75 und 1.0 zur Wichtung der Eigenschaften verwendet. Diese Tabellenwerte sind für das fiktive angenommene "ideale CAD-System" und den jeweiligen Anwendungsbereich folgendermaßen zu interpretieren:

− 0.0 :   Eigenschaft nicht von Bedeutung.
− 0.25:   Eigenschaft stellt zusätzliche Ergänzung dar, auf die aber auch verzichtet werden kann.
− 0.5 :   Eigenschaft sollte verfügbar sein; ihre Ausprägung ist aber uninteressant.
− 0.75:   Eigenschaft von Bedeutung. Volle Ausprägung aber nicht unbedingt erforderlich.
− 1.0 :   Eigenschaft von prinzipieller Bedeutung und voll ausgeprägt.

Tabelle 3-2: Bewertung von Methoden und Arbeitstechniken von CAD-Systemen

CAD-Methoden und Arbeitstechniken		Heizung und Sanitär		Lüftung	
		Ideal	C.A.T.S./pit-cup	Ideal	C.A.T.S./pit-cup
1	Arbeitstechniken				
1.1	Einfache Techniken				
1.1.1	2D-Modellierungstechnik	1.0	1.0	1.0	1.0
1.1.2	3D-Modellierungstechnik	0.5	0.5	1.0	1.0
1.1.3	3D-Modellabbildungstechnik	0.5	0.5	0.75	0.5
1.1.4	3D-Modellrekonstruktionstechnik	0.5	0.5	0.75	0.5
1.2	Rationalisierungstechniken				
1.2.1	Blocktechnik	1.0	1.0	1.0	1.0
1.2.2	Symboltechnik	1.0	1.0	1.0	1.0
1.2.3	Parametrisierungstechnik	1.0	1.0	1.0	1.0
1.2.4	Ebenentechnik	1.0	1.0	1.0	1.0
1.2.5	Routertechnik	0.5	0.0	0.5	0.0
1.2.6	Vermaßungstechnik	1.0	0.75	1.0	0.75
1.2.7	Prototyptechnik	1.0	1.0	1.0	1.0
1.3	Verwaltungstechniken				
1.3.1	Bibliothekstechnik	1.0	0.75	1.0	0.75
1.3.2	Datenbanktechnik	1.0	1.0	1.0	1.0
2	Dialogtechniken				
2.1	Einfache Techniken				
2.1.1	Menü-/Maskentechnik	1.0	1.0	1.0	1.0
2.1.2	Kommandotechnik	0.5	0.5	0.0	0.0
2.1.3	Zoomtechnik	1.0	1.0	1.0	1.0
2.1.4	Raster-/Skalentechnik	0.5	0.5	0.5	0.5
2.2	Rationalisierungstechniken				
2.2.1	Makrotechnik	1.0	0.75	1.0	0.75
2.2.2	Teach-in-Technik	0.5	0.0	0.5	0.0
2.2.3	Hilfetechnik	1.0	0.75	1.0	0.75
2.2.4	Arbeitsfenstertechnik	1.0	1.0	1.0	1.0
3	Datenaustauschtechniken				
3.1	Einfache Techniken				
3.1.1	Digitalisierungstechnik	1.0	1.0	1.0	1.0
3.1.2	Scan-Technik	1.0	0.75	1.0	0.75
3.1.3	Fotogrammetrie	0.75	0.0	1.0	0.0
3.2	Rationalisierungstechniken				
3.2.1	Dateitechnik	1.0	1.0	1.0	1.0
3.2.2	Prozessortechnik	1.0	0.75	1.0	0.75
Summe		**22.25**	**19.00**	**23.00**	**19.00**

Die Katalogwerte für die realen CAD-Systeme, im konkreten für **C.A.T.S.** und **pit-cup** und das entsprechende Anwendungsgebiet geben dann immer an, inwieweit die Ideal-werte erreicht werden bzw. aus der Differenz wird ersichtlich, welche Fähigkeiten noch unvollständig sind.

Die Bewertungen in der Tabelle soll Ihnen als konkrete inhaltliche Entscheidungshilfe bei der Einschätzung und Auswahl von CAD-Systemen dienen. Sie stellen Erfahrungs-werte der Autoren dar und sind somit eine subjektive Einschätzung. Die Werte im einzelnen bzw. auch die summarischen Werte sind auf keinen Fall ein generelles Wert-urteil für oder gegen ein CAD-System. Sie können in erster Näherung bei der Auswahl unter inhaltlichen Gesichtspunkten herangezogen werden. Neben vielen weiteren Fakto-ren ist aus inhaltlicher Sicht besonders zu prüfen, ob und in welchem Umfange die Ge-samtheit der dargestellten Techniken für die konkreten Anwendungen notwendig ist. Eine solche Prüfung wird i.d.R. meist eine Reduzierung der Gesamtheit der angeführten Techniken ergeben.

Die vorliegende Tabelle 3-2 zeigt eine Bewertung von **C.A.T.S. und pit-cup** im Ver-gleich mit einem angenommenen idealen CAD-System. Die Bewertung erfolgte für im typische Aufgabenstellungen wie Heizung/Sanitär und Lüftung. Bewertet wurden ver-schiedene im einzelnen genannte und in /3-3/ erklärte Verfahren und Techniken der CAD-Technologien. Für beide Anwendungsrichtungen kommen beide AutoCAD-Appli-kationen fast an die Idealwerte heran. Abweichungen von den Idealwerten erklären sich z. B. daraus, daß bei beiden Systemen die automatische Vermaßung noch entwicklungs-fähig ist bzw. daß für die Einbindung fotogrammetrischer Darstellungen noch externe Programme notwendig sind.

Diese Vorgehensweise zeigt, daß ein direkter Vergleich von CAD-Systemen immer von den verfügbaren Verfahren und Techniken sowie den entsprechenden Anwendungen aus-gehen muß und nicht trivial ist. Die Bearbeitung der Gebiete Heizung/Sanitär und Lüftung sind von den grundlegenden Arbeitsweisen miteinander verwandt. Die CAD-Zielsysteme C.A.T.S. und pit-cup sind dabei Applikationen von AutoCAD, das zu Be-ginn der 80er Jahre als 2D-CAD-System für die rechnergestützte Zeichnungsproduktion konzipiert und eingesetzt wurde und später durch entsprechende 3D-Bausteine erweitert wurde. Dementsprechend ist der 2D-Anteil der Systeme AutoCAD sowie C.A.T.S. und pit-cup der ausgeprägtere. Die 3D-Methoden und -Arbeitstechniken haben bei beiden Sy-stemen inzwischen aber ein hohes Niveau erreicht.

Generell gilt deshalb: Solange die Erstellung von Zeichnungen und HLS-Projekten mit Hilfe von 2D-Techniken realisiert werden kann, sind die meisten kommerziell verfüg-baren CAD-Systeme voll anwendbar. Die Planung und Projektierung erfordert in vielem jedoch weitergehende Voraussetzungen. Eine reine Zeichnungserstellung ist in diesem Aufgabenbereich nicht unbedingt ausreichend. Zeichnungen sind als Repräsentation einer bestimmten Sicht auf den Baukörper und sein "Innenleben" anzusehen. Neben der Zeichnung muß noch eine Vielzahl anderer Informationen gehalten und verwaltet werden, weswegen vor allem die Ansprüche an die Datenbanktechnik hoch anzusetzen sind. Auch deshalb sind ein leistungsfähiger 3D-Modellierer und Schnittstellen zu anderen Systemen notwendig. In den Kombinationen AutoCAD und C.A.T.S. bzw. AutoCAD und pit-cup werden diese Anforderungen hervorragend erfüllt.

4 "C.A.T.S." sowie "pit-cup" – Einordnung und Entwicklung

4.1 Autodesk und die AutoCAD-Applikationen "C.A.T.S." und "pit-cup"

Die in diesem Buch vorgestellten Softwareprodukte "C.A.T.S." und "pit-cup" basieren auf AutoCAD, dem führenden CAD-Programm für konstruktives Design. Als 1982 die amerikanische Firma Autodesk das Produkt AutoCAD, Version 1.0 auf den Markt brachte, dachten seine Entwickler sicher noch nicht daran, daß sich das Programm binnen 10 Jahren zum CAD-Marktführer entwickeln würde. Schon 1983 erschien die erste deutsche Programmfassung von AutoCAD. Damit hatte Autodesk den Einstieg in Europa geschafft. Seit 1982 ist eine beachtliche inhaltliche Entwicklung der Grundsoftware zu konstatieren. Sie hat ihren vorläufigen Höhepunkt 1994 mit der Auslieferung der Version 13 erreicht.

Autodesk setzt mit AutoCAD weltweit einen CAD-Standard, aus dem sich eine Reihe von Vorteilen für deren Anwender ergeben. Neben dem Investitionsschutz durch Zukunftssicherheit bietet die ständige Weiterentwicklung von AutoCAD für "C.A.T.S." und "pit-cup" und ihre Kunden die Gewißheit, auch weiterhin den immer komplexeren Anforderungen gerecht werden zu können. "C.A.T.S." und "pit-cup" auf der einen Seite sowie Autodesk auf der anderen Seite stellen eine Partnerschaft dar, die wirkliche Synergien für die Anwender der rechnergestützten Projektierung Heizung, Lüftung, Sanitär erzeugt.

Zur Historie von Autodesk ist im einzelnen zu sagen, daß die Firma 1982 von 12 Entwicklern in Sausalito/Kalifornien gegründet wurde. Heute ist Autodesk mit fast 1000 Mitarbeitern in 85 Ländern vertreten. Eigene Niederlassungen gibt es in 26 Staaten. Der Unternehmensverbund verfügt über 11 Entwicklungs- und Produktionszentren, die AutoCAD-Applikationen entwickeln und produzieren sowie in 18 Sprachen lokalisieren.

Das europäische Entwicklungs- und Produktionszentrum befindet sich in Neuchatel/ Schweiz. Die deutsche Niederlassung – die umsatzstärkste außerhalb der USA – betreut mit 62 Mitarbeitern von München und Heusenstamm aus den deutschen Markt.

Für das Geschäftsjahr 1994/95 konnte Autodesk, der fünftgrößte Hersteller im PC-Software-Bereich und der einzige unter den ersten zehn, der nicht mit MicroSoft® im Wettbewerb steht, einen weltweiten Umsatz von ca. 455 Millionen US-Dollar verbuchen. Das entspricht einem Zuwachs von 12 % gegenüber dem Vorjahr. Der Umsatz in Deutschland nahm im gleichen Zeitraum um 7,5 % zu und stieg damit von 62,4 Millionen Mark im Jahr 1993/94 auf 67,3 Millionen Mark im Jahre 1994/95.

Diese Zahlen spiegeln aber nur einen Teil des Erfolges wider. Berücksichtigt man die indirekten Vertriebskanäle, das Angebot der Branchenlösungen durch Applikationsentwickler, die Hardwareausstattung und die Peripheriegeräte sowie Service- und Beratungsleistungen, so ergibt sich eine Wertschöpfung aus der Autodesk-Welt in Form von CAD- und Multimedia-Lösungen, die das Zehnfache der Autodesk-Umsätze ausmacht.

Den AutoCAD-Einsatz rund um den Erdball planen und konstruieren Millionen von Menschen an CAD-Arbeitsplätzen. Die Bandbreite der Anwendungen reicht dabei von einfachen Gegenständen wie Tasse und Teller, über komplexe Güter des täglichen Lebens, bis hin zu kompletten Projekten wie Flughäfen oder Eisenbahntrassen. Und jeder CAD-Anwender stellt dabei ganz individuelle Anforderungen an seine CAD-Lösung!

Doch trotz aller Unterschiedlichkeit gibt es eine gemeinsame Plattform: AutoCAD. Weit mehr als 1,5 Millionen Konstrukteure, Projektanten, Ingenieure oder Architekten, von Feuerland bis Alaska, von den Bermudas bis zum Bismarck-Archipel, setzen auf diesen CAD-Standard. Damit ist Autodesk Marktführer im Bereich der rechnergestützten Lösungen für Konstruktion, Projektierung, Entwurf,... Mit der Entwicklung des Austauschformates DXF (**D**ata e**X**change **F**ormat), das sich weltweit zum Quasi-Standard etabliert hat, trug Autodesk maßgeblich dazu bei, daß Zeichnungsdaten problemlos zwischen unterschiedlichen CAD-Systemen ausgetauscht werden können.

AutoCAD alleine erfüllt aber nicht alle Anforderungen der unterschiedlichen Anwendungsgebiete. Es stellt eine branchenneutrale Plattform zur Verfügung, die offen ist für anwendungsspezifische Lösungen, die sogenannten AutoCAD-Applikationen. Über 4000 Branchenpakete von unabhängigen Softwarehäusern sind rund um den Globus entstanden, die auf AutoCAD-Basis maßgeschneiderte Lösungen für alle ingenieurtechnischen Anwendungsgebiete bis hin zum künstlerischen Design anbieten. Allein in Deutschland haben über 200 Unternehmen den Status des eingetragenen Applikationsentwicklers. Das bedeutet eine enge Zusammenarbeit in allen technischen Fragen, aber auch Abstimmung bei Vertriebs- und Marketingaktivitäten!

Die C.A.T.S. Software GmbH in Darmstadt und die pit-cup GmbH Heidelberg gehören mit ihren Produkten für die Technische Gebäudeausrüstung zu den führenden deutschen Unternehmen und natürlich zum Kreis der AutoCAD-Applikationsentwickler.

4.2 Entwicklung, Leistungsumfang und Trends der Software "C.A.T.S."

Die Gründung der Firma C.A.T.S. Software GmbH geht auf das Jahr 1988 zurück. In selbigem Jahr wurde das Unternehmen unter der Bezeichnung Computer And Technology Service GmbH in Darmstadt gegründet. Mit der Unternehmensgründung wurden die Schwerpunkte der Aufgaben auf den Vertrieb von CAD-Komplettsystemen und von Hardware und Software sowie auf rechnergestützte Dienstleistungen in der Baubranche ausgerichtet.

Im Jahre 1989 erfolgte die Entwicklung eines 3D-CAD-Systemes, **HeizCAD**, unter AutoCAD 10 für das Gewerk Heizung mit integrierter Rohrnetzberechnung. 1991 präsentierte sich das Unternehmen erstmalig erfolgreich auf der ISH´91 in Frankfurt/M.

Noch 1991 wurde das Projekt HeizCAD storniert, und es wurde eine Neuentwicklung eines 2D-Programmes für die Gewerke Heizung, Lüftung, Sanitär und Elektrotechnik mit 2 Entwicklern konzipiert und implementiert. Diese Neuentwicklung – **SymCAD** – steht (auch heute noch) in zwei Versionen zur Verfügung, nämlich SymCAD Standard und SymCAD Professional. SymCAD ist für alle Gewerke auf der AutoCAD-Oberfläche TabCAD aufgebaut und hat dadurch bei allen Gewerken die gleiche Benutzeroberfläche.

SymCAD Standard wurde im Jahre 1992 fertiggestellt und am Markt eingeführt. Herausragende Merkmale von SymCAD Standard waren seine Praxisnähe, die 2D-Zeichenhilfe und der Stücklistengenerator. Typische Funktionen unter SymCAD Standard mit Stand von 1995/96 sind /4-1 bis 4-6/:

Für alle Gewerke:

- Komfortabler Projektmanager (TabCAD) zur Zeichnungsverwaltung.
- Umfangreiche Symbolbibliotheken über Ikonen-Auswahl. Anwenderfreundliche Benutzerbibliothek mit automatischer DIA-Erzeugung.
- Umfangreiche Stücklistenfunktion mit Materialauszug.
- Zahlreiche Arbeitshilfen mit automatischer Layerverwaltung.
- Automatisches Ausbrechen von Leitungen beim Einfügen von Symbolen.
- Zahlreiche Makro-Schaltbilder mit Informationen für die Stückliste.
- Automatische Bemaßung und Beschriftung von Aussparungen.
- Detailfunktionen in beliebigen Maßstäben.

Gewerk Heizung:

- Automatische Rohrtrassenfunktion.
- Automatische Heizkörperplazierung.
- Automatische Größenanpassung der Heizkörper.
- Automatische Anbindung von Vorlauf- und Rücklaufleitungen.
- Automatische Beschriftungen.
- Automatische Rohrabstände nach der WSVO.

Gewerk Sanitär:

- Automatische Rohrtrassenfunktion.
- Automatische Objektanbindungen der Abwasserleitungen.
- Automatische Objektanbindungen der Bewässerungsleitungen.
- Automatische Größenanpassung der Sanitärobjekte.
- Automatische Einstellung des Gefälles.
- Automatische Erstellung von Abzweigen bei Abwasserleitungen.

Gewerk Lüftung:

- Einfache Generierung von runden und eckigen Luftkanälen mit automatischer Beschriftung.
- Anwenderfreundliche Konstruktionshilfen.
- Automatisches Generieren der Formstücke mit Numerierung und Bemaßung.
- Automatische Schraffurdarstellung der unterschiedlichen Luftzustände.
- Automatische Größenanpassung der Lüftungsbauteile/Geräte.

- Herstellerunabhängige Bauteilbibliothek.
- Automatischer Kanalflächenauszug.

Gewerk Sprinkler:

- Darstellung von Rohrleitungen für Sprinklerzentralen mit automatischer Generierung der Rohrbögen, Übergänge, usw.
- Maßstäbliches Einfügen von Armaturen bis zu kompletten Baugruppen.
- Automatisches Ausbrechen der Rohrleitungen beim Einfügen.
- Umfangreiche Attributzuweisungen für die Stückliste.
- Automatische Bemaßung der Sprinklerstränge.

Gewerk Elektro:

- Automatische Kabelkanalfunktion.
- Selektive Schraffurfunktion.
- Halbautomatische Generierung von Stromlaufplänen.
- Kompletter Massenauszug der Elektrobauteile nach verschiedenen Auswahlkriterien.
- Halbautomatische Leuchten- Installationsfunktionen.

Gewerk Rohrleitungsbau:

- Automatische Generierung von Rohrleitungen, -bögen, Übergängen und Abzweigen.
- Automatisches Ausbrechen der Rohrleitungen beim Einfügen von Bauteilen.
- Automatische Beschriftung.
- Automatischer Rohrleitungs-Massenauszug.
- Herstellerunabhängige Bauteil-Bibliothek.
- Herstellerbezogene Bauteil-Variantenkonstruktion.
- Automatische Größenanpassung der Bauteile.

Seit Anfang der 90er Jahre bietet "C.A.T.S." auch eine AutoCAD-Applikation für den Hochbau an, nämlich **ArchiC.A.T.S.** Dort wird zunächst in 2D gezeichnet und entworfen. Nachdem sämtliche Eingaben in 2D im Grundriß erfolgt sind, kann der Anwender die Informationen für jede Baugruppe, Wände, Fenster, Türe usw., eingeben. Diese Gruppen werden von 2D auf 3D automatisch hochgezogen. Die in der Planungsphase häufigen Änderungen werden mit ArchiC.A.T.S. auf einfachste Weise durchgeführt, sei es in 2D- oder 3D-Objekten. Das Programm zeichnet sich durch wenige Abfragen mit sinnvollen Automismen aus.

ArchiC.A.T.S. wird durch folgende Funktionalitäten gekennzeichnet:

- **Bauelemente**: Direkte Eingabe der Zeichenfunktionen Wand, Unterzug, Stütze, Fenster, Tür, Öffnung, Wanddurchbruch, Wandschlitz.

- **Löschen**: Löschen von Bauelementen, Heilen von Wänden.

- **Treppenfunktion**: Umfassende Möglichkeiten zur Planung von Treppen verschiedenster Art.

- **Dachfunktion**: Weitreichende Unterstützung der Konstruktion von verschiedensten Dächern.

- **2D → 3D**: Hochziehen der in 2D gezeichneten Bauelemente auf 3D.

- **Schnitt-Ansicht**: Automatische Schnitterzeugung durch Überlagerung von Schnittflächen mit den rückwärtigen Ansichten.

- **Bemaßung**: Automatische und halbautomatische Bemaßung, Ketten- und Bezugsbemaßung.

- **Schnittvermaßung**: Automatische Bemaßung mit Einfügen der notwendigen Höhenquoten.

- **Flächenberechnung**: Automatische Berechnung des umbauten Raumes.

- **Layerverwaltung**: Komfortable Verwaltung sämtlicher Zeichnungselemente.

- **Rasterfunktionen**: Beliebige Erstellung von Achsensystemen mit Achsenbeschriftung.

- **Schnittstellen**: Anbindung an verschiedenste Datenbanken und externe Programme, z. B. zur Ausschreibung oder Wärmeberechnung.

- **Wärmedämmung**: Automatische Darstellung verschiedener Wärmedämmungen.

- **Bibliotheken**: Bad, Küche, Wohnen, Außen, Elektro, usw., usf.

- **Benutzerbibliotheken**: Menügeführte und erweiterbare Bibliotheken für den Anwender.

- **Stahl- und Trägerprofile**: IPE, HEA, HEB, HEM, LNP, L-Profile, usw., usf.

- **Detailfunktion**: Darstellung gewünschter Ausschnitte in beliebigem Maßstab.

- **Projektmanager**: Flexibles Verwaltungssystem der Zeichnungen.

Nach der Entwicklung von SymCAD Standard wurde **SymCAD Professional** konzipiert und implementiert. SymCAD Professional ist die durchgängige AutoCAD-Applikation für die Gewerke Heizung, Lüftung, Sanitär, Rohrleitungsbau, Sprinkler, Anlagenbau und Elektrotechnik.
SymCAD Professional enthält den vollen Funktionsumfang der SymCAD Standard-Applikationen. Die Nachfrage nach dieser Entwicklung kam aus den Reihen anspruchs-voller Planungsbüros und ausführender Firmen.

SymCAD Professional ist eine intelligente CAD-Lösung, die Berechnung und Planung sinnvoll miteinander verbindet. Durch den Einsatz der Programme erhält der Ausführer wie der Planer ein mächtiges Werkzeug, um seine Leistung effizienter zu gestalten. Nicht nur der Zeitgewinn bei der Projektierung und der Änderung der Pläne ist entscheidend, sondern die simultane stets exakte Berechnung einerseits und die hohe Informations-qualität auf den Zeichnungen andererseits reduzieren vor allem den Bauleitungsaufwand erheblich. So lassen sich mit SymCAD Professional auf einfache Weise Planungen von Schema- und Grundrißzeichnungen mit komplettem Massenauszug und Datenübergabe an nachfolgende AVA-Programme realisieren, was den Zeitaufwand der Planungen wesentlich verringert und den Informationsgehalt der Pläne erhöht.

1993 wurde die Neuentwicklung von **SymCAD Professional, Gewerk Lüftung 3D** abgeschlossen. SymCAD Professional, Gewerk Lüftung 3D ist insbesondere gekennzeichnet durch

- die Konstruktionslinie Kanal,
- die Dimensionierung nach Luftwiderstand und Geschwindigkeit,
- das Anbauverfahren,
- das Einbauverfahren,
- das Kanalaufmaß,
- die Positionierung 1.+2. Phase,
- die Berechnung Kanalsystem und
- den Massenauszug.

Danach erfolgte die Neuentwicklung von **SymCAD Professional, Gewerk Elektro 3D** mit den Features

- Konstruktionslinie Kanal,
- automatische Dimensionierung,
- Variantenkonstruktion von Leuchten,
- automatische Stromkreisnummernvergabe,
- automatische Anschließen von Installationsgeräten,
- Kabeldimensionierung,
- Spannungsabfall und
- Brandlast, etc.

1994 wurde die C.A.T.S. CAD And Technical Software GmbH gegründet. Hauptgrund war die rechtliche Trennung Software/Hardware in zwei Firmen.

Ebenfalls im Jahre 1994 erfolgte die Markteinführung von SymCAD Professional, Gewerk Lüftung als 3D Graphiksystem.

Damit war parallel die Neuentwicklung von **SymCAD Professional, Gewerk Rohrleitungsbau 3D** mit den nachstehenden Merkmalen verbunden:

- Automatische Variantenkonstruktion aller erforderlichen Bauteile der führenden Hersteller als 3D-Modell.
- Automatische Layerverwaltung getrennt nach den Technischen Gewerken.
- Automatische Rohrgenerierung nach Vorgabe einer Konstruktionslinie.
- Standard-Datenbank mit herstellerspezifischen Daten für die Varianten-Konstruktion im 3D-Modell.
- Benutzerdefinierte Datenbank zur Erzeugung von 3D-Modellen beliebiger
- Hersteller.
- Automatische Erzeugung beliebiger Rohrquerschnitte nach Standard- und benutzerdefinierter Datenbank, einschließlich der erforderlichen Bögen, Übergänge und T-Stücke.
- Automatischer Anschluß an das jeweils zuletzt geführte Element, Rohr, Armatur, Flansch, usw.
- Automatische Generierung beliebiger Flanschgrößen nach PN und DN.
- Wahlweise Darstellung der Rohrtrassen, Verteiler, Armaturen, Behälter usw. als 3D- oder 2D-Modell.

- Automatische Erstellung von Isometrien, Schnitten und Perspektiven.
- Papierausgabe innerhalb einer Zeichnung mit unterschiedlichen Maßstäben für Schnitte und Details.
- Kopieren von kompletten Rohrtrassen, Verteilern, Armaturen usw. mit anschließender Weiterbearbeitung der kopierten Bauteile.
- Vollautomatische Positionierung für die Vorfertigung.
- Kompletter Massenauszug getrennt nach Gewerken, Rohrleitungen und Armaturen.

1995 erfolgte die Markteinführung von **SymCAD Professional, Gewerk Rohrleitungsbau, 3D Graphiksystem**.

Die chronologisch nächste Neuentwicklung wurde mit **SymCAD Professional, Gewerk Heizung 3D** realisiert. Sie beinhaltet folgende Features:

- Automatische Heizkörperplazierung.
- Automatische Trassengenerierung nach Vorgabe einer Konstruktionslinie.
- Automatische Vergabe der Raum-Nr. und Raumbezeichnung.
- Automatische Heizkörperanbindung nach Auswahl der Ventil- und Anbindeart im 3D-Modell.
- Vollautomatische Heizkörperaktualisierung über Schnittstelle zum Wärmebedarf mit Heizkörperauslegung.
- Automatische Übernahme des Wärmebedarfs zur Rohrnetzberechnung.
- Integrierte automatische Berechnung des Rohrnetzes:
    * Rohrdimensionierung.
    * Druckverlustberechnung.
    * Pumpenauslegung.
    * Ventilabgleich.
- Vollautomatische Generierung aller Teilstrecken.
- Automatische Beschriftung des Rohrnetzes.
- Vollautomatischer Materialauszug für alle Rohrleitungen, Bögen, T-Stücke und Wärmedämmung.
- Interaktives Optimieren zwischen Berechnung und CAD.
- Wahlweise Darstellung der Rohrtrassen, Anbindungen und Heizkörper als 3D-Volumenmodell.
- Automatische Generierung eines Strangschemas.
- Automatische Erstellung von Isometrien und Schnitten.
- Nachträgliche Änderungen mit automatischer Neuberechnung und Aktualisierung der zeichnerischen Darstellung.
- Kopieren von kompletten Geschossen bzw. Teilabschnitten.
- Integriertes Modul SymCAD Professional, Rohrleitungsbau.
- Integriertes Modul SymCAD Standard, Gewerk Heizung.

Ende 1995 realisierte das Unternehmen das Update für SymCAD von AutoCAD 12.x auf **AutoCAD 13.01**. Als Grund für den relativ späten Releasewechsel wird angegeben, daß erst mit der deutschen Version 13.c3 eine fehlerfreie und stabile Version von AutoCAD zur Verfügung stand.

Mit AutoCAD 13 wurde von "C.A.T.S." das Basisprogramm **TabCAD**, die Benutzeroberfläche für AutoCAD, stark verbessert. Neue Funktionalitäten von SymCAD auf der Basis von AutoCAD 13 sind:

- Komplett neu überarbeitete Benutzeroberfläche mit neuen Auflegern, wie
    * Layer: Einschalten, Ausschalten, Tauen, Frieren, Sperren, Entsperren.
    * Frieren und Tauen von Layern in Ansichtsfenstern im Papierbereich.
    * Neue Zeichenelemente, wie Multilinie, Konstruktionslinie, Strahl, Führung.
- Erweiterte Dialogbox zur Einstellung von Bemaßungsstilen und Variablen.
- Schnelles und erweitertes Rendering.
- Blocktext mit Eingabemöglichkeit im beliebigen Editor.
- Kopieren von Elementen auf bestimmte Layer.
    * Löschen von Objekten von bestimmten Layern.
    * Dehnen von Linien, Polylinien.
- Editieren von Festkörpern. Bilden von Schnittmenge, Vereinigung, Differenz, Überlagerung, Schneiden und Kappen.
- 3D-Konstruktion: Extrusion, Rotation, Regeloberflächen.
- Deckenrasterfunktion zum automatischen Zeichnen von Rastern mit beliebigen Rasterabständen und Schattenfugen durch Anklicken in einem geschlossenen Raum.

Neben diesen neuen Funktionalitäten wurde das Design von TabCAD neu gestaltet und ein UpGrade von SymCAD Standard auf Professional des Gewerkes Heizung realisiert. In enger Zusammenarbeit mit der Firma Danfoss entstand eine CAD-Anwendung mit integrierter Berechnung, die für die Branche ein Zeichen setzt. Durch die Plazierung der Heizkörper und der Rohrtrassen und nur durch die zusätzliche Angabe der Installationshöhe ist fast die komplette Heizungsanlagenplanung einschließlich Berechnung, Beschriftung und Massenauszug erledigt.

Diese neue Möglichkeiten basieren darauf, daß die Installationshöhen bei der Vorprojektierung der Heizungsanlage mit angegeben werden. Nach den üblichen Änderungen des Architekten werden in einem externen Programm der Wärmebedarf berechnet und die Heizkörper ausgelegt. Der dadurch entstandene Datensatz wird über Schnittstelle in SymCAD eingelesen und das Rohrnetz nach Auswahl von Rohrmaterial und Ventiltypen komplett optimiert und berechnet. Interaktiv kann das System weiter verbessert oder verändert werden, immer im Zusammenspiel von Berechnung und CAD. Auf Knopfdruck erhält man die gewünschte Beschriftung des Systems, die isometrische Darstellung und den kompletten Massenauszug. Die vollautomatische Strangschemagenerierung ist für Frühjahr 1996 geplant.

Eine Vielzahl von Neuerungen gibt unter AutoCAD 13 auch beim Gewerk Lüftung. Dort hat sich die ganze Arbeitsweise verändert. Hatte man bisher in der Vorentwurfsphase die Dimensionen "geschätzt", so wird das Kanalsystem mit der Version 13 sofort nach Widerstand oder Luftgeschwindigkeit optimiert. Das Lüftungsgerät wird plaziert, die Trasse der Kanäle gelegt, die Lüftungsauslässe mit den entsprechenden Luftmengen gesetzt und vollautomatisch an die Trasse angeschlossen.

Nun wird dem System mitgeteilt, ob runde oder eckige Kanäle verwendet werden sollen. Danach errechnet das System durch die angegebenen Luftmengen und der maximalen Luftgeschwindigkeit oder dem Widerstand die optimalen Dimensionen. Es wird in Sekundenschnelle ein realitätsgetreues Lüftungssystem in 3D generiert.

Neue Update-Funktionen für SymCAD Professional, Gewerk Lüftung unter AutoCAD 13 sind /4-7/:

- Sonderformstücke.
- Vordimensionierung nach W_{max} und R.
- Einbautoleranzwinkel.
- Höhencodes.
- Nachträgliche Schußlängenänderung.
- Projektierung: Seitlicher Anschluß von Luftauslässen sowie Integration weiterer Formstücke.
- Initialisierungsdatei.

Die C.A.T.S. CAD And Technical Software GmbH besteht zur Zeit aus insgesamt 13 Mitarbeitern, davon 6 in der Entwicklung und 2 im Supportbereich. C.A.T.S. Software GmbH wird ausschließlich von Fachleuten aus der Versorgungstechnik vertrieben. Vertriebliche Stützpunkte sind in Deutschland z. Z. in Darmstadt, München, Karlsruhe und Berlin. Im Jahre 1996 wird eine weitere Filiale in Köln eröffnet.

4.3 Entwicklung, Leistungsumfang und Trends der Software "pit-cup"

Die Gründung der Firma "pit-cup Diplomingenieure Weber Bittner Funk GmbH" geht auf das Jahr 1990 zurück. Im April 1990 wurde ein Teil des Unternehmens unter der Bezeichnung "Planungsbüro für Heizung - Lüftung - Sanitär - Elektro" ("pit - Planungsteam") in Heidelberg gegründet. Im Januar 1991 entstand ein zweites Standbein des Unternehmens für den Komplex "CAD für die Haustechnik" ("pit-cup"). Im pit-Planungsteam arbeiten gegenwärtig 10 Mitarbeiter und bei pit-cup 16 Mitarbeiter, davon 6 Softwareentwickler für die Haustechnik und 3 Dozenten für Schulungen. "pit-cup" ist seit Mai 1991 als AutoCAD-Applikationsentwickler registriert und seit April 1992 ADGE-Mitglied (europäischer AutoCAD-Entwicklerzusammenschluß).

Mit Stand von 1995 ist "pit-cup" europaweit in Deutschland, Österreich, Schweiz, der Tschechischen Republik (in tschechisch) und Slowenien (in englisch) sowie der Niederlande vertreten. Die Markteinführung der pit-cup Software wird für England, Frankreich, Spanien, Portugal und Italien vorbereitet. Die zahlreichen Installationen und die positive Referenz der Anwender sprechen für das Produkt.

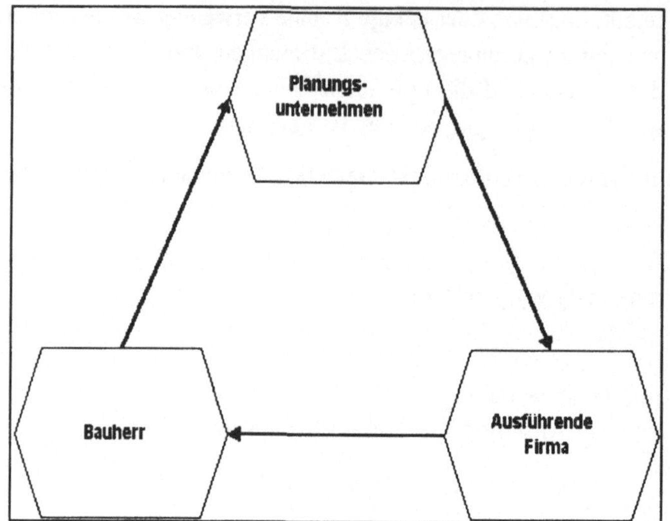

Bild 4-1: Informationsfluß zwischen den beteiligten Kundengruppen

Das **Credo** von "pit-cup" war und ist **CAD von Fachingenieuren** für die Gewerke Heizung, Lüftung, Sanitär, Elektro und Regelung. Ausgehend von der Struktur der Kunden, nämlich Planungsbüros, ausführende Firmen und Bauherren (Bild 4-1), ergeben sich die Schwerpunkte der Anwendungsbereiche

– durchgehende Lösungen für die Planung (Ingenieurbüros, Bauämter, Stadtwerke, Bauabteilungen), Ausführung und Gebäudeverwaltung sowie

– Einsatzmöglichkeiten in der Planung, Kalkulation, Fertigung und Bestandspflege.

Seitens der Entwickler von pit-cup wurde die Idee kreiert und realisiert, den Ablauf der Prozesse der Technischen Gebäudeausrüstung von der Planung, Montage und Bauverwaltung durch CAD - Mittel und - Methoden zu unterstützen. Pit-cup - Haustechnik mit den Modulen Heizung, Lüftung, Sanitär, Elektro und Regelung verfolgt dabei nicht die Methode, die Anwendung an die Software anzupassen, sondern vielmehr das Programm den Praxisanforderungen anzugleichen. Entsprechend der Offenheit von AutoCAD wurde mit pit-cup ein offenes CAD-System entwickelt, das eine Reihe von Möglichkeiten für den Datenaustausch in den Bereichen Planung, Montage, Fertigung und Architektur bietet.

Die unterschiedlichen Anwenderbedürfnisse in Planungsbüros, ausführenden Firmen und Gebäudebetreibern werden von der Applikation berücksichtigt. Da der Informationsgehalt der Zeichnung mit jedem Planungsabschnitt wächst, muß der Planer keine Daten eingeben, die nur dem Bauherrn nutzen. Der Bauherr kann jedoch auf Informationen zugreifen, die schon in der Planung eingegeben wurden. Die Konsequenz: Kein an der Planung Beteiligten muß sich mit der Eingabe von Daten belasten, die er nicht benötigt; er stellt seine Daten jedoch dem nachfolgenden Bearbeiter zur Verfügung.

Die intelligente Software liegt in den **Versionen 4.0, 4.1** sowie in einer funktionsstarken **pit-LT-Version** vor. Die Versionen sind für alle Betriebssystemplattformen (Windows, SUN, UNIX, usw.) erhältlich, auf denen AutoCAD 12 bzw. AutoCAD 13 läuft. Die Aussagen des Kapitels 6 beziehen sich auf die Version für WINDOWS 3.11. Tests unter WINDOWS 95 haben jedoch bestätigt, daß das Programm auch unter dem neuen Betriebssystem lauffähig ist. Strategisch orientiert der Softwareentwickler auf die **WINDOWS NT**-Plattform.

Im weiteren werden die wichtigsten Module von pit-cup kurz vorgestellt und charakterisiert /4-8 bis 4-11/.

pit BAU

Das Modul pit BAU ist das Architekturmodul des Programmsystems. Das Architekturmodul dient als Mittel zum Zweck, nämlich die Haustechnik-Komponenten in einem Gebäude unterzubringen. Interessanterweise arbeitet das Programm vom Grundaufbau her nach einer anderen Philosophie als andere Haustechnikapplikationen. Alle Modelle zur Erzeugung einer Gebäudestruktur werden sofort dreidimensional erstellt. Mit pit BAU wird die Hauptzielstellung verfolgt, ein 3D-Gebäudemodell zu erzeugen, um daraus automatisch Schnitte zu generieren. Damit ist es u. a. auch möglich, zweidimensionale Daten aus Fremdsystemen (z. B. DXF-Format) zu importieren, 3D-gerecht aufzubereiten und weiterzuverarbeiten.

pit Heizung

Das Modul pit Heizung ist das Heizungsmodul des Programmsystems. Nach dem Aufruf des Moduls Heizung besteht die Wahl zwischen Heizkörper-Schema und Grundriß. Die Leistung und Abmaße der Heizkörper müssen nicht bekannt sein. Bei vorliegenden Daten aus Wärmebedarfs- und Heizkörperauslegung können diese Daten für die Heizkörperplazierung verwendet werden.

Im Grundriß werden die Heizkörper zweidimensional erzeugt. Es besteht die Möglichkeit, den Heizkörper links, rechts oder mittig zu einem Bauteil, einem Fenstersymbol einer Linie oder eines Punktes zu plazieren. Die nach der Auswahl eingeblendete Dialogbox gestattet es, abgesehen von den Abmaßen des Heizkörpers auch die Anschlußart und Anschlußseite der Ventile auszuwählen. Ist noch keine Heizkörpergröße bekannt, so richten sich die Abmessungen des Heizkörpers nach dem Bezugsbauteil (Entwurfsplanung).

pit Sanitär

Das Modul pit Sanitär ist das Modul des Programmsystems zum Entwerfen und Projektieren der Sanitäranlagen. Auch im Sanitärmodul wird zwischen Grundriß und Schema (Strangschema) unterschieden. Wie schon im Heizungsmodul werden alle aus den Symbolbibliotheken stammenden Sanitärobjekte zweidimensional dargestellt. Die Symbolbibliotheken sind sehr umfangreich und übersichtlich gestaltet. Sowohl die Bibliothek

Sanitärgegenstände (Waschbecken, Toiletten, Badewannen) als auch die Bibliothek Leitungselemente (Ventile, Schieber, Pumpen, Kessel) können als sehr umfangreich bezeichnet werden.

Bei der Verlegung der Leitungen (Warm-, Kalt,- Abwasser) fällt besonders (gegenüber anderen Wettbewerbern) die Möglichkeit auf, daß sich für die Leitungen Wandabstand und Leitungsabstand einstellen lassen. Die Anbindung der Sanitärobjekte an die Hauptleitungen erfolgt nach Anwahl des entsprechenden Menüpunktes automatisch.

pit Lüftung

Das Modul pit Lüftung ist das Modul des Programmsystems zum Entwerfen und Projektieren der Lüftungsanlagen. Wie schon in den vorangegangenen Modulen wird auch bei der Lüftung zwischen Schema und Grundriß unterschieden. Als Voreinstellung für die Plazierung von Lüftungsauslässen im Grundriß, läßt sich ein Deckenraster als Orientierungshilfe erzeugen.

Es empfiehlt sich, alle Lüftungselemente im Grundriß zweidimensional in der Entwurfsphase auf der x-y Ebene darzustellen. Die Elemente können durch Anwahl der Option 3D-AUFBAU gleich in die dritte Dimension erhoben werden. Bei der Erfassung bestehender Anlagen kann auch direkt dreidimensional gearbeitet werden.

pit Vermaßung

Viele AutoCAD-Branchenapplikation haben eine Bemaßungsfunktion integriert. pit-cup hat die AutoCAD-Standardbemaßungsfunktion in Bezug auf die Haustechnikanforderungen beträchtlich ergänzt, erweitert und optimiert.

Im wesentlichen zeichnet sich die Vermaßungsprozedur durch folgende Merkmale aus:

– Erstellung eines eigenen Vermaßungslayers.

– Verbesserte Kettenbemaßungsfunktion (Öffnungshöhe von Fenstern und Türen wird nach Anklicken des Elements automatisch mit in den Bemaßungstext übernommen).

– Automatische Umrechnung der Planungseinheit auf die Bemaßung (z.B. Planungseinheit der Zeichnung ist Zentimeter, Bemaßung soll aber in Millimeter angebracht werden).

Als Bemaßungseinheiten stehen m, cm, mm (Stahl- und Maschinenbau), oder die Kombination m/cm (Bauvermaßung) zur Verfügung. Zusätzlich zur allgemeinen Vermaßung werden innerhalb der Gewerke spezifische Bemaßungsoptionen (z.B. für Bemaßung von Leitungen, Leitungssträngen Heizungen, Sanitärobjekten und Lüftungskanälen) angeboten.

Die Bemaßung kann sowohl im Modell- als auch im Papierbereich vorgenommen werden. Ab der Ausführungsplanung 1:50 sollte im Papierbereich bemaßt werden.

Zusätzlich zu den integrierten Gewerken (Heizung, Sanitär, Lüftung, Elektro, Sprinkler, Regelung) wurden auch viele AutoCAD Standardbefehle stark verbessert. Besonders hervorzuheben sind hierbei die umfangreiche Layerverwaltung sowie das Erzeugen von Doppellinie bzw. von Mehrfachlinien unterschiedlicher Linientypen mit definiertem Abstand zueinander. Selbstverständlich besitzt das Programm auch eine automatische Layersteuerung für seine Elemente (Wände, Türen, Fenster, Heizungs-, Sanitär-, Lüftungsobjekte usw.) sowie die Möglichkeit, eigene Blöcke in die Symbolbibliotheken einzupflegen.

Die **Anwendungsbreite** der pit-cup Software wird durch folgende Aufzählungen charakterisiert:

– **Schemata- und Grundrißerstellung, 2D und 3D:**
  • Anwenderfreundliche Bedienung: Befehlsaufruf über pit-Klick, Maus, Tablett.
  • Automatisierte Funktionen:
    * Plazieren von Objekt- und Gerätegruppen.
    * Automatische Leitungsanbindung an Objekte.
    * Teilautomatisierter 2D/3D-Aufbau.
    * Automatische Bemaßung.
    * Ausbrechen und Schließen von Leitungen beim Symbolplazieren.
  • Unterstützende Funktionen bis zur Planausgabe:
    * Layerverwaltung.
    * Objektänderungsfunktionen.
    * Bemaßung.
    * Texteinstellungsdefinitionen in Abhängigkeit des Maßstabes.

– **Symbol- und Objektbibliotheken:**
  • Heizung: Kategorien (z. B. DIN 2429, DIN 4751, Schweiz,...).
  • Lüftung: Kategorien (z. B. DIN 1946, DIN 24157, DIN 24147, Lindab, LBF,...).
  • Sanitär: Kategorien (z. B. DIN 1986, DIN 1988, Med. Gase, Schweiz, Großkücheneinrichtung...).
  • Elektro: Kategorien (Installationsgeräte, Beleuchtungskörper, Verlegesysteme, Schaltschränke, Blitzschutz, Erdungsanlagen, Brandmeldeanlagen, Brandschutz, Gefahrenmeldeanlagen, Einbruchmeldeanlagen, Zeitdienst-/Elektroakustische Anlagen, Fernmeldeanlagen, Zentrale Leittechnik, Verkehrsanlagen,...).
  • Regelung: Kategorien (z. B. Aufnehmer, Anpasser, Ausgeber, Regeln/Steuern, Stellen, Bedienen, Meßpunkte,...).

– **Anwendergerechte Baugruppen:**
  • Plazieren von gewerkspezifischen Objekt- und Gerätegruppen.
  • Ablegen und Einfügen von benutzerdefinierten Symbolen, Detail- und Gerätegruppen.

– **Schnittstellen zu technischen Berechnungsprogrammen:**
  • ETU: Kanalaufmaß; Beta Abwasserrohrnetz.
  • MW-IBM-Haustechnik: Wärmebedarf; Kühllast; Heizkörperauslegung.

- ICT: VOB Kanalaufmaß.
- SOLAR-Computer: Wärmebedarf; Kühllast; Heizkörperauslegung; AVA; VOB Luftkanalaufmaß; 2-Rohr-Heizung.
- SSS: VOB Kanalaufmaß; Wärmebedarf; Heizkörperauslegung.
- Softlight: Wärmebedarf.
- AAA.
- MH: Wärmebedarf; Kühllast; Heizkörperauslegung.

- **Anbindung Luftkanalfertigung:**
  - CMS Buser + Gilmore:
    * Kanalaufmaß.
    * Ansteuerung von CNC-gesteuerten Kanalfertigungsanlagen.
  - Klimax:
    * Kanalaufmaß.
    * Ansteuerung von CNC-gesteuerten Kanalfertigungsanlagen:

- **Scannen in Hybridtechnik:**
  - Bearbeitung gescannter Architekten- oder Revisionspläne in Hybridtechnik.
  - CAD-DIA ESP Rastersoftware:
    * Integrierte Befehlsaufrufe im pit-Menü.
    * Angepaßte Plazieroptionen für Rasterpläne.

- **pit-telemeeting:**
  - Kommunikation per Videokonferenz: Gemeinschaftsprojekt mit der deutschen Telekom.
  - Zusammenschalten zweier entfernter CAD-Anlagen über das ISDN-Netz:
    * Mit Maus und Tastatur kann von beiden Teilnehmern in einem Plan gearbeitet werden.
    * Videobild über Objektkamera oder Videofilm.
    * Filetransfer.

Die Software-Weiterentwicklung konzentriert sich 1996 besonders auf folgende Gebiete:
- Objektorientierte raumbezogene Massenverwaltung für TGA-Planungen.

- Bibliothekserweiterungen zu Bauteilherstellern.

- Produktivitätssteigerungen in den Gewerken.

- Optimierung und Erweiterung der Schnittstellen zu den Berechnungsprogrammen.

- ISDN-Kommunikation bei Telefax und Dateitransfer.

Neue Funktionalitäten und Features des Release 4.1 sind:

- **Erweiterungen der allgemeinen Funktionalität:**
  - *Ein Menü* für alle Gewerke.
  - *Zeichne ein, Ändere ein* für alle Gewerke.
    * Objekte/Symbole/Varianten.

* Kanäle/Bauteile.
- *pit Cursor.*
  * Einfaches Definieren eines Anfragepunktes im Raum.
- *Toolbars* in der Windows-Version.
  * *_pit*-Command.
  * *_pit_*klick.
  * Gewerkwechsel.
  * Gewerkspezifisch:
    → Zeichne ein, Ändere ein.
    → Objekt/Symbol Kopie.
- *Erweiterte Linientypen.*
  * Automatisches Ausrichten nach Leserichtung.
- *Linienfaktor.*
  * Verwaltung von Objektlinientypen:
    → Einzel.
    → Layer.
    → Auswahl.
- *Zeichnungstexte.*
  * Erweitert mit Farbfestlegung über Intervalle.

- **Gewerkübergreifende Erweiterungen:**
  - *Legendengenerierung*:
    * Layer/Auswahl/Gesamt.
    * Reihenfolge über Listbox.
    * Symbolfaktor:
      → über Voransicht.
    * Leitungslänge:
      → über Voransicht.
  - *Textattributausrichtung*:
    * Automatisches Ausrichten bei der Plazierung von Blöcken:
      → z. B. Drucküberwachung, Telefondose, usw.
  - *Schnittgenerierung*:
    * Beliebige Schnittebene.
    * Schnittkantenerzeugung Layer/Auswahl/Gesamt:
      → Möglichkeit des Fett-Plottens der Schnittkanten.
  - *Erweiterte Linientypen*:
    * _pit-lin.
  - *Fabrikat und Typ für Objekte.*
  - *Kategorieauswahl*:
    * bei der Symbol-/Objektwahl.
  - *Geschoßdefinitionskopie*:
    * Aussparungen.
    * Endsymbole.

* Frei definierte Objekte.
- *Raumbuch*:
  * Massenauszug Gebäude/Etage/Wohnung/Raum:
    → Alle _pit-Objekte.
  * Projekt-Objektdefinition.
- *Neue Symbol-/Objekt-Bibliotheken*:
  * Heizung:
    → DIN 4751, Kältetechnik, Schema, usw.
  * Lüftung:
    → Z. B. DIN 1946 komplett, Kältetechnik, Schema, usw.
  * Sanitär:
    → Schema/Grundriß, usw.
    → Krankenhaustechnik (medizinische Geräte.
  * Elektro:
    → Küche, Schema/Grundriß, usw.

- **Erweiterungen in pit-Bau:**
  - *Löschen 3D-Aussparung.*
  - *Ändern 3D-Aussparung.*
  - *Zusätzliche Fenstertypen.*
  - *Zusätzliche Türtypen.*
  - Doppelböden.
  - Abgehängte Decken.

- **Erweiterungen im Modul Heizung:**
  - *Heizkörper (Schema/Grundriß)*:
    * Plazierung/Darstellung:
      → Vorlauf/Rücklauf getrennt definierbar.
      → Anschlußformen frei durch Turtlegrafik.
      → Beliebige grafische Blockdefinitionen je Heizkörpertyp definierbar (2D/3D).
  - *Voreinstellungen in der Heizkörperdialogbox*:
    * Bildwahl:
      → Links/Mitte/Rechts.
      → Vorlauf-/Rücklauf-Block.
      → Heizkörperart.
      → Geometrieanschluß.
  - *Abgreifbar durch Zeigen*:
    * Geometriedaten.
    * Fabrikat und Typ.
    * Heizkörper-Darstellung.
    * Anschlußart.
    * Bemaßung.

- *Leitungsanschluß*:
  * Automatisch Schema/Grundriß.
  * Suchlängensprung.
- *Armaturen*:
  * 2D/3D-Armaturen zur Erstellung von Heizkörper-Zentralen.

– **Erweiterungen im Modul Lüftung:**

- *Kanalkonstruktion*:
  * 3D, frei im Raum mit Erzeugung entsprechender 2D-Kontur.
  * Kanalzug mit Schußlängendefinition.
- *Z+/Z-Kanalzuordnung*:
  * Informationskopie.
  * T-Stück.
  * 3D-Voransicht.
- *Verknüpfung 2D/3D*:
  * Komplett 3D-Löschen/3D-Aufbau.
- *Formteile*:
  * Hosenstück.
  * Übergangsetage.
  * Erweiterte Sonderteile.
- *Verbesserte Kanalverfolgung*:
  * 2D/3D-Aufbau.
  * Schußlängen.
  * Bemaßung.
  * Positionsnummernvergabe.
  * Anlagenzuordnung.
- *Deckenraster*:
  * pit-Raumerkennung.
  * Voransicht.
  * Linienkappung am Raumpolygon.

– **Erweiterungen im Modul Sanitär:**

- *Schemaobjekte*:
  * Plazierung ohne Abwasserleitung.
  * Objekt Medien-Abflußleitung frei wählbar.
- *Abwasser-Schema*:
  * Automatisiertes Erzeugen aus dem Gesamtmodell.
- *Vormauerung*:
  * Halbautomatisches Erzeugen der Vormauerung an Objekten.
- *Leitungsanschluß*:
  * Automatisch im Schema/Grundriß.
  * Suchlängensprung.

– **Erweiterungen im Modul Elektro:**

- *2D/3D-Installationsgeräte*.

• *Ändern der Definitionsdaten von 2D/3D-Installationsgeräten.*
• *Deckenraster*:
   * pit-Raumerkennung.
   * Voransicht.
   * Linienkappung am Raumpolygon.

Soweit zu den Features von pit-cup, Version 4.1.

Da die ausführenden Firmen für Änderungen im Rahmen der Revisionszeichnungen nicht das gesamte Softwarepaket in vollem Umfang benötigen, bietet **pit-cup** sogenannte **LT- (Light)** Lösungen an. In der Regel werden die LT-Lösungen auch von den Bauherren als ausreichend akzeptiert, da sie geringe Planungsleistungen erbringen müssen.

pit-LT für AutoCAD LT

pit-LT für Windows versteht sich als flexible und preisgünstige Ergänzung zum pit-cup Haustechnik-Konzept. Sein Einsatz bietet sich aus ökonomischen Gründen besonders für solche CAD-Arbeitsplätze an, die nur ein oder zwei Tage die Woche belegt sind. An solchen Arbeitsplätzen werden Aufgaben bearbeitet, die den Einsatz eines CAD-Komplettsystems nicht rechtfertigen.

Hierzu gehören geringe Änderungsarbeiten und die Erstellung von Konzept-Schemata, die vom Techniker oder Ingenieur direkt in pit-LT durchgeführt werden können. Benötigt man einen Plan oder Planausschnitt, so kann dieser mit pit-LT geplottet werden, ohne den Konstruktionsarbeitsplatz zu behindern. Für die große Anzahl von Montagefirmen mit Technikausführungssummen von ca. 10.000,-- bis 100.000,--DM je Gewerk kann die Revisionsplan-, Angebotsplan- oder Schemaerstellung durch pit-LT beschleunigt werden. Bei Bauherren und Gebäudeverwaltern mit kleinerem Planbestand kann mittels pit-LT die Gebäudeverwaltung unterstützt werden.

Das Programm soll vor allem eine Aufgabe erfüllen, sich nahtlos in den Produktionskreislauf des Haus- oder Gebäudetechnikers einpassen. Deshalb wurde bei der Konzeption vor allem darauf geachtet, eine durchgängige und praxisnahe Lösung zu schaffen. So werden Zeichenelemente, wie Armaturen, Objekte und Rohrleitungen von der pit-Vollversion erkannt. Damit schließt sich der Kreis "Planung-Ausführung-Bestand".

Ein Beispiel: Daten, die mit der Vollversion geplant wurden, lassen sich an die ausführende Firma übergeben, die den Plan dann mit pit-LT ergänzt und einen Revisionsplan an den Bauherren weiterleitet. Dieser kann dann je nach Größe des Planbestandes mit der pit-Voll- oder mit der LT-Version die Bestandspläne pflegen.

Das durchgehende Konzept wird u. a. dadurch erreicht, daß Zeichnungsobjekte, wie Armaturen, Sanitärobjekte, Elektro-Installationsgeräte, regelungstechnische Symbole und Lüftungsschema-Bauteile aus der Vollversion für die LT-Version übernommen wurden. Eine Attributauswertung ist somit auch aus den pit-LT Zeichenelementen möglich. Viele Funktionen, wie z. B. das Aufbrechen von Linien beim Einfügen von Rohrleitungsarmaturen oder das Ausrichten von Gegenständen auf Wände sind trotz der reduzierten programmtechnischen Unterstützung der AutoCAD LT-Programmierschnittstelle möglich. Die Menügestaltung wurde ähnlich der pit-cup Vollversion gewählt.

Der **Leistungsumfang von pit-LT** enthält u. a. folgende wesentliche Funktionalitäten:

– Allgemeine Funktionalitäten bzw. für alle Gewerke geltende Funktionalitäten:
  - Plazieren von Symbolen, wie Armaturen, Objekten, Richtungspfeilen der Gewerke Heizung-Lüftung-Sanitär-Elektro-Regelung im Schema und Grundriß.
  - Die Leitungen werden beim Plazieren der Symbole aufgebrochen.
  - Automatische Layerverwaltung für die gezeichneten Leitungen und Armaturen.
  - Auslieferung herstellerbezogener Bibliotheken.
  - Schreiben von Texten auf vordefinierten Layern getrennt nach Gewerken.
  - Bibliothek mit fest abgelegtem Blattrahmen A4 bis A0.
  - Symbolattribute und Attributauswertung.

– Heizung-Sanitär:
  - Verschiedene Heizkörpertypen mit freien Abmessungen im Schema und Grundriß. Freies Plazieren der verschiedenen Heizkörperanschlüsse.
  - Plazieren von Sanitärobjekten mit festen oder freien Abmessungen im Grundriß.
  - Verschiedene Plazieroptionen, z. B. Ausrichtung auf eine Wand.

– Lüftung-Regelung:
  - Zeichnen von einzelnen Kanalbauteilen rund und rechteckig mit definierter Luftart und automatischer Layerzuordnung.
  - Bogen und Knie mit frei definierbaren Abmessungen und festen Winkeln.
  - Zeichnen von Luftauslässen und Lüftungsgeräten mit frei definierbaren Abmessungen mit verschiedenen Plazierungsmöglichkeiten.

– Elektro:
  - Plazieren von Elektrosymbolen in Grundriß und Schema.
  - Starkstrom: Installationsgeräte, Leuchten, Blitzschutz, Netzersatzanlage, Verteiler und E-Geräte.
  - Schwachstrom: Antennenanlagen, Brandmeldeanlagen, Einbruchmeldeanlagen, ELA-Anlagen, Fernmeldeanlagen, Uhren, Zentrale-Leittechnik, Zugangskontrolle, Verkehrsanlage.
  - Verschiedene Vorgabeblätter (Blattrahmen, inkl. Plankopf) für Stromlaufpläne vorhanden.

Raumbezogene Massenverwaltung

Da die Massenermittlung sich wie ein roter Faden durch alle Projektierungsphasen zieht und meist schon in der Entwurfsphase benötigt wird, hat **pit-cup** in der Version 4.1 die Massenermittlung berücksichtigt. Zu diesem Zweck stellte pit-cup ein Modell zur Massenermittlung auf. Diese Modell beinhaltet u. a. die Kalkulation, die Baustellensteuerung (Arbeitszeiterfassung),...

Laut diesem Modell erfolgt

– eine Zuordnung der Bauteile (Massen) zu seinen Eigenschaften,

– die Massenermittlung der einzelnen Teile über Tabellen,

– die prozentualen Zuschläge auf Massen in Abhängigkeit der Projektierungsphase (Ausgleich der Fehlerquote durch höhere Zuschläge in den ersten Phasen und niedrigen in den letzten.),

– die Arbeitszeitkalkulation auf der Grundlage von den Bauteilen zugeordneten Montagezeiten,

– die Generierung von raumbezogenen Bestellisten und

– das Erzeugen von spezifischen Inventarlisten.

Die Hierarchie des Massenermittlungsmodells ist Bild 4.2 zu entnehmen.

Wie bereits dargelegt, erfolgt die Massenermittlung über Tabellen. Da sich ein CAD-Programm für derartige Aufgaben nicht eignet, stellte **pit-cup** eine Verbindung zum verbreiteten Tabellenkalkulationsprogramm Microsoft®Excel über die bekannten WINDOWS Schnittstellen DDE (Dynamischer Daten Austausch) und OLE (Objekt Link and Embedding) her. Da diese Schnittstellen WINDOWS spezifisch sind, entstehen durch diese quasi aufgezwungene Konvention für den Datenaustausch keine weiteren Probleme, und sie sind daher auf allen Rechnern, auf denen WINDOWS installiert ist, einsetzbar.

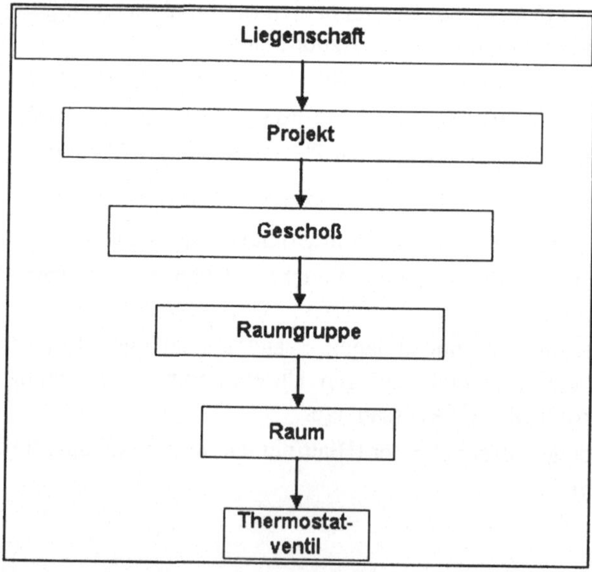

Bild 4.2: Hierarchie der raumbezogenen Massenverwaltung

Trotz aller Bemühungen des Planers, mit Hilfe dieses Modells die Massenermittlung so präzise wie möglich zu gestalten, bleibt der Schwerpunkt der Massenermittlung nach wie vor beim Ausführungsunternehmen, da während der Bauausführung die Anzahl der verbauten Bauteile wesentlich besser ermittelt werden kann.

5 Das Projektierungssystem C.A.T.S.

Das Projektierungssystem C.A.T.S. der gleichnamigen Firma aus Darmstadt liegt seit Dezember 1995 in der Version 13.01 vor. Dieses Kapitel des Buches soll keinesfalls die Handbücher /4-1 bis 4-6/ ersetzen. Es wird ein Einblick in Teile des sehr umfangreichen und leistungsstarken Systems AutoCAD-C.A.T.S. vermittelt, der Leistungsumfang der Standardmodule wird an kleinen Beispielen umrissen. Zum Abschluß des Kapitels 5 folgt eine Übungsaufgabe, die in komplexerer Form die Funktionalität des Moduls Lüftung Professional erläutern wird.

5.1 Einrichtung und Aufbau der Software

5.1.1 Installation des Systems C.A.T.S.

Zu Beginn der Installation muß festgestellt werden, für welchen Anwendungsfall das Softwarepaket C.A.T.S. eingesetzt werden soll. Für die Ausführung der in diesem Buch beschriebenen Funktionen zum Erhalt eines ersten Einblickes in die Vorgehensweise bei der Arbeit mit einem solchen System sollte folgende Konfiguration ausreichen:

C.A.T.S. wird zur Zeit generell für die Plattform DOS ausgeliefert. Zur Installation des Systems TabCAD-ArchiC.A.T.S.-SymCAD muß AutoCAD 12 oder AutoCAD 13 für DOS schon fertig installiert und konfiguriert auf der Festplatte vorliegen. Eine Bildschirmauflösung von 800*600 Pixeln ist auf Grund der Größe einiger Dialogboxen unumgänglich.

Für die Installation der Gewerke Heizung, Klima, Sanitär, Elektro, Sprinkler und Lüftung-Professional wird eine Festplattenkapazität von mindestens 20 MByte benötigt.

RAM sollten zur absturzfreien Arbeit mindestens 8 MByte zur Verfügung stehen.

Weiterhin ist zur Projektbearbeitung für genügend Freiraum zu sorgen (ca. 20 MByte).

Auf einer solchen Konfiguration Ihres PC sollten außer dem Modul Lüftung Professional keine weiteren Professional-Produkte installiert werden, da selbst testweises Arbeiten die oben genannten Ressourcen bei weitem überfordern würde.

Für den professionellen Einsatz dieser leistungsfähigen Software wird natürlich auch ein entsprechend leistungsfähiger PC vorausgesetzt.

Aus der Darmstädter Kundenzeitung C.A.T.S. NEWS 12/95 /4-7/ geht folgende Hardwareempfehlung hervor:

21 Zoll Farb-Monitor

Grafikkarte mit 4 MB VRAM

14 Zoll Dialogmonitor

12" x 12" Digitizer

Pentium 120 MHz

64 MByte RAM

1 GB SCSI-Platte

Wechselplatte

CD-ROM 4 Speed

A 0 Plotter, Farbe, Tinte

Da 1996 das Softwarepaket C.A.T.S. auf die entsprechende AutoCAD Version unter Windows NT portiert wird, ist eine solche PC-Konfiguration nicht unbedingt von Nachteil. Unter Windows NT wäre eine Doppelbildschirmlösung von Vorteil. Auf den 14"-Befehlszeilenmonitor muß dann verzichtet werden. Das Windowskonzept allerdings wird diesen Verlust im Rahmen des Vertretbaren halten.

Bei einer entsprechend ordentlichen Rechnerkonfiguration ist während der Arbeit mit C.A.T.S. unter AutoCAD 12/13 DOS kaum noch ein Auslagerungs-Festplattenzugriff zu erwarten, was eine sehr zügige Arbeit garantiert.

Nach Einlegen der ersten Installationsdiskette wird nach der Verzeichnisstruktur von AutoCAD sowie nach den entsprechenden Zielverzeichnissen der C.A.T.S. Software gefragt.

Nachfolgend werden die zu installierenden Gewerke erfragt. Die erfolgte Abfrage ist mit der Leertaste zu bestätigen.

Nach den nun beendeten Voreinstellungen wird die Installation selbsterklärend durchgeführt. Bei manchen AutoCAD-Versionen ist eine Bestätigung mit ENTER im vom Installationsprogramm aufgerufenen Konfigurationsmenü notwendig.

Nach abgeschlossener Installation wird der Manager mit der BATCH-Datei MAN.BAT, welche sich im Verzeichnis MANAGER unter dem CAD-Verzeichnis befindet, aufgerufen.

Nach Anlegen des Projektverzeichnisses und Vergabe des Zeichnungsdateinamens ist der Start des entsprechenden Moduls (SymCAD, ArchiCAD oder TabCAD) durch ein Auswahlfenster möglich. Diese Voreinstellungen für die nachfolgende Projektbearbeitung werden vom Manager erfragt, weiterhin auch Projektdaten, welche dann im Schriftfeld der Zeichnung erscheinen.

5.1.2 Aufbau und Zusammenwirken der C.A.T.S.-Module

In diesem Kapitel soll in kurzer Form die Funktionsweise der C.A.T.S.-Software erläutert werden.

Die Haustechnik-Software besteht aus Modulen, die unter AutoCAD 12 für DOS laufen. Daher ist ein komplett laufendes AutoCAD 12 für DOS auf dem Rechner notwendig. AME wird nicht benötigt.

Eine Mindestgrafikauflösung von 800*600 Punkten ist notwendig, da einige Dialogboxen größer als 640*480 Punkte sind.

Das System besteht aus den Modulen TabCAD, ArchiC.A.T.S. und SymCAD mit seinen Modulen für die Gewerke.

Gestartet wird das System von einem Manager aus, der zur Verwaltung der Projekte mit deren einzelnen Zeichnungsdateien dient.

5.1.3 Der Manager

Die C.A.T.S.-Software wird von einem Manager gestartet (Bild 5-1). Dort wird im aktuellen Verzeichnis jeweils ein Unterverzeichnis für ein zu bearbeitendes Projekt angelegt. In dieses Unterverzeichnis werden dann die entstehenden Zeichnungsdateien gespeichert. Dadurch wird eine Struktur erreicht, mit der eine übersichtliche Arbeit an den einzelnen Projektaufgaben möglich ist.

Neben dem Anlegen und Löschen von Projektverzeichnissen kann zwischen diesen im Manager auch gewechselt werden.

Neben dem Anlegen von neuen Zeichnungsdateien können vorhandene geöffnet werden.

Nach der Auswahl der entsprechenden Zeichnungsdatei gibt es nunmehr drei Möglichkeiten, AutoCAD mit den aufgesetzten Modulen zu starten. Der Start ist mit TabCAD, ArchiC.A.T.S. oder SymCAD möglich. Die Auswahl der entsprechenden Startoption erfolgt nach der Art der Bearbeitung der Zeichnungsdatei. Bei Erstellung von z. B. Gebäudegrundrissen erfolgt der Start mit der ArchiC.A.T.S.-Option. Bei zu erfolgender Einbringung von Zeichenarbeit der Gewerke ist ein Start mit der SymCAD-Option sinnvoll. Werden nur die TabCAD-Tools benötigt, ist ein Start mit TabCAD möglich. Beim Laden des entsprechenden Gewerkmoduls werden die Plankopfdaten abgefragt (Bild 5-2). Nach Bestätigung der entsprechenden Auswahl wird AutoCAD gestartet und das gewählte Modul geladen .

Bild 5-1:   C.A.T.S.-Manager

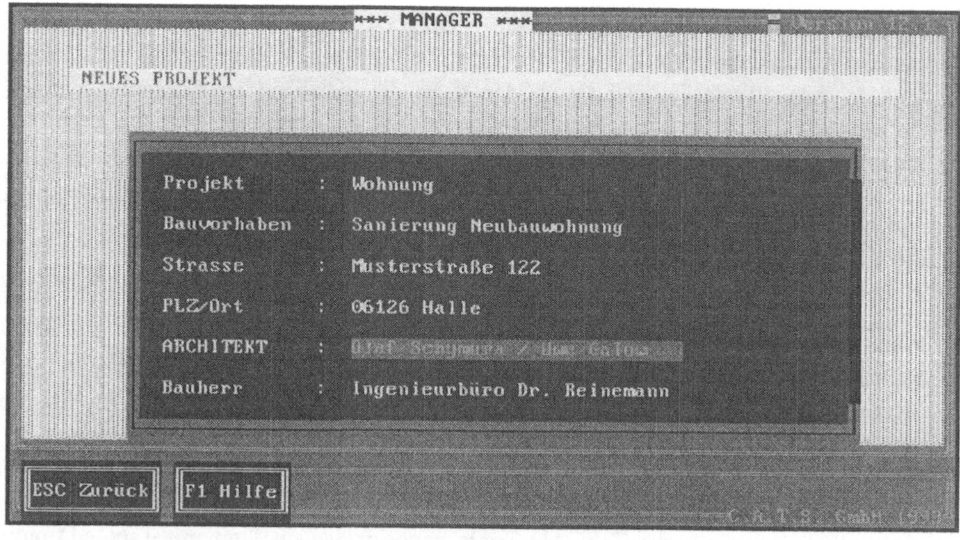

Bild 5-2:   Eintragung der Plankopfdaten in den Manager

Innerhalb von AutoCAD ist natürlich auch ein Wechsel zwischen den einzelnen Auflegern möglich. Je nach genutzter Hardware muß man für die Ladevorgänge der einzelnen
Module aber mit entsprechender Wartezeit rechnen.

5.1.4 TabCAD

TabCAD ist im Prinzip eine Sammlung von Tools, die die Arbeit mit AutoCAD wesentlich erleichtern. Es sind auf einem Tablettaufleger die wichtigsten AutoCAD-Befehle und
einige für die Arbeit hilfreiche neue Befehle angeordnet.

Die Anordnung in den Tablettmenübereichen 1 bis 3 erfolgt recht übersichtlich. Weiterhin befindet sich der Bildschirmzeigebereich auf dem oberen Tablettaufleger.

Die Abroll- und Seitenmenüs von TabCAD sind zur Arbeit mit C.A.T.S. entsprechend
umgestaltet.

Wesentliche Neuerungen gegenüber AutoCAD sind:

– Komfortable Initialisierung des Tabletts.

– Einstellung der Zeichnungsmaße und des Maßstabes.

– Laden des entsprechenden Normblattes mit den notwendigen Daten

– Plankopf.

– Komfortable Änderungsmöglichkeit der Zeichnungsparameter.

– Schriftfeld.

– Ausgabe von Informationen zur Zeichnung.

– Erweiterte Filterfunktion zur Punktbestimmung nach Abfrage.

– Fangoptionen + Schließen.

– Selektionshilfen, wie alle Texte, alle Blöcke in einer Zeichnung,
  alle Objekte / Zeichnung / oder Layer / oder Layer im gezeigten Bereich.

– Der Befehl Heilen von Linien.

– Übersichtlichere Parametereingabe sehr vieler AutoCAD-Befehle mit neuen
  Dialogboxen.

5.2 Das Architekturmodul ArchiC.A.T.S.

Im Anschluß an einige allgemeine Bemerkungen zur Funktion der entsprechenden Elementerstellung des Architekturmodules im Zusammenwirken mit AutoCAD wird die jeweilige Funktion an einem kleinen Beispiel erklärt. Im Falle des Nachvollziehens am Rechner sind unter der Teilüberschrift die entsprechenden Tablettauflegerfelder kursiv in runden Klammern genannt, zum Beispiel: (*Auflegerfeld S1*).

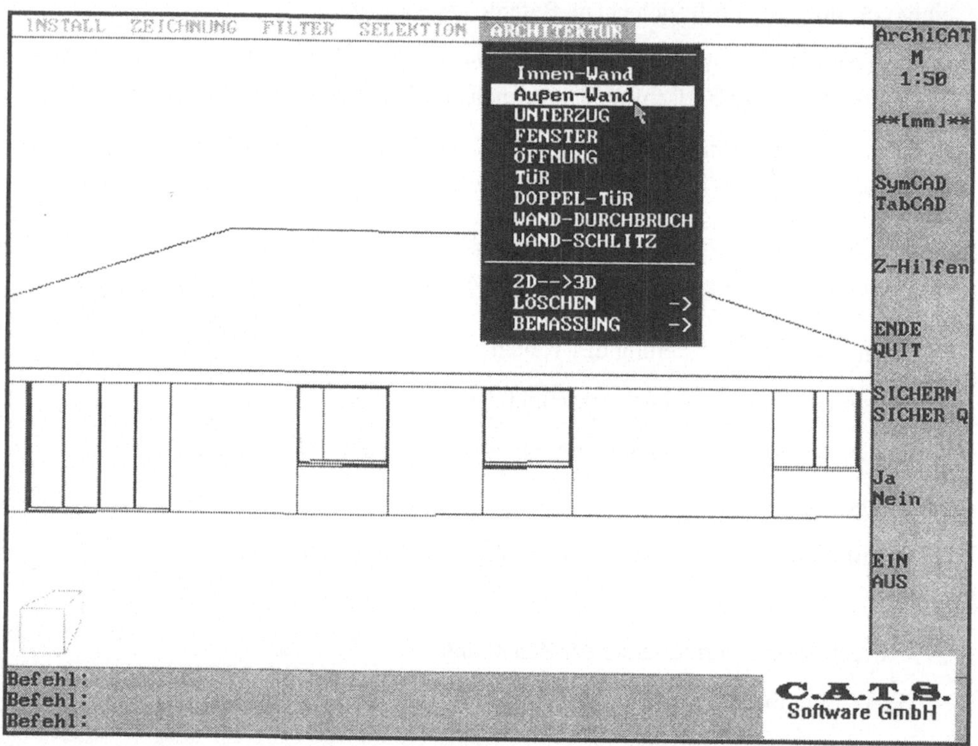

Bild 5-3:   POPUP-Menü Architektur

5.2.1 Gebäudeelement Wand

(Auflegerfeld S1)

Ähnlich dem im Kapitel 6 vorgestellten Heidelberger Produkt pit-cup sind bei der Erstellung der geometrischen Grundstruktur mit dem Architekturmodul ArchiCATS einige Abstriche gegenüber ausschließlicher Architektensoftware zu machen. Nichtsdestotrotz ist den Darmstädtern ein Modul gelungen, das für die Anwendungsfälle bei der Projektierung haustechnischer Anlagen durchaus ausreicht. Trotz des gleichen Grundmoduls AutoCAD arbeitet diese Software interessanterweise nach einer gänzlich anderen Philosophie als das im Kapitel 6 beschriebene Programmsystem.

Gezeichnet und entworfen wird zunächst zweidimensional. Die entsprechenden Elemente können u. a. aus dem Architektur-Menü (Bild 5-3) entnommen werden. Nachdem sämtliche Eingaben in 2D im Grundriß erfolgt sind, kann der Anwender die entsprechenden Höhenangaben für jede Baugruppe (Wände, Fenster, Türen usw.) eingeben, und diese Gruppen werden automatisch von 2D auf 3D hochgezogen.

Da wegen der zweidimensionalen Arbeitsweise vielfach auf AutoCAD-Grundfunktionen zurückgegriffen wurde, ergaben sich bei der Bearbeitung der gestellten Aufgaben folgende Vorteile:

— Beim Zeichnen der Wände läßt sich die eingestellte Dicke auch innerhalb eines Bauteilzuges ändern, ohne diesen zu unterbrechen und neu anzusetzen.

— Da es sich bei den Wänden um einfache Linienzüge und nicht um Polylinien handelt, ist es möglich, komplizierte Wandelemente wie Erker, Mauervorsprünge oder ähnliches mit dem normalen AutoCAD-Befehl LINIE zu erstellen. Wichtig dabei ist, daß der jeweilige Layer der Außen- bzw. Innenwand als aktueller Layer gesetzt wird.

— Zum freien Positionieren der Wände stehen dem Nutzer die Möglichkeiten einer Koordinatenangabe oder der relative Bezug zu einem bestehendem Element zur Verfügung.

— Soll eine Wand an eine bestehende angeschlossen werden, so wird grundsätzlich ein relativer Bezug zu einer Wandecke genommen. Da mit dem Picken der Wandkante sofort klar ist, wo die neue Wand angeschlossen werden soll, entfällt die Angabe von Winkeln zur Bezugsecke.

— Weiterhin sehr gut gelöst ist der Umgang mit den Gebäudeelementen Öffnung, Wanddurchbruch und WandSchlitz. Diese Elemente werden korrekt nach DIN dargestellt.

Begonnen werden soll an dieser Stelle nun mit der Erstellung des wichtigsten Gebäudeelementes, der Wand.

5.2.1.1 Außenwand

Nach Aufruf der Außenwandfunktion ist im Seitenmenü folgendes festzulegen:

- Wanddicke

- Zeichenmodus (Rechts, Links, Mitte)

- Layer (wird angeboten)

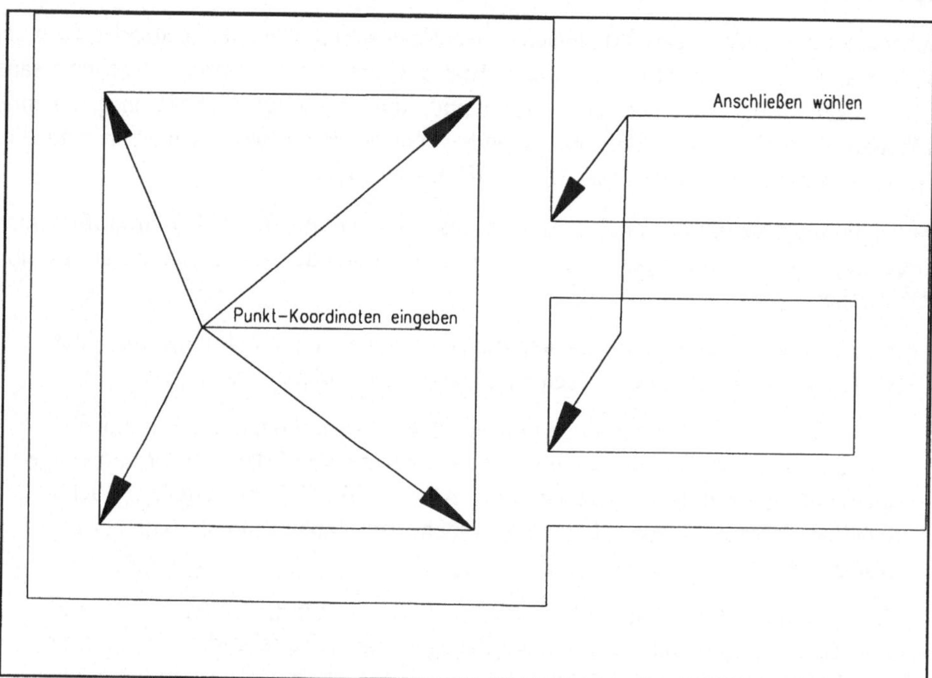

Bild 5-4:   Zeichnungsmöglichkeiten Außenwand

Die Punktkoordinaten (Bild 5-4) der Wandecken sind über Tablett oder Tastatur anzugeben. Die letzte Wand wird mit der Option "schließen" gesetzt. Um an eine Außenwand eine Außenwand anzuschließen, ist ein Außenpunkt mit der Option "Anschließen" zu wählen.

5.2.1.2 Innenwand

Nach Aufruf der Innenwandfunktion wird im Dialog mit der Software analog der Außenwandfunktion vorgegangen.

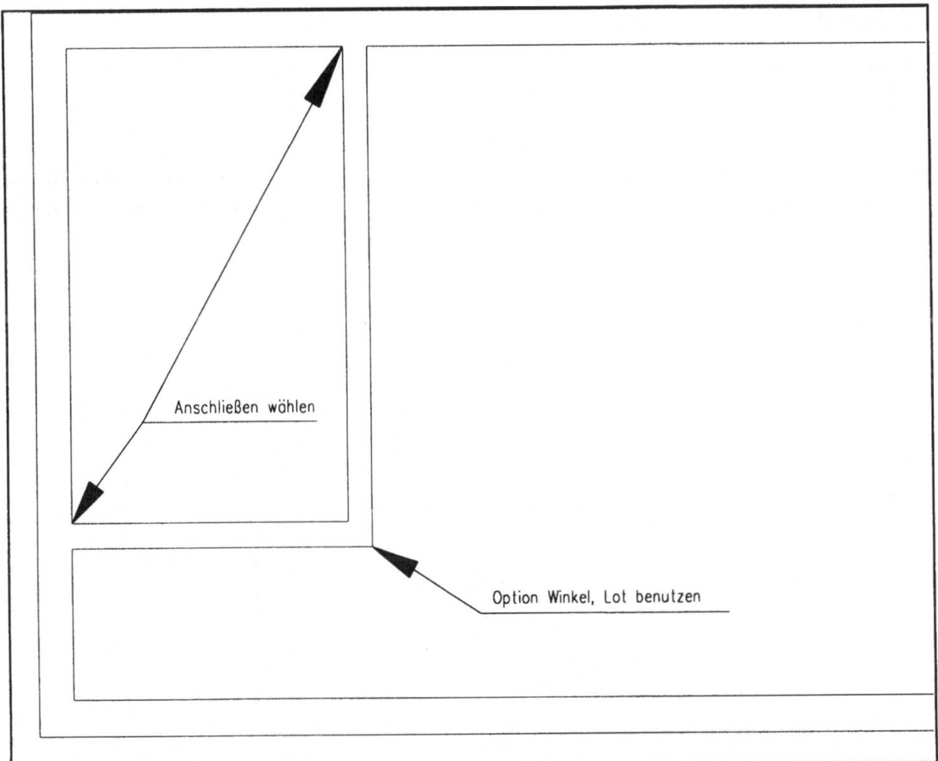

Bild 5-5:   Zeichnungsmöglichkeiten Innenwand

Mit der Option "Anschließen" wird die Innenwand an eine bestehende Wand angeschlossen. Dazu ist die bestehende Wand anzuklicken, woraufhin der Abstand zum nächsten Schnittpunkt abgefragt wird. "Anschließen" wird jetzt für die zu zeichnende Wand angewendet. Eine günstige Möglichkeit der Weiterarbeit besteht nun auch mit den Optionen "Winkel" und "Lot" (Bild 5-5).

5.2.1.3 Modifikation von Wänden

(Auflegerfeld S3-4)

Als Modifikationen werden angeboten:

2D → 3D

Wand "Heilen"

Das Hochziehen einer Wand erfolgt durch Anklicken der entsprechenden Wand und anschließende Eingabe der Höhe. Mit dieser eingegebenen Höhe wird die dreidimensionale
Wand auf dem vorherigen Grundriß erzeugt (Bild 5-6).

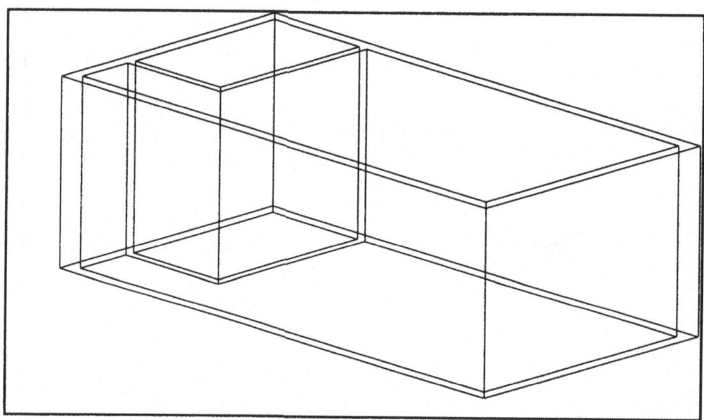

Bild 5-6:   Hochziehen von Wänden

Wand "Heilen" ermöglicht das Schließen von entstandenen Lücken, welche z. B. durch
Löschen angeschlossener Wände, Fenster und Türen entstanden sind. Dies ist eine sehr
hilfreiche Erweiterung der AutoCAD-Funktionalität. Nach Befehlsaufruf werden die
aufgebrochenen Wandteile gewählt. Alles weitere erfolgt automatisch.

5.2.2 Unterzug

(Auflegerfeld T1-2)

Die Vorgehensweise bei Nutzung des Befehls Unterzug ist der Vorgehensweise beim
Zeichnen von Wänden identisch. Länge und Richtung wird durch die entsprechende

Führung vorgegeben, welche mit Koordinateneingabe oder den entsprechenden Hilfs-
mitteln erzeugt werden kann.

Es wird allerdings ein anderer Layer mit der Linienart gestrichelt vorgegeben.

5.2.3 Stütze

(Auflegerfeld U1-2)

Profil und Profilabmessungen sind auszuwählen, und der Einfügepunkt ist anzuklicken.
Bei Bedarf können die Stützen auch in 3D dargestellt werden (Bild 5-7).

5.2.4 Türen

(Auflegerfeld W1-2)

Es wird eine Öffnung im Mauerwerk angelegt und in diese eine Tür eingesetzt. Zur Wahl
stehen Tür und Doppeltür (Bild 5-8). Unter Doppeltür ist eine zweiflüglige Tür zu
verstehen. Abgefragt wird als nächstes die Öffnungsbreite der Tür. Anschließend ist die
Innenkante der Wand anzuklicken, in welche die Tür eingebaut werden soll. Der Abstand
zum nächsten Schnittpunkt ist als absoluter Wert anzugeben. Der maximal mögliche
Abstand wird angezeigt. Nun ist Wandaußenkante anzupicken. Als letztes erfolgt die
Abfrage nach dem Drehpunkt der Tür.

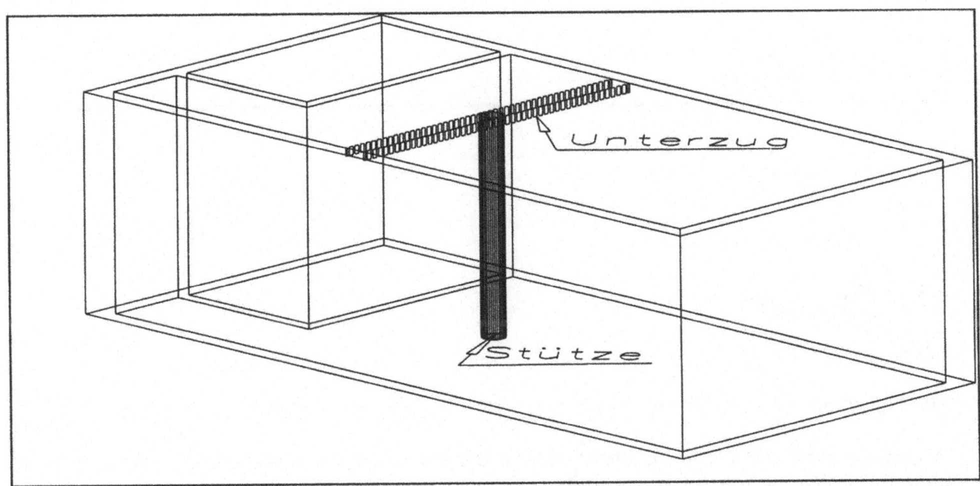

Bild 5-7:   Stützen mit Unterzug eingesetzt

5.2.5 Fenster

(Auflegerfeld V1-2)

Auch bei der Fensterfunktion wird eine Öffnung im Mauerwerk angelegt und in diese das entsprechende Fenster eingesetzt. Abgefragt wird die Öffnungsbreite des Fensters. Anschließend ist die Innenkante der Wand anzuklicken, in welche das Fenster eingebaut werden soll. Der Abstand zum nächsten Schnittpunkt ist als absoluter Wert anzugeben. Der maximal mögliche Abstand wird angezeigt. Nun ist Wandaußenkante anzupicken. Zusätzlich, gegenüber der bekannten Erzeugung einer Tür abgefragt werden die Tiefe der Heizungsnische und die Anzahl der Fensterflügel.

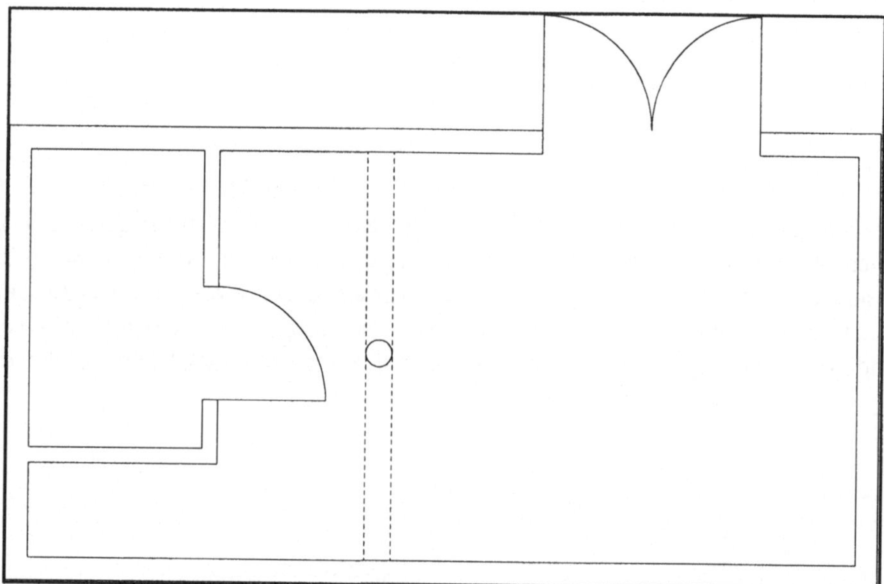

Bild 5-8:   Eingesetzte Türen

5.2.6 Öffnungen

(Auflegerfeld X1-2)

Die Handhabung von Öffnungen ist identisch mit der bei Türen oder Fenstern.

Abgefragt wird die Öffnungsbreite. Es ist die Innenkante der Wand anzuklicken, in welcher die Öffnung entstehen soll (Bild 5-9). Der Abstand zum nächsten Schnittpunkt in der die entsprechende Wandkante darstellende Linie ist als absoluter Wert anzugeben. Der maximal mögliche Abstand wird angezeigt. Die Wandaußenkante wird durch Anpicken benannt. Zusätzliche Eingaben sind nicht erforderlich. Eingaben, die Flügelanzahl und Drehpunkte betreffen würden, entfallen hier natürlich.

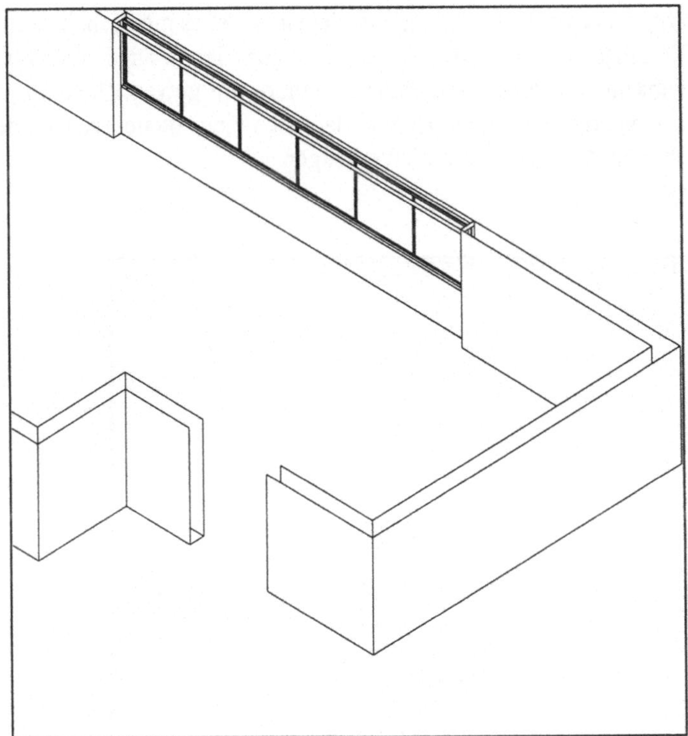

Bild 5-9:   Öffnung und Fenster

5.2.7 Treppen

(Auflegerfeld Y1-2)

Sehr praxisnah ist auch die Darstellung von Treppen gelungen. Die zur Verfügung stehenden Treppentypen

– Einläufige gerade Treppe

– Zweiläufige rechtwinklige Treppe

– Zweiläufige U-Treppe mit Podest

– Dreiläufige Treppe mit zwei Podesten

– Wendeltreppe (Bild 5-10)

genügen in den meisten Fällen den Anforderungen.

Sollten die verfügbaren Treppentypen einmal nicht ausreichen, so ist es möglich, sich mit der Funktion "SONDERTREPPE" die gewünschte Treppe zu generieren. Die Darstellung einer zweiläufigen rechtwinkligen Treppe ohne Podest, sondern mit gewendeltem Übergang, ist nicht möglich. Im zweidimensionalen Bereich läßt sich eine solche Treppe aber noch relativ einfach mit einigen AutoCAD-Befehlen erzeugen.

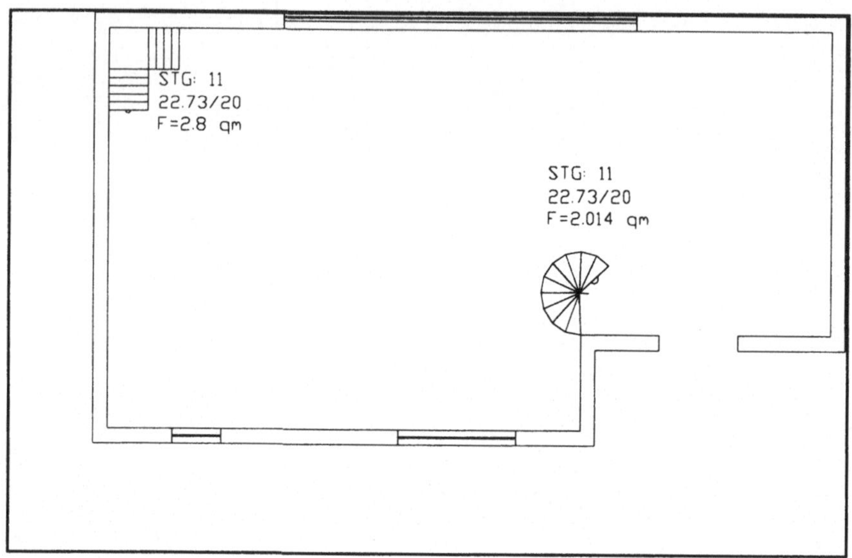

Bild 5-10: Ecktreppe und Wendeltreppe

Über ein Dialogfeld ist der entsprechende Treppentyp auswählbar. Es werden dann bei Bedarf folgende Treppenparameter abgefragt:

Punkt 1	Antrittspunkt der Treppe
Laufrichtung	Anklicken eines Punktes, der die Richtung der Treppe, von Punkt 1 aus gesehen, angibt
Punkt 2, 3, 4, ...	Festlegung der Eckkoordinaten der Treppe
Podestbreite	Festlegen der Breite eines Podestes, als seine Tiefe wird die Laufbreite benutzt
Stufenbreite	Breite einer Stufe
Geschoßhöhe	Mit Hilfe dieser Angabe und der Stufenbreite wird automatisch die Steigungshöhe der Treppe errechnet
Laufbreite	Breite der Treppe

5.2.8 Wanddurchbruch

(Auflegerfeld S7-8)

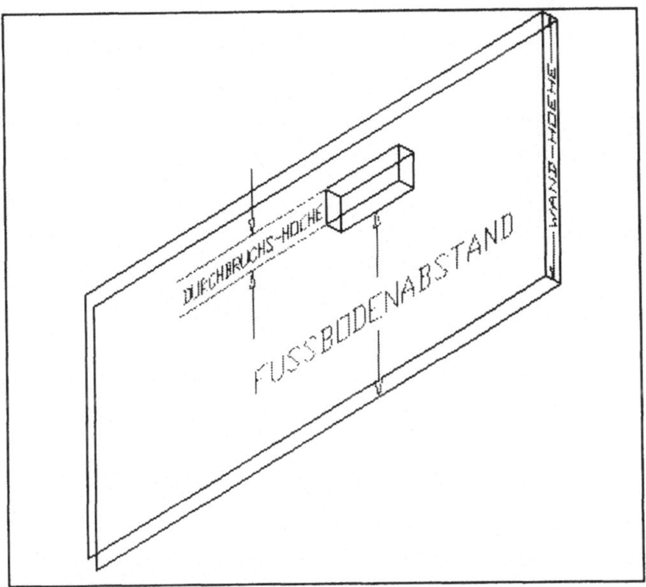

Bild 5-11: Wanddurchbruch, Dia mit Maßen

Das Anlegen eines Wanddurchbruches läuft in seiner Handhabung analog der Vorgehensweise bei der Erzeugung von Fenstern, Türen oder Öffnungen. Wichtig für die dreidimensionale Erzeugung sind dort natürlich die entsprechenden Eingaben für Fußbodenabstand und entsprechende Durchbruchshöhe (Bilder 5-11 und 5-12).

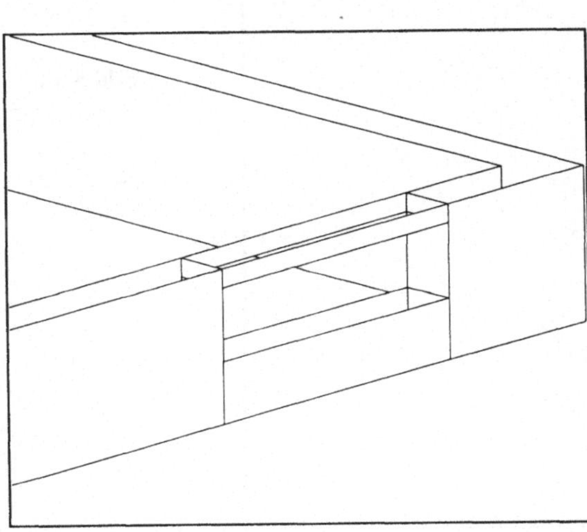

Bild 5-12:
Wanddurchbruch in der
hochgezogenen Wand

5.2.9 Wandschlitz

(Auflegerfeld T7-8)

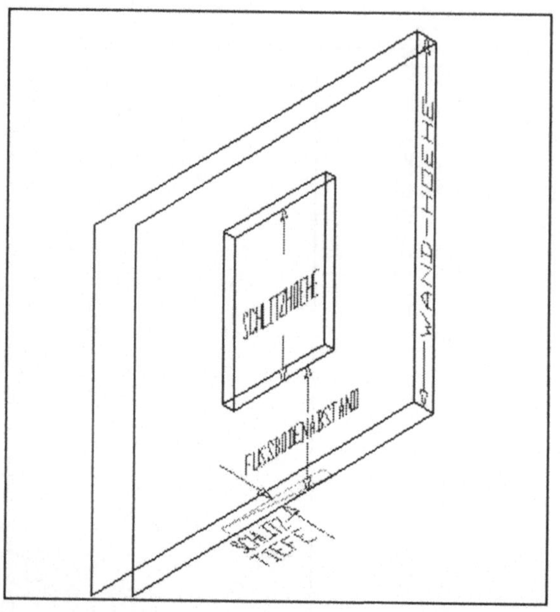

Bild 5-13:
Wandschlitz, Dia mit Maßen

Die Positionierung erfolgt wie bei Türen und Fenstern. Als zusätzliche Angabe wird die Tiefe des Wandschlitzes angefordert. Die Tiefe kann sinnvoller Weise nicht größer als die Dicke der gewählten Wand sein. Beim Modifizieren des Wandschlitzes (Auflegerfeld T9-10) von 2D nach 3D sind auch der Fußbodenabstand und die Schlitzhöhe einzugeben (Bilder 5-13 und 5-14).

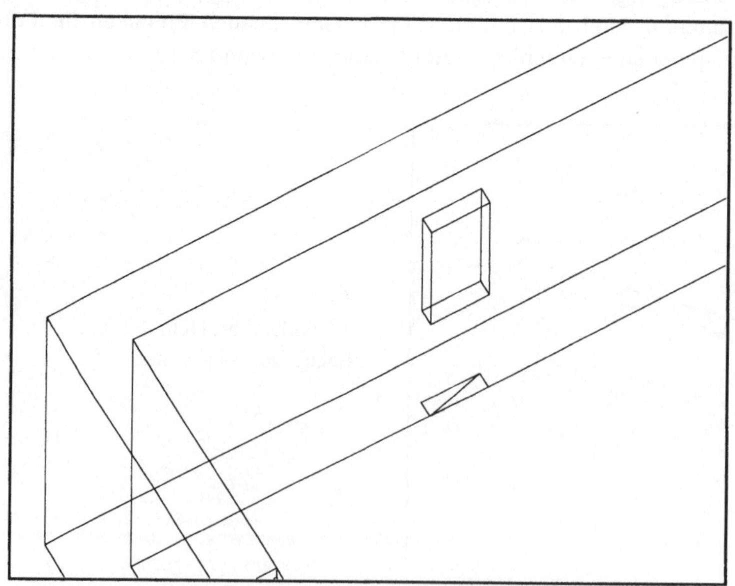

Bild 5-14:
Wandschlitz
in der hoch-
gezogenen
Wand

5.2.10 Decke

(Auflegerfeld X7-8)

Notwendige Angaben sind die Höhe über der Grundfläche und die Deckendicke. Die Form der Decke wird durch eine Anzahl von Eckpunkten (im Beispiel Bild 5-15 P1 bis P6) bestimmt.

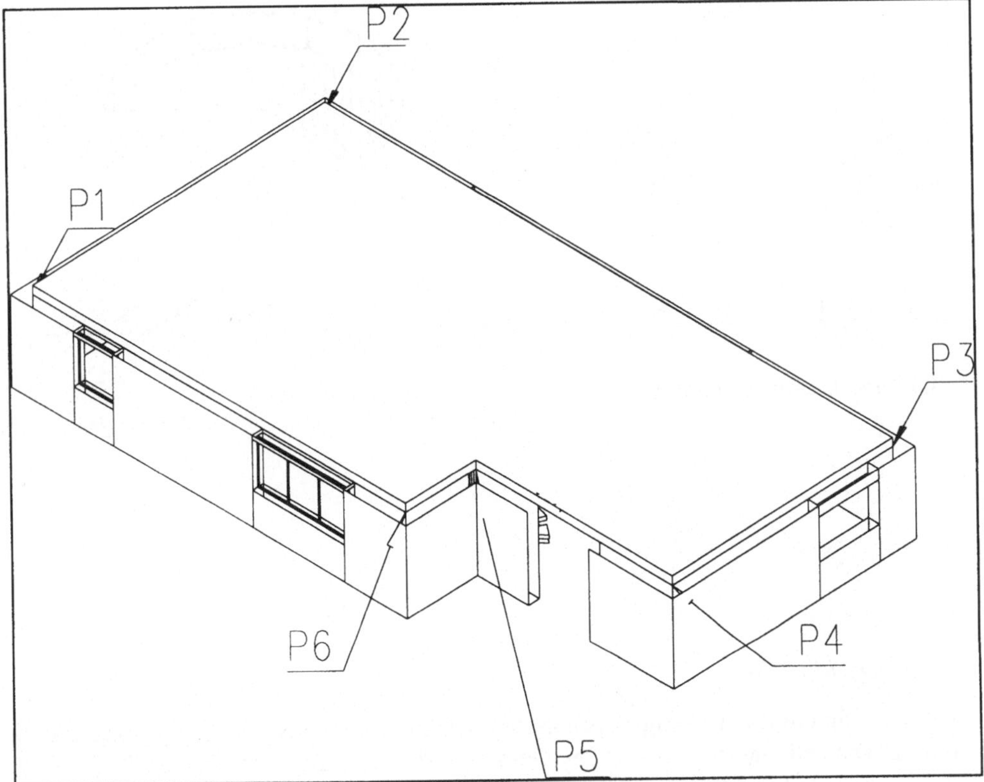

Bild 5-15: Punkte zur Deckendefinition

5.2.11 Deckendurchbruch

(Auflegerfeld Y7)

Zur Auswahl eines Deckendurchbruches stehen folgende Grundformen zur Verfügung: Kreis, Ellipse, Rechteck, Polygon. Als erstes erfolgt eine Abfrage nach dem Zeichnungsmodus (2D oder 3D). Nach der Wahl der zu durchbrechenden Decke werden Höhe, Unterkante und Oberkante durch das Programm automatisch erkannt. Als Nutzer bestätigt man die vorgegebene Dicke oder korrigiert den Wert. Nach der Auswahl der Durchbruchsform (Bild 5-16) erfolgt die Eingabe der geometrischen Abmessungen. Die Option "weiter" führt den Befehl mit den letzten eingegebenen Daten aus.

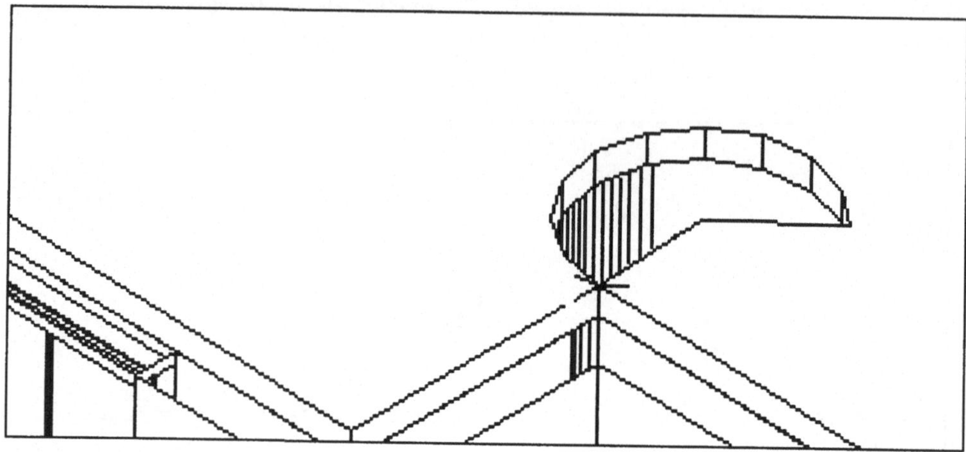

Bild 5-16: Deckendurchbruch

5.2.12 Dach

(Auflegerfeld V7-8)

Die Dachfunktion hat weniger technischen Charakter, sie vervollständigt hauptsächlich die 3D-Darstellungsmöglichkeit des Gesamtgebäudes. Das äußert sich z. B. darin, daß die Giebelwände nicht als solche erkannt werden und daher ein Fenstereinbau nicht möglich ist.

Zur Auswahl stehen:

- Satteldach

- Zeltdach

- Walmdach (Bild 5-17)

- Pultdach

- Nebendach.

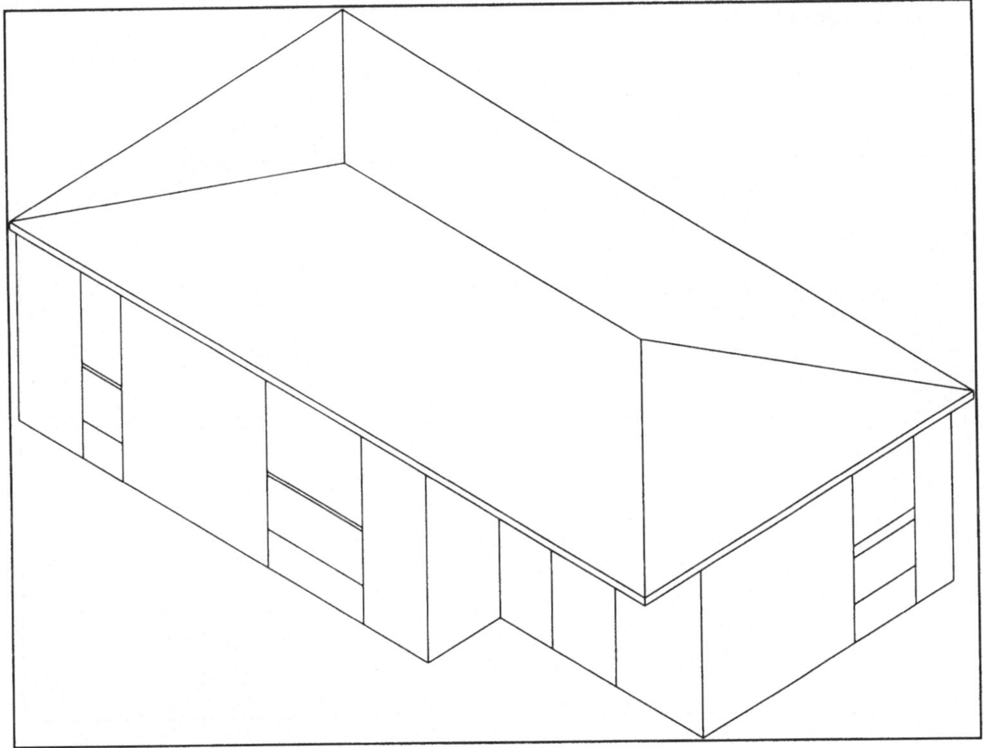

Bild 5-17: Beispiel eines erzeugten Walmdaches

Bei der Konstruktion eines Daches sollten die folgenden Festlegungen berücksichtigt werden:

— Es sind höchstens 4 Eckpunkte einzugeben.

— L- und U-förmige Dächer sind über die Nebendachfunktion zu konstruieren.

Das obige Beispiel wurde über die Dachüberstandsfunktion so realisiert, daß der rechte Anbau mit überdeckt wird. Es wäre aber auch der Einsatz des Nebendachbefehls möglich.

Dachfenster und Gauben lassen sich mit der Dachelement-Funktion (W 7-8) realisieren.

5.2.13 Bemaßung

(Auflegerfeld S13-17)

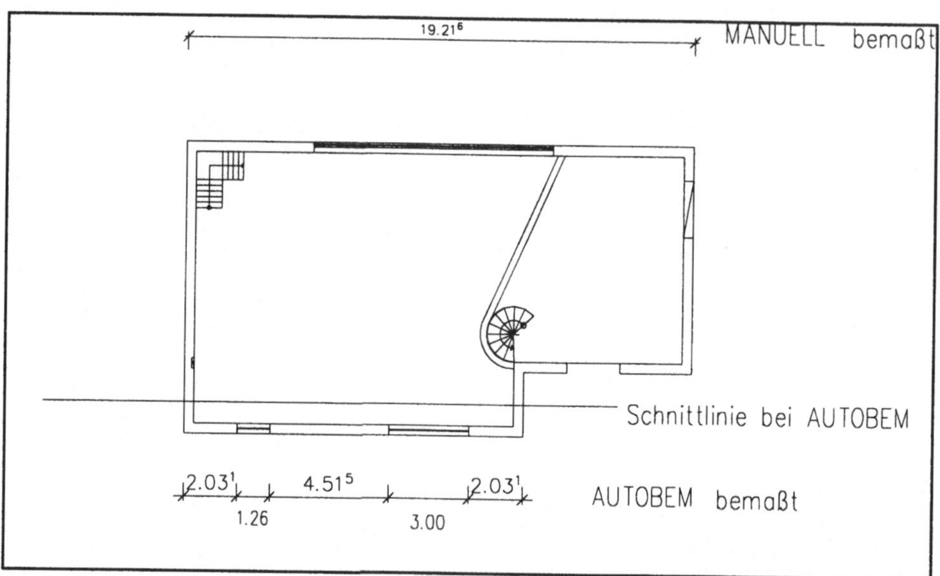

Bild 5-18: Bemaßungsbeispiele

Die angebotenen Bemaßungshilfen gestatten ein automatisches Bemaßen ("Kettenbemaßung", "Bezugsbemaßung") und eine manuelle Variante sowie Möglichkeiten des
Editierens, Verschiebens des Maßtextes. Das Eintragen von Höhenquoten in der Schnittdarstellung und im Grundriß ist ebenfalls automatisch für Rohbau und Ausbau möglich.

Für die Berechnung der Flächen ist eine Funktion eingerichtet. Dort können z. B. Fuß-
bodenflächen für die Bedarfsermittlung von Bodenbelägen ermittelt werden. Mit den
C.A.T.S.-Bemaßungsfunktionen wird AutoCAD sehr gut um eine architekturspezifische
Bemaßungserzeugung ergänzt (Bild 5-18).

5.2.14 Ergänzungen

(Auflegerfeld V13-17)

Mit dem Raster-Befehl kann ein Zeichenraster, etwa für Baufeldgliederung, erstellt und
beschriftet werden.

Zur Darstellung von Details wird ein Befehl angeboten, der zu wählende Ausschnitte in einem separaten Maßstab zeigt. Die Detaildarstellung wird in die aktuelle Zeichnung eingefügt.

Die Funktion "Allgemein" bietet die Darstellung von Wärmedämmschichten und eine Umwandlung von 3D-Objekten in eine 2D-Darstellung an.

5.2.15 Bibliothek

(Auflegerfeld S/X 20-22)

Für die Bereiche:

- Bad

- Küche

- Wohnen

- Außen

- Elektro

- Stahl

werden Blöcke, teilweise in 3D-Darstellung, zum Ausgestalten angeboten.

Diese dienen lediglich der Verbesserung der Anschaulichkeit und verfügen nicht über Anschlußpunkte zur Unterstützung der Routinen der Gewerkmodule.

5.2.16 Benutzerbibliothek

(Auflegerfeld S/Z 25-27)

Die Benutzerbibliothek bietet eingerichtete Diaboxen an. Die Iconen kann der Nutzer nach Bedarf selbst erstellen.

5.3 SymCAD und seine Gewerkmodule

Die Gewerkmodule von SymCAD unterteilen sich in Standard und Professional-Produkte. In diesem Kapitel des Buches soll nun folgendermaßen vorgegangen werden: Die Erweiterung der AutoCAD-Funktionalität und das Bereitstellen von völlig neuen Zeichnungshilfen durch die entsprechenden 2D-Module wird an jeweils passenden, kleinen, sehr schnell nachvollziehbaren Beispielen dargelegt. Dieses Vorgehen verschafft Ihnen einen recht umfassenden Einblick in die Funktionalität der Module für die Gewerke Heizung, Sanitär und Lüftung im 2D-Bereich.

Etwas fortgeschrittenere AutoCAD-Nutzer können sich ohne weiteres an das ein wenig kompliziertere Beispiel aus dem Bereich Lüftung-Professional heranwagen, was durch eine komplexe Aufgabenstellung im Kapitel 5.5 untersetzt wird.

Das Konzept der folgenden Kapitel ist so ausgelegt, daß sich bei Bedarf der Einsteiger an seinen Heim-PC setzen kann und das im Buch beschriebene sofort am Computer nachvollziehen kann.

Für professionelle Anwendungen, wie in einem entsprechenden Projektierungsbüro für HLS-Auslegung, ist C.A.T.S. damit aber noch lange nicht am Ende seiner Leistungsfähigkeit.

Bei der Heizungsauslegung bietet SymCAD Heizung-Professional eine komplett integrierte Lösung zur durchgängigen Heizungsanlagenauslegung und Planerstellung.

Nach Erstellung der Gebäudestruktur im Raum können die Heizkörper 3D gesetzt und interaktiv ausgelegt werden. Für die Wärmebedarfsrechnung sind nur noch die Materialdaten der Wände, Fenster und Türen zu ergänzen. Die notwendigen Geometriedaten werden aus der geöffneten Zeichnung entnommen. Daten von Heizkörpern, Ventilen, Rohren, Pumpen und anderen Armaturen kommen bereits in maschinenlesbarer Form vom Hersteller und werden in die C.A.T.S.-interne Datenbank aufgenommen.

Auf Grund der erfolgten Berechnungen werden die Heizkörper beim Setzen vorgegeben. Eine erneute Berechnung nach Abschluß aller "Installationen" ermöglicht durch ein interaktives Wechselspiel mit dem Nutzer die Anpassung an die jeweiligen lokalen Gegebenheiten unter Einhaltung aller Werte, die die Wärmebilanz für die Räumlichkeiten in jedem Falle aufgehen lassen. Die jeweilige Berechnung des Wärmebedarfs erfolgt dabei in Sekundenschnelle. So ist das Probieren mehrerer Varianten absolut kein Problem mehr. Schnittstellenprobleme zu Berechnungsprogrammen und das mühsame Zusammensammeln der Geometriedaten entfallen auf Grund des integrierten Konzeptes.

Auch die anderen SymCAD-Professional-Module schließen die entsprechenden Auslegungsberechnungen in ihren Funktionsumfang mit ein.

Durch diese zukunftsweisende Paketlösung ist C.A.T.S. einen entscheidenden Schritt auf dem Weg zur Durchgängigkeit der Projektbearbeitung gegangen.

5.3.1 SymCAD Heizung

Nach dem Erstellen des Grundrisses des Projektes kann nach dem Laden des Gewerkes Heizung mit dem Einfügen der Heizkörper und den dazugehörigen Leitungen (Vorlauf, Rücklauf) begonnen werden. Die Vorgehensweise dabei ist folgerichtig, das heißt zunächst werden die Heizkörper an ihre Position in der Zeichnung gebracht, dann die Anschlußart festgelegt und die Anschlüsse dem Heizkörper beigefügt; erst dann können die Heizkörper an die Leitungen angebunden werden.

Die Heizkörper können an ein Fenster bzw. eine Fensternische oder an eine Wandkante mittig oder von einem Bezugspunkt aus installiert werden. Dabei wird die Größe des Heizkörpers automatisch etwas kleiner als das Bezugselement berechnet (Fenster oder Wandkante). Sollte diese Größe nicht mit der gewünschten übereinstimmen, so lassen sich die erforderlichen Parameter in der Kommandozeile oder im Seitenmenü korrigieren.

Die Parameter wie Bezeichnung, Baulänge, Bautiefe, Höhe und Leistung werden in einem HK-Infoschild ausgegeben. Der Heizkörper wird sofort dreidimensional erstellt. Nachfolgend wird die Vorgehensweise im einzelnen beschrieben.

5.3.1.1 Voreinstellungen

Als erstes wird im Projektmanager das Projekt, in welches die Heizung eingesetzt werden soll, ausgewählt und eine neue Zeichnung angelegt bzw. eine vorhandene geöffnet. Die Einheiten werden in mm festgelegt. Maßstab und Blattformat werden in dem Abrollmenü "ZEICHNEN", Untermenü "ZEICHNUNGSEINSTELLUNGEN ändern" eingestellt. Um die vorhandenen Blöcke maßstabsgerecht einzufügen, wird der Globalfaktor im Tablettaufleger 4 im Feld [S25-27] auf 1 gestellt. Der Drehwinkel im Feld [V25-27] wird auf 0 gesetzt.

5.3.1.2 Plankopf, Schriftfeld, Menüsystem

Nach dem Start von C.A.T.S. mit man.bat erscheint folgende Dialogmeldung:

Plankopf bzw. Schriftfeld einfügen; wird diese Meldung mit Ja beantwortet, werden in einem weiteren Dialogfeld die Angaben zur jeweiligen Zeichnung abgefragt (Dateiname, Laufwerk, Pfadname, Konstrukteur, Anschrift, Bauherr). Nach Beendigung der Abfragen wird ein Plankopf bzw. Schriftfeld automatisch in die rechte untere Ecke der Zeichnung eingefügt. Beantworten Sie diese Frage mit Nein, wird kein Schriftfeld eingefügt (Bild 5-19).

C.A.T.S.	DATUM	01.05.94
	GEZEICHNET	
Schulze,Paul	LETZTE BEARB.	11.11.93
Hausbau	BLATTGRÖßE	A3
	MAßSTAB	1:75
PLAN–BEZEICHNUNG	PLOTFAKTOR	1=75
DATEI: C:\ACAD\Bau	PLAN LFD. NR.	PLAN–NR.

Bild 5-19: Plankopf

Der Tablettaufleger kann durch Austausch des Tablettbereiches 4 für die verschiedenen Anwendungen genutzt werden. Das Umschalten von einer Anwendung zu einer anderen ist im Bildschirm-Randmenü (Bild 5-20) mit "GEWERK WÄHLEN" vorzunehmen.

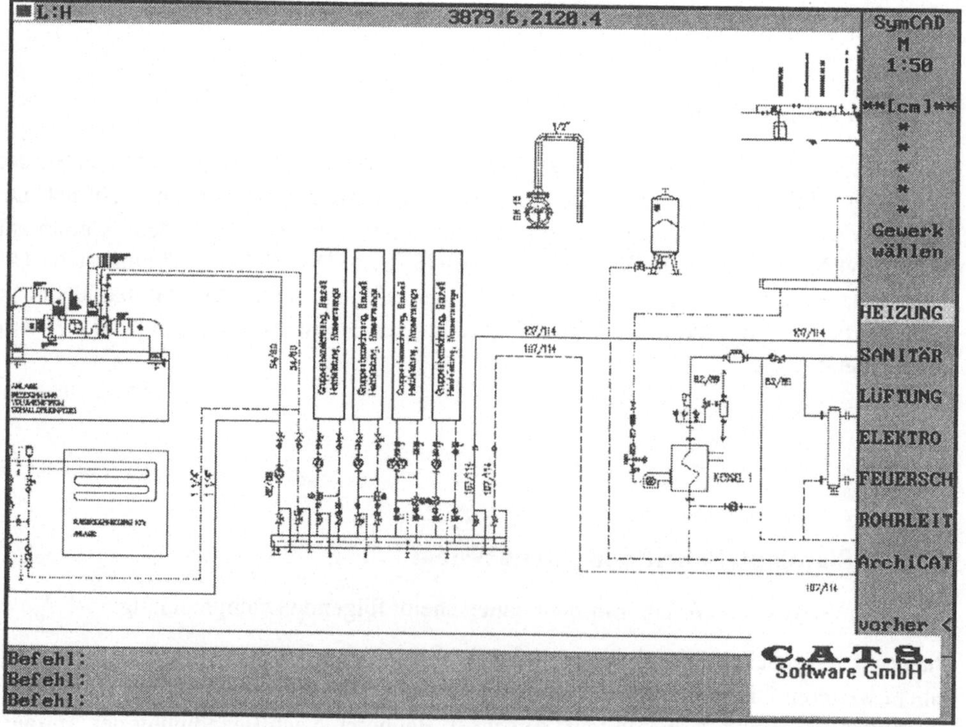

Bild 5-20: Gewerk Heizung aus SCREEN-Menü wählen

In dieses Menü kommt man durch Anwahl von SymCAD am Kopf des Randmenüs. Durch Auswahl der entsprechenden Felder kann direkt von einer Anwendung in eine andere Anwendung umgeschaltet werden. Am Bildschirmrandmenü wird nach der Umschaltung die jeweilige Anwendung angezeigt.

5.3.1.3 Heizkörper setzen, HK-Anschlußpunkte

An Hand eines Beispieles soll die Vorgehensweise beim Setzen von Heizkörpern mit ihren Anschlußpunkten demonstriert werden. Dazu wählt man aus dem Screen-Menü "GEWERKE WÄHLEN" die Option "HEIZUNG". Für das Zeichnen und Installieren von Heizkörpern gibt es ein zusätzliches Abrollmenü Heizkörper mit folgenden Optionen (Bild 5-21).

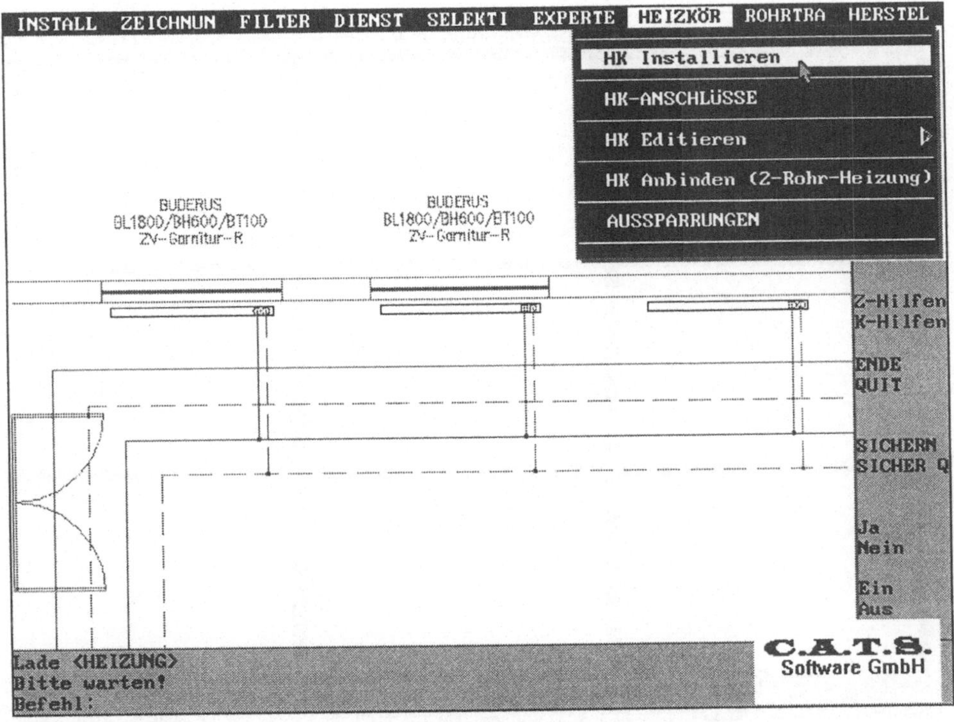

Bild 5-21: POPUP-Menüpunkt Heizkörper

Nach Aufruf des Feldes HK installieren erscheint eine Meldung Fenster bzw. Fensternische oder Wandkante anklicken. Nach dieser Auswahl wird abgefragt, ob der Heizkörper mittig oder vom Bezugspunkt aus installiert werden soll. Es wird automatisch eine Heizkörpergröße, kleiner als die angeklickte Fensternische oder Wandkante, vorgegeben.

Nachfolgend erscheint ein Gummiband am Fadenkreuz auf dem Bildschirm. Man zeigt damit auf die Seite, auf der der Heizkörper installiert werden soll. Nun wird der Heizkörper mit den Voreinstellwerten gezeichnet. Alle Heizkörper werden in der gleichen Weise installiert. Die Heizkörperbeschriftung wird automatisch an die ausgewählten Heizkörperdaten angepaßt. Die Heizkörper liegen auf einem eigenen Layer mit der Bezeichnung H_ _HK.

Der nächste Schritt beinhaltet nun das Setzen der HK-Anschlußpunkte. Dies ist für die nachfolgende automatische Anbindung der Heizkörper an die Rohrstränge notwendig.

Nach Aufruf des POPUP-Menüs "HK-ANSCHLÜSSE" erscheint ein ICON-Menü mit den verschiedenen HK-Anschlußarten (Bild 5-22).

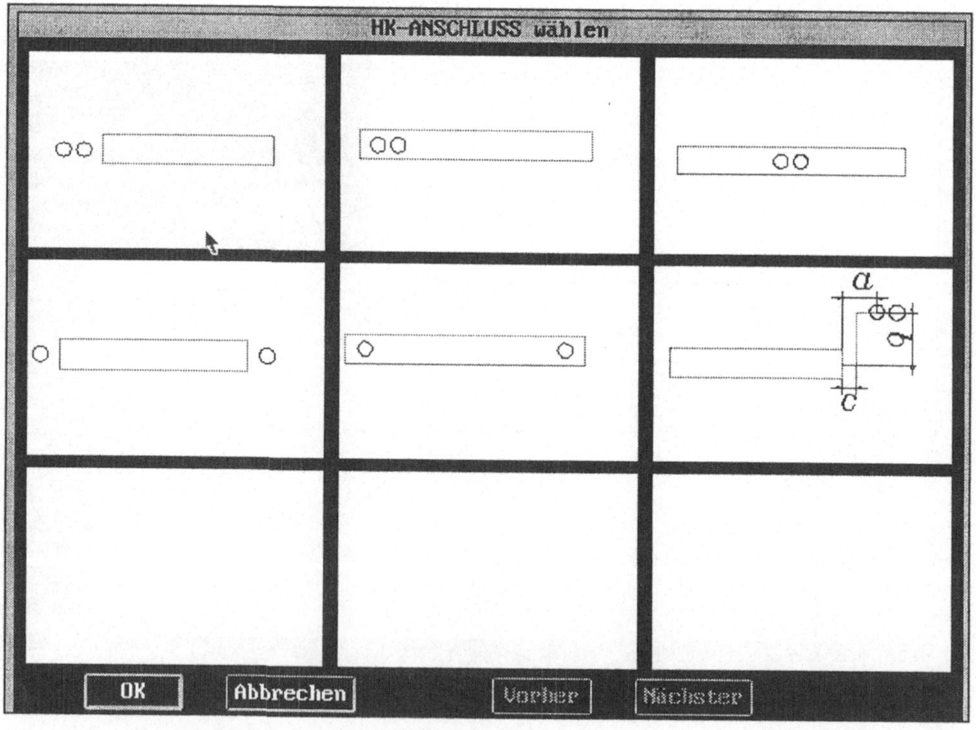

Bild 5-22: Wahl der Anschlußpunkte

Wurde eine Anschlußart gewählt, muß als nächstes der Heizkörper angeklickt werden. Es können alle HK mit der gleichen Anschlußart und Ventilgröße hintereinander gewählt werden. Nach Bestätigung erscheint ein Bildschirm-Randmenü mit den verschiedenen Ventilarten und Ventilgrößen. Die einzelnen Abkürzungen entsprechen dem nachfolgenden Volltext.

THV	=	Thermostatventil
V-Garnit	=	Ventil-Garnitur
ZV-Garnit	=	Zweirohr-Ventil-Garnitur
ZV-Koppl	=	Zweirohr-Ventil-Koppel
EV-Garnit	=	Einrohr-Ventil-Garnitur
EV-Koppl	=	Einrohr-Ventil-Koppel
EV-Tauch	=	Einrohr-Ventil-Tauchrohr
ANSCHL-L	=	Anschluß links
ANSCHL-R	=	Anschluß rechts
ANSCHL-M	=	Anschluß mittig
ANSCHL-WL	=	Anschluß wechselseitig links
ANSCHL-WR	=	Anschluß wechselseitig rechts

Das Vornehmen der Einstellungen dieser Optionen ist für eine spätere Stücklistengenerierung notwendig.

Weiterhin sind Abrollmenüs "HK-EDITIEREN", "HK-KOPIEREN", "HK-SCHIEBEN", "HK-ÄNDERN", "HK-LÖSCHEN", "HK-INFOSCHILDER", "TEXTHÖHE ÄNDERN" vorhanden. In diesen Untermenüs können die Heizkörper entsprechend editiert werden.

5.3.1.4 Verlegen von Rohrleitungen

Nach dem Setzen der Heizkörper werden nun die Rohrleitungen mit Vor- und Rücklauf in den Grundriß gezeichnet. Die Rohrleitungen werden aus dem Tablettaufleger 4 Gewerk SymCAD Heizung ausgewählt. Auf dem Tablettaufleger 4 können Sie die verschiedenen Leitungsarten mit Vor- und Rücklauf mit unterschiedlichen Durchmessern wählen. Die gewünschte Rohrleitungsstärke wird auf dem Tablett angeklickt. Der Abstand von der Wand wird z. B. mit der Option "BEZUGSPUNKT" vom Randmenü festgelegt. Die übrigen Abstände ergeben sich automatisch und sind für eine Wärmedämmung nach der Wärmeschutzverordnung ausgelegt. Bild 5-23 zeigt das Abrollmenü für die Installation der Rohrleitung.

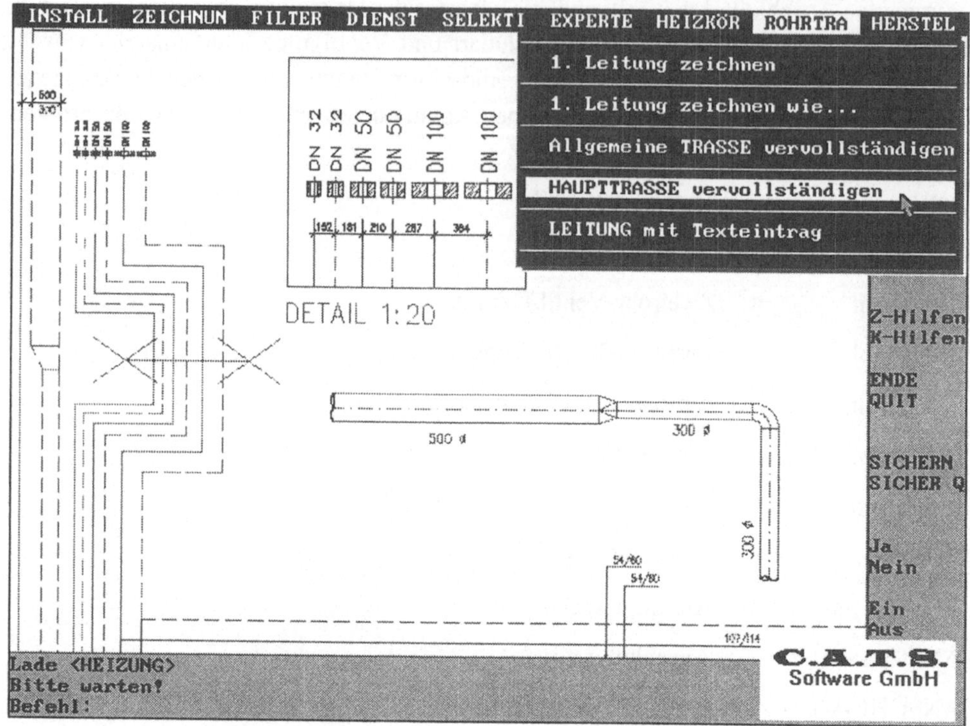

Bild 5-23: POPUP-Menüpunkt Rohrtrasse

Im Abrollmenü "ROHRTRASSE", "LEITUNG ZEICHNEN", Layer festlegen und dann
Leitung zeichnen (die Leitung wird eine Polylinie). Im Abrollmenü "ROHRTRASSE",
"ALLGEMEINE TRASSE VERVOLLSTÄNDIGEN", dann die erste Leitung anklicken
und auf die Seite zeigen, auf der die Trasse verlaufen soll. Mit RETURN beendet man
den Befehl; damit wird die gezeichnete Polylinie in Linien zerlegt. Die Leitung ist somit
für spätere Operationen (automatisches Anbinden) vorhanden.

5.3.1.5 Automatisches Anbinden von Heizkörpern

In der Menüleiste unter Heizkörper wählt man den Unterpunkt:

"HK ANBINDEN-2-ROHR-HEIZUNG"

Mit dieser Option können die Heizkörperanschlüsse automatisch an eine Hauptleitung angeschlossen werden. In der Abfrage werden erst die beiden Hauptleitungen (Vor- und Rücklauf) angeklickt und anschließend die entsprechenden Heizkörper einer Wand. Für Heizkörper an verschiedenen Wänden ist der Befehl einzeln zu wiederholen, da sonst die Anschlußleitungen quer durch die Räume verlaufen.

Die Anschlüsse werden immer lotrecht auf die Hauptleitung vorgenommen.

5.3.1.6 Erstellen von Stücklisten

Bei allen auswechselbaren Gewerkauflegern kann über das Feld [W/25-27] eine Stückliste generiert werden, welche frei auf der Zeichnung plaziert werden kann. Einfügen, z. B. oberhalb des Plankopfes, "OFANG END" wählen und den rechten oberen Eckpunkt anklicken, wodurch die Stückliste direkt oberhalb des Plankopfes passend eingefügt wird.

Die Stückliste kann wahlweise in die Zeichnung oder auf eine Datei zum Drucken ausgegeben werden.

Bild 5-24 zeigt ein Beispiel einer Heizkörperstückliste.

9	1	Stck	R-J		
8	1	Stck	REUSCH P/L-2	BL1160/BH600/BT100	–
7	1	Stck	KERMI NT 2000	BL650/BH600/BT100	–
6	1	Stck	BUDERUS	BL1100/BH600/BT100	–
5	1	Stck	BRÖTJE Typ 11S	BL650/BH600/BT100	–
4	1	Stck	BRÖTJE Typ 10K	BL650/BH600/BT100	–
3	1	Stck	BRÖTJE Typ 33K	BL810/BH600/BT100	–
2	1	Stck	BUDERUS Plan-SPEZIAL	BL1787/BH80/BT100	–
1	1	Stck	ARBONIA	BL685/BH600/BT100	–
POS	MENGE	EINH	Beschreibung/Hersteller	Dimension	Typ/Material

Bild 5-24: Beispiel einer Stückliste

5.3.1.7 Definition eigener Blöcke und Ablage als ICON

Die Zeichnungsbibliothek ist in SymCAD-Blöcke und in Benutzer-Blöcke aufgeteilt. Der Hintergrund dieser Aufteilung ist die Sicherung der vom Benutzer selbst erstellten Blöcke bei einem späteren UPDATE.

Bei SymCAD-Blöcken handelt es sich um Blöcke, die dem Benutzer beim Erwerb von SymCAD mitgeliefert werden.

Die leeren Felder in den ICON-Menüs sind für Ergänzungen und Erweiterungen der Blockbibliotheken bei einem späteren UPDATE vorgesehen. Die Umschaltung zwischen SymCAD-Blöcken wird oberhalb der Felder [S/15-18] unter Blockverwaltung vorgenommen. Am Bildschirm wird der jeweilige Modus angezeigt.

Unter der Bezeichnung Benutzerblöcke kann der Benutzer eigene Blöcke bzw. von SymCAD modifizierte Blöcke auf einfache Weise vollautomatisch in einer eigenen Benutzer-Bibliothek ablegen, ohne einen Namen, Verzeichnis oder Pfad eingeben zu müssen.

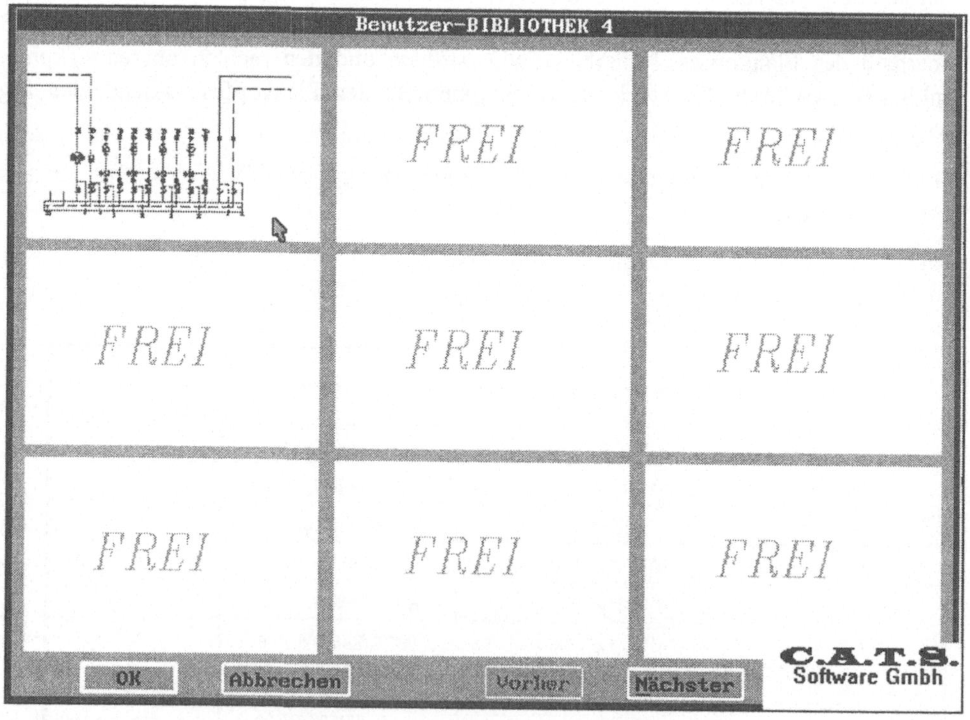

Bild 5-25: Reserviertes ICONEN-Menü

Selbstdefinierte Blöcke werden auf einen freien Bildschirmbereich kopiert, damit auf dem zu erstellenden Dia keine unnötigen Objekte abgebildet werden. Den Bereich der Felder [S-U/8] "BLO DEF" anklicken, wodurch der Hinweis auf dem Bildschirm erfolgt:

*** Block in Benutzer-Bibliothek aufnehmen.

'[E]xistierenden ' oder [N]euen' Block aufnehmen [E/N] ? <N>:

Auch das Einfügen in das ICONEN-Menü erfolgt automatisch (Bild 5-25). Durch die entsprechende Auswahl werden Sie im Dialog am Bildschirm durch die einzelnen Stufen geführt.

5.3.1.8 Legenden

Beim Einfügen von Zeichnungslegenden ist der Global-Faktor Feld [S/25-27] auf die gewünschte Größe einzustellen, wodurch eine Anpassung an den Plankopf erfolgen kann, z. B. bei Maßstab 1:50 Faktor 5.

Die Legenden für die einzelnen Anwendungen sind grundsätzlich auf dem letzten Feld des Auswahlmenüs der Tablettauflage abgelegt und können von hier aus aufgerufen werden. Wollen Sie die nicht belegten Felder für Ihre eigenen Legenden benutzen, so sind diese im Maßstab 1:10 als Block zu erstellen, da SymCAD in cm aufgebaut ist und AutoCAD mm als Grundeinstellung benutzt. Die Breite sollte nicht größer als das Schriftfeld sein.

Bild 5-26 zeigt ein Beispiel eines Strangschemas einer Heizungsanlage mit Legende.

5.3.2 SymCAD Sanitär

Das Gewerk Sanitär besteht im wesentlichen aus einer Vielzahl DIN-Symbolen, die in Symbolbibliotheken zusammengefaßt sind. Wie schon beim Gewerk Heizung sind auch alle Sanitärsymbole Blöcke. Symbole wie WC's, Waschtische, Urinale, Duschtassen oder Badewannen besitzen bereits beim Einfügen die notwendigen Anschlüsse für Warm-, Kalt- und Abwasser. Sie brauchen also nicht mehr wie bei den Heizkörpern manuell gesetzt zu werden.

Die Layersteuerung ist dem Gewerk angepaßt, d.h. die Layer haben entsprechend der Bezeichnungen und der Nenndurchmesser für die Rohrleitungen logische Namen (S__KWL35 entspricht Sanitär Kaltwasserleitung DN 35).

Selbstverständlich lassen sich auch für das Gewerk Sanitär Stücklisten generieren. Nun wiederum das exemplarische Vorgehen bei der Erklärung der Funktionalitäten, wie Sie dies schon von der Vorgehensweise bei der Vorstellung des Heizungsmodules kennen.

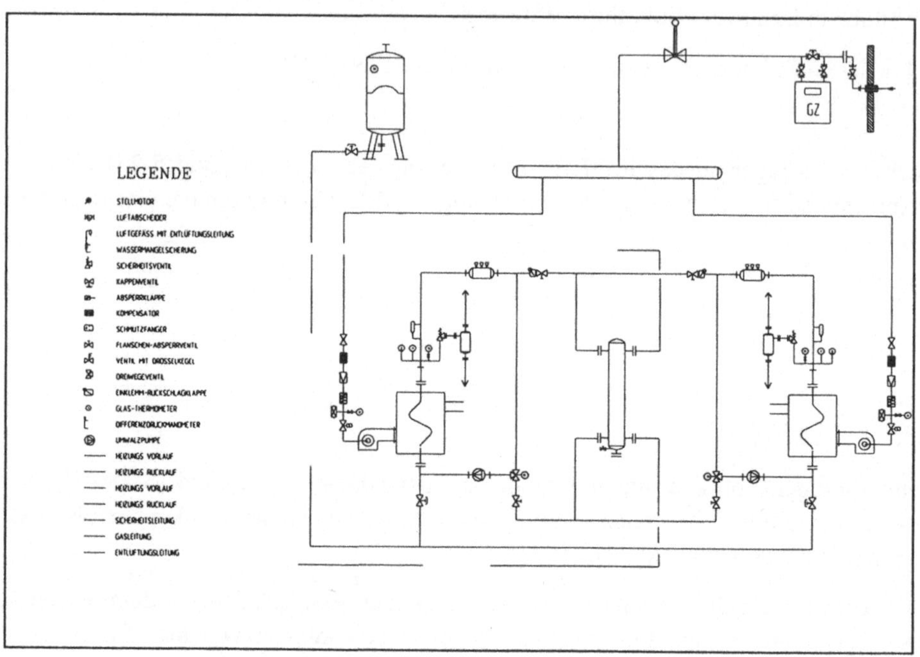

Bild 5-26: Erzeugte Legende

5.3.2.1 Starten des Sanitärmoduls, Voreinstellungen

– Einrichten des Tabletts unter der Verwendung des Auflegers SYMCAD-SANITÄR.

– Start von der DOS-Ebene mit man.bat.

– Es erscheint das Dialogbild MANAGER mit den Schaltflächen "PROJEKT" und "OPTIONEN".

– Im Menü "PROJEKT" "Öffnen" anklicken.

– Im folgenden Dialogbild Projektauswahl treffen.

– Es folgt die Operationsauswahl:

   Neue Zeichnung erstellen.
   Vorhandene Zeichnung bearbeiten.

– Danach die zu bearbeitende Zeichnung wählen.

– Nach der Eingabebestätigung muß die Vorgabe-Startdatei gewählt werden:

   (Leertaste oder Mausklick für die Auswahl: TabCAD, ArchiCAD und SymCAD)

– Für Sanitärtechnik SymCAD auswählen (mit Enter bestätigen).

– Auf dem Bildschirm steht die gewünschte Zeichnung zur Verfügung.

– Durch das Pull-down-Menü "ZEICHNUNG", Abrollmenü
   "ZEICHNUNGSEINSTELLUNGEN ÄNDERN" können Eintragungen
   vorgenommen werden (z. B.: Plankopf, Plottmaßstab, Zeichnungseinheit).

5.3.2.2 Plankopf, Schriftfeld, Menüsystem

Das Schriftfeld für die Planbeschriftung wird automatisch dem gewählten Maßstab angepaßt, so daß dies immer einer Breite von 18 cm entspricht.

Eine Beschriftung des Plankopfes kann vorgenommen werden, indem der Befehl DDATTE über die Tastatur eingegeben oder auf dem Tablettfeld (P/4-5) angewählt wird und der Plankopf mit der erscheinenden Pickbox angeklickt wird.

Der Tablettaufleger kann durch Austausch des Tablettbereichs 4 für die verschiedenen Anwendungen genutzt werden.

Die Umschaltung von einer Anwendung zu einer anderen ist am Bildschirmrandmenü unter Gewerk Wechseln vorzunehmen. Dieses Menü wird durch die Wahl von SymCAD am Kopf des Randmenüs erreicht.

Durch die Auswahl der entsprechenden Felder kann direkt von einer Anwendung in eine andere Anwendung umgeschaltet werden. Am Bildschirm-Randmenü wird nach der Umschaltung die jeweilige Anwendung angezeigt.

5.3.2.3 Verlegen von Rohrleitungen

Auf dem Seitenmenü das "GEWERK SANITÄR" wählen (Ladevorgang setzt ein) und die gewünschte Kalt-, Warm- oder Schmutzwasserleitung auf dem Aufleger SYMCAD-SANITÄR (Layerverwaltung, Linien) anklicken:

Kaltwasserleitung (KWL 35, 50, 70) auf den Feldern S-, T-, U3

Warmwasserleitung (WWL 35, 50, 70) auf den Feldern V-, W-, X3

Schmutzwasserleitung (SWL 50, 70, 100) auf den Feldern S-, T, U5

Alle weiteren Schritte entsprechen denen beim Erzeugen von Linien.

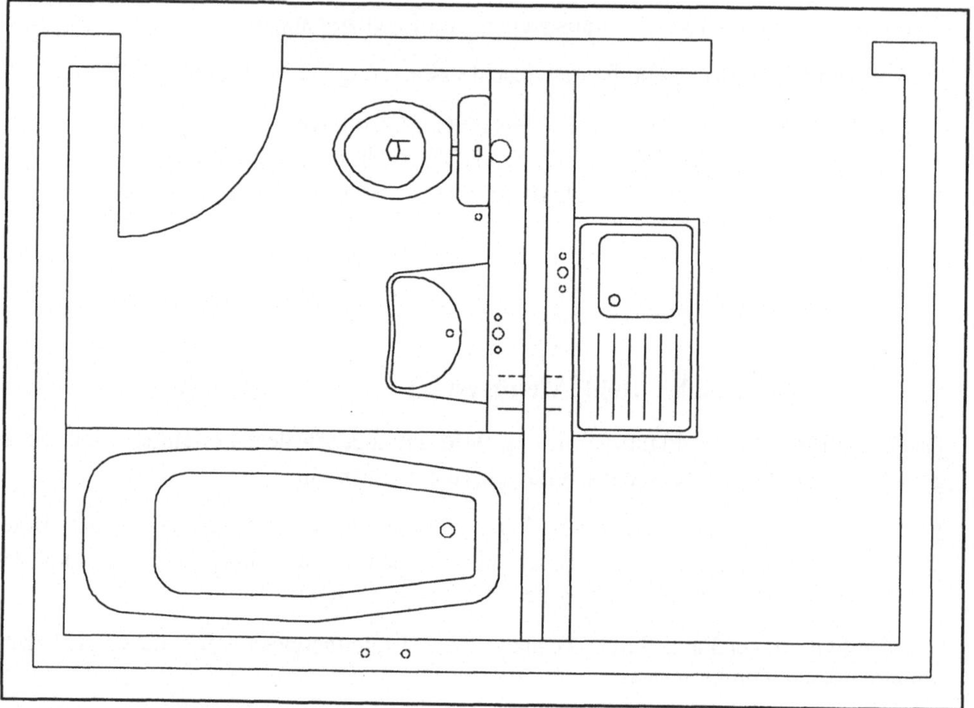

Bild 5-27: Eingefügte Rohrleitungen und Sanitärkomponenten

5.3.2.4 Setzen von Sanitärkomponenten

Auf dem Aufleger BLOCKVERWALTUNG sind die erforderlichen Sanitäreinrichtungen zu wählen.

Als Beispiele werden folgende Blöcke in einen vorhandenen Wohnungsgrundriß eingefügt:

–   Badewanne (T 21)

–   Waschbecken (T 9/10)

– WC (U 11/12)

– Spültisch (T 17/18)

Nach dem Auswählen der Sanitärbauteile befindet sich auf dem Bildschirm eine Dia-Bibliothek zur weiteren Vorgehensweise (entsprechendes Dia anklicken).

Es erfolgt die Abfrage nach: Einfügepunkt, X- und Y-Faktor, Drehwinkel und Block nochmal einfügen.

Der Block ist dann in die Zeichnung eingefügt (Bild 5-27) und kann nach den üblichen AutoCAD-Befehlen behandelt werden (VARIA, DREHEN, SCHIEBEN, KOPIEREN usw.)

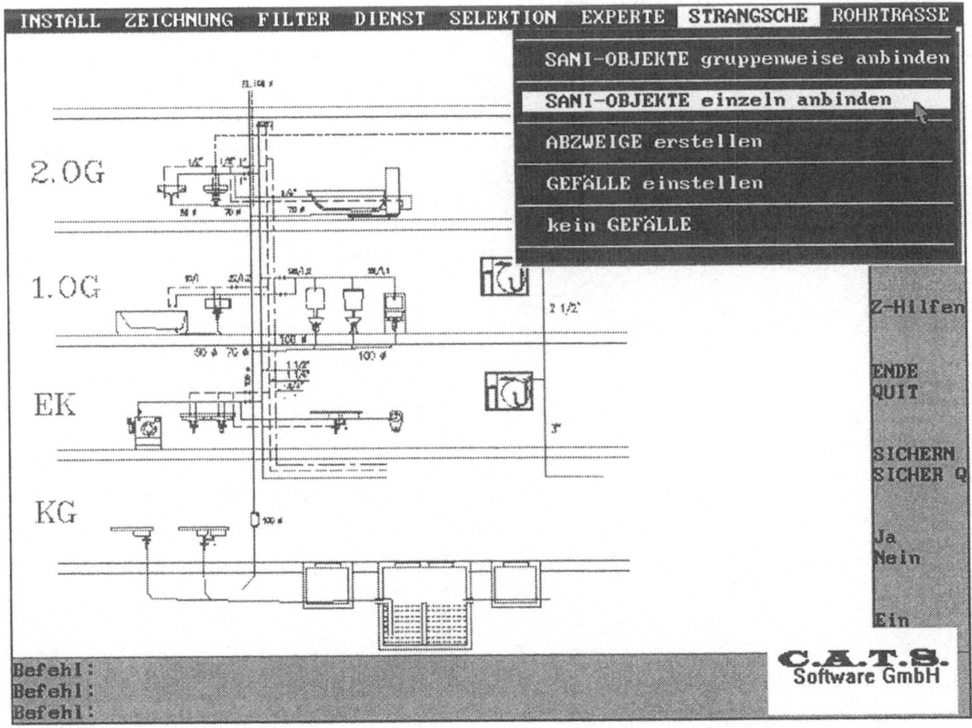

Bild 5-28: POPUP-Menü Strangschema

5.3.2.5 Automatisches Anbinden von Sanitärkomponenten

Das Anschließen der Sanitäreinrichtungen ist sehr benutzerfreundlich (über das Pull-down-Menü "STRANGSCHEMA" und Abrollmenü "SANI-OBJEKTE EINZELN AN-BINDEN" wählen (Bild 5-28)).

In der Befehlszeile erscheinen dann folgende Angaben:

*** EIN SANITÄR-OBJEKT anschließen

Sammelleitungen <KW, WW oder SW> wählen:

Objekte wählen:

Es wurden <3> Objekte gewählt

und davon jeweils eine <KW, WW, SW> gefiltert.

Ein SANITÄR-OBJEKT zum Anschließen anklicken: (Wanne, Waschbecken, WC und Spültisch werden gemäß Bild 5-29 angeschlossen).

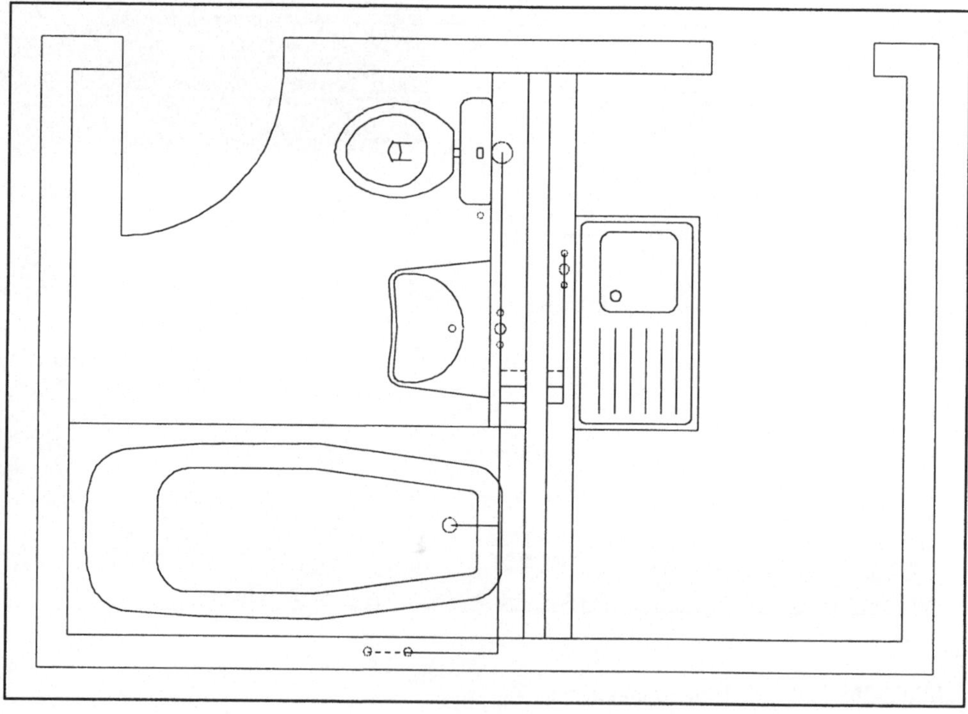

Bild 5-29: Angeschlossene Sanitärkomponenten

5.3.2.6 Erstellen von Stücklisten

Erstellen von Stücklisten; auf dem Tablettaufleger, das Feld "STÜCKLISTE" (W25/27) anklicken.

Aus dem folgenden Dialogbild "STÜCKLISTE" Sanitär wählen und das Kästchen "Stückliste in die Zeichnung einfügen" (Bild 5-30) markieren sowie im nächsten Dialogbild (ohne Namen) beide Kästchen zum Überschreiben anklicken.

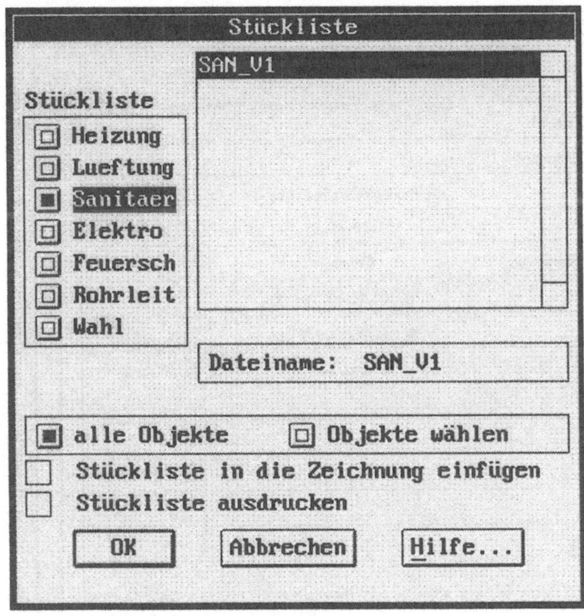

Bild 5-30: Dialogbox Stücklisteneinstellung

Befehlszeile: Einfügepunkt der rechten unteren Ecke der Stückliste zeigen (Punkt in der Zeichnung wählen); es wird dann die Stückliste in die Zeichnung eingefügt (Bild 5-31).

5.3.2.7 Definition eigener Blöcke und Ablage als ICON

Grundsätzlich wird in den Gewerkspezifikationen CFG-Dateien die Einheit vorgegeben, in welcher die Blöcke erstellt sind.

Die derzeitige Einstellung ist mit cm vorgegeben, kann jedoch vom Benutzer geändert werden.

Sollen die Blöcke mit den gleichen Größen-Faktoren wie die SymCAD-Blöcke eingefügt werden (cm), ist vor der Erstellung neuer Blöcke die Zeichnung auf die Einheit cm umzustellen. Falls dies nicht getan wird, ist es ratsam, im zu erstellenden Dia die Einheit und die Abmessungen mit abzubilden.

Weiterhin sollte der gewählte Einfügepunkt vor Erstellung des Blockes bzw. Dias mit einem roten Punkt gekennzeichnet werden (z. B. auf KWL 35 - Feld S/3 mit dem Befehl LINIENTP schalten und Befehl RING-Feld B/5 aufrufen, Innendurchmesser auf 0 stellen sowie gewünschte Größe angeben).

POS	MENGE	EINH	Beschreibung/Hersteller	Dimension	Typ/Material	
4	1	Stck	Waschtisch			
3	1	Stck	WC bodenstehend			
2	1	Stck	Spültisch	86x43,5/37x34x15 cm	50x37 cm	
1	1	Stck	Badewanne	170x75x43		
POS	MENGE	EINH	Beschreibung/Hersteller	Dimension	Typ/Material	
2	1	Stck	BUDERUS	BL300/BH600/BT100	–	
1	3	Stck	BUDERUS	BL1600/BH600/BT100	THV 3/8"	B
POS	MENGE	EINH	Beschreibung/Hersteller	Dimension	Typ/Material	
ÄNDERUNG, BENENNUNG UND BEMERKUNG				DATUM	NAME	

C.A.T.S.		DATUM	20.04.1994	
		GEZEICHNET	X.YZ	A
BAUHERR		LETZTE BEARB.	11.11.1992	
BAUVORHABEN		BLATTGRÖSSE	A2	
PLAN–BEZEICHNUNG		MASSTAB	1:50	
		PLOTFAKTOR	1=50	
DATEI: C:\NUTZER\M\WOHNUNG.dwg		PLAN LFD. NR.	PLAN–NR.	

Bild 5-31: Eingefügte Stückliste oberhalb des Schriftfeldes

Diesen roten Einfügepunkt aber nicht mit dem Block abspeichern. Falls der Einfügepunkt bei der Objektauswahl mit erfaßt wurde, kann er durch den Befehl E (Entfernen) und Anklicken aus dem Auswahlsatz wieder entfernt werden.

Die für den Block erforderlichen Bauteile oder Konstruktionen, falls erforderlich, auf einen freien Bildschirmbereich kopieren, damit auf dem zu erstellenden Dia keine unnötigen Objekte abgebildet werden.

Den Bereich der Felder (S-U/8) "BLO/DEF" anklicken, wodurch der Hinweis auf dem Bildschirm erfolgt:

*** Block in Benutzer-BIBLIOTHEK aufnehmen.

"(E)xistierenden " oder (N)euen" Block aufnehmen (E/N)? <N>:

Durch die entsprechende Auswahl wird im Dialog am Bildschirm durch die einzelnen Stufen geführt.

Basispunkt der Block-Einfügung mit einem entsprechenden OFANG-Modus wählen.

Objekte, die den Block bilden sollen, durch Anklicken oder mit Fenster bzw. Kreuzen auswählen.

Ein Fenster für die Abbildungen des Blockes als Dia erzeugen. Erste Ecke anklicken und Fenster in die gewünschte Richtung ziehen und die zweite Ecke anklicken.

Das entsprechende Feld (S-U/9-23) mit einer optischen Zuordnung ähnlich des gewählten Blockes anklicken (zum späteren Wiederfinden des Blockes), wodurch ein ICON-Menü geöffnet wird.

Ein freies Feld auswählen bzw. ein Feld mit einem existierenden Dia anklicken.

Anschließend wird das Dia in die Dia-Bibliothek eingefügt, und die Bibliothek wird aktualisiert.

Für die Benutzung der Blöcke können sämtliche Einfügefunktionen von SymCAD benutzt werden.

Bei der Abfrage "Block nochmal einfügen J/N <Nein>" wird die jeweils letzte Auswahl als Vorgabe vorgegeben.

5.3.2.8 Legenden

Beim Einfügen von Zeichnungslegenden ist der Global-Faktor im Feld (S/25-27) auf die gewünschte Größe einzustellen, wodurch eine Anpassung an den Plankopf erfolgen kann, z. B. beim Maßstab 1:50 Faktor 5.

Die Legenden für die einzelnen Anwendungen sind grundsätzlich auf dem letzten Feld des Auswahlmenüs der Tablettauflage abgelegt und können von dort aus aufgerufen werden.

Sollen die nicht belegten Felder für die eigenen Legenden benutzt werden, so sind diese im Maßstab 1:10 als Block zu erstellen, da SymCAD in cm aufgebaut ist und AutoCAD mm als Grundeinstellung benutzt. Die Breite sollte nicht größer als das Schriftfeld sein.

5.3.3 SymCAD-Lüftung 2D

5.3.3.1 Starten des Lüftungsmoduls, Voreinstellungen

- Einrichten des Tabletts unter der Verwendung des Auflegers SYMCAD-LÜFTUNG.

- Start von der DOS-Ebene mit man.bat.

- Es erscheint das Dialogbild MANAGER mit den Schaltflächen "PROJEKT" und "OPTIONEN".

- Im Menü PROJEKT Öffnen anklicken.

- Im folgenden Dialogbild Projektauswahl treffen; es folgt die Operationsauswahl:
  - Neue Zeichnung erstellen oder
  - Vorhandene Zeichnung bearbeiten.

- Die zu bearbeitende Zeichnung wählen.

- Nach der Eingabebestätigung muß die Vorgabe-Startdatei gewählt werden (Leertaste oder Mausklick für die Auswahl: TabCAD, ArchiCAD und SymCAD).

- Für Lüftungstechnik SymCAD auswählen (mit Enter bestätigen).

- Auf dem Bildschirm steht die gewünschte Zeichnung zur Verfügung.
  Durch das Pull-down-Menü ZEICHNUNG, Abrollmenü
  ZEICHNUNGSEINSTELLUNGEN ÄNDERN können Eintragungen vorgenommen
  werden (z. B.: Blattformat, Plankopf, Plottmaßstab, Zeichnungseinheit).

5.3.3.2 Plankopf, Schriftfeld, Menüsystem

Das Schriftfeld für die Planbeschriftung wird automatisch dem gewählten Maßstab angepaßt, so daß dies immer einer Breite von 18 cm entspricht.

Eine Beschriftung des Plankopfes kann vorgenommen werden, indem der Befehl DDATTE über die Tastatur eingegeben oder auf dem Tablettfeld (P/4-5) angewählt wird. Anschließend ist im Plankopf das entsprechende Attribut anzuklicken.

Der Tablettaufleger kann durch Austausch des Tablettbereichs 4 für die verschiedenen Anwendungen genutzt werden.

Die Umschaltung von einer Anwendung zu einer anderen ist am Bildschirmrandmenü unter Gewerk Wechseln vorzunehmen. Dieses Menü wird durch die Wahl von SymCAD am Kopf des Randmenüs erreicht.

Durch die Auswahl der entsprechenden Felder kann direkt von einer Anwendung in eine andere Anwendung umgeschaltet werden. Am Bildschirm-Randmenü wird nach der Umschaltung die jeweilige Anwendung angezeigt.

5.3.3.3 Verlegen von Lüftungsschächten

Auf dem Seitenmenü ist das "GEWERK LÜFTUNG" zu wählen (Ladevorgang setzt ein).

Für das Zeichnen und Konstruieren von Luftkanälen gibt es ein zusätzliches Abroll-Menü "LUFTKANAL" (Bild 5-32) mit nachfolgenden Optionen:

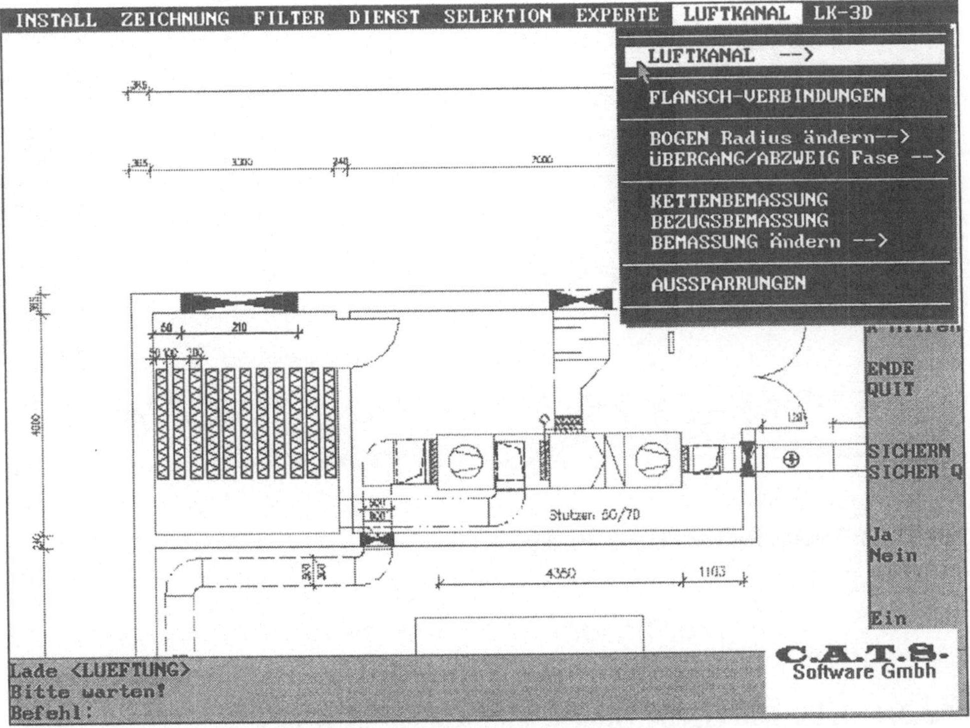

Bild 5-32: POPUP-Menü Luftkanal

Nach Aufruf der entsprechenden Optionen wird ein Bildschirm-Randmenü geöffnet, aus welchem die erforderlichen Parameter und Abmessungen ausgewählt werden können.

Die Überlegung der Kanalkonstruktion geht davon aus, daß als erstes die komplette Haupt-Kanaltrasse, ohne Berücksichtigung von Abzweigungen, Vorsprüngen, Steigungen usw., gekennzeichnet wird. Der Kanal wird mit den entsprechenden Abmessungen durch sichtbaren Verlauf an die Gebäudestruktur angepaßt. Es müssen keinerlei Längen vorgegeben werden, da diese sich durch die Anpassung an die Gebäudestruktur ergeben (Bild 5-33).

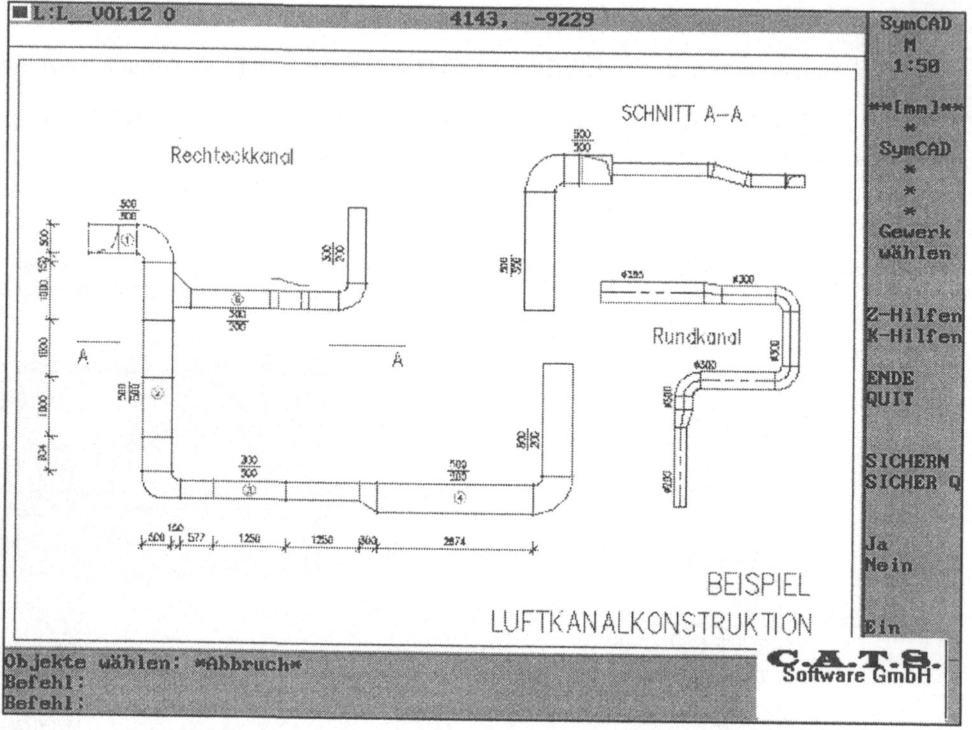

Bild 5-33: Installation von Lüftungskanälen

5.3.3.4 Definition eigener Blöcke und Ablage als ICON

Grundsätzlich wird in den Gewerkspezifikationen CFG-Dateien die Einheit vorgegeben, in welcher die Blöcke erstellt sind.

Die derzeitige Einstellung ist mit cm vorgegeben, kann jedoch vom Benutzer geändert werden.

Sollen die Blöcke mit den gleichen Größen-Faktoren wie die SymCAD-Blöcke eingefügt werden (cm), ist vor der Erstellung neuer Blöcke die Zeichnung auf die Einheit cm umzustellen. Falls dies nicht getan wird, ist es ratsam, im zu erstellenden Dia die Einheit und die Abmessungen mit abzubilden.

Weiterhin sollte der gewählte Einfügepunkt vor Erstellung des Blockes bzw. Dias mit einem roten Punkt gekennzeichnet werden (z. B. auf VL35-Feld S4 mit dem Befehl LINIENTP schalten und Befehl RING-Feld B/5 aufrufen, Innendurchmesser auf 0 stellen sowie gewünschte Größe angeben).

Diesen roten Einfügepunkt aber nicht mit dem Block abspeichern. Falls der Einfügepunkt bei der Objektauswahl mit erfaßt wurde, kann er durch den Befehl E (Entfernen) und Anklicken aus dem Auswahlsatz wieder entfernt werden.

Die für den Block erforderlichen Bauteile oder Konstruktionen, falls erforderlich, auf einem freien Bildschirmbereich kopieren, damit auf dem zu erstellenden Dia keine unnötigen Objekte abgebildet werden.

Den Bereich der Felder (S-U/8) "BLO/DEF" anklicken, wodurch der Hinweis auf dem Bildschirm erfolgt:

*** Block in Benutzer-BIBLIOTHEK aufnehmen.

"(E)xistierenden " oder (N)euen" Block aufnehmen (E/N)? <N>:

Durch die entsprechende Auswahl wird im Dialog am Bildschirm durch die einzelnen Stufen geführt.

Basispunkt der Block-Einfügung mit einem entsprechenden OFANG-Modus wählen.

Objekte, die den Block bilden sollen, durch Anklicken oder mit Fenster bzw. Kreuzen auswählen.

Ein Fenster für die Abbildungen des Blockes als Dia erzeugen. Erste Ecke anklicken und Fenster in die gewünschte Richtung ziehen und die zweite Ecke anklicken.

Das entsprechende Feld (S-U/9-23) mit einer optischen Zuordnung ähnlich des gewählten Blockes anklicken (zum späteren Wiederfinden des Blockes), wodurch ein ICON-Menü geöffnet wird.

Ein freies Feld auswählen bzw. ein Feld mit einem existierenden Dia anklicken.

Anschließend wird das Dia in die Dia-Bibliothek eingefügt, und die Bibliothek wird aktualisiert.

Für die Benutzung der Blöcke können sämtliche Einfügefunktionen von SymCAD benutzt werden. Bei der Abfrage "Block nochmal einfügen J/N <Nein>" wird die jeweils letzte Auswahl als Vorgabe vorgegeben.

5.3.3.5 Legenden

Beim Einfügen von Zeichnungslegenden ist der Global-Faktor im Feld (S/25-27) auf die gewünschte Größe einzustellen, wodurch eine Anpassung an den Plankopf erfolgen kann, z. B. beim Maßstab 1:50 Faktor 5.

Die Legenden für die einzelnen Anwendungen sind grundsätzlich auf dem letzten Feld des Auswahlmenüs der Tablettauflage abgelegt und können von dort aus aufgerufen werden.

Sollen die nicht belegten Felder für die eigenen Legenden benutzt werden, so sind diese im Maßstab 1:10 als Block zu erstellen, da SymCAD in cm aufgebaut ist und AutoCAD mm als Grundeinstellung benutzt. Die Breite sollte nicht größer als das Schriftfeld sein.

5.4 SymCAD Professional Lüftung 3D

5.4.1 Vorbemerkungen

Die Funktionen für die dreidimensionale Darstellung der Lüftung sind Bestandteil des Paketes SymCAD Lüftung Professional; sie stehen nach erfolgreicher Installation mit dem Aufruf des Gewerkes Lüftung zur Verfügung.

Die vorliegende Dokumentation gliedert sich folgendermaßen auf:

– Einführung in die Funktionalität von SymCAD Lüftung 3D und

– die Dokumentation zur Übungsaufgabe Hallenlüftung.

An Hand der Übungsaufgabe können Sie sich mit der Funktionalität von SymCAD-Lüftung 3D vertraut machen, an ihr erfolgt die Erläuterung der grundlegenden Vorgehensweise bei der Erstellung eines 3D-Planes.

5.4.2 Starten des Moduls, Voreinstellungen

Die dreidimensionalen Funktionen für das Gewerk Lüftung sind nach der Installation Bestandteil des Moduls SymCAD Lüftung und werden bei Aufruf dieses Gewerkes mitgeladen. Bei den Voreinstellungen gelten die Angaben für die zweidimensionale Lüftung.

Wird eine neue Zeichnung erstellt, empfiehlt es sich, das eingefügte Schriftfeld und die Blattumrandung zunächst zu löschen, da diese Elemente die dreidimensionale Darstellung stören.

Es besteht die Möglichkeit, eine bereits vorhandene dreidimensionale Gebäudezeichnung zu verwenden oder eine neue Zeichnung anzulegen.

Die Aufteilung des Bildschirms in mehrere Ansichtsfenster mit unterschiedlichen Ansichten erleichtert die Orientierung im Raum sowie die Objektwahl.

5.4.3 Layerstruktur

Mögliche Luftarten sind Abluft (AB), Außenluft (AU), Zuluft (ZU) und Fortluft (FO). Die Layer für die einzelnen Luftarten weisen eine weitere Einteilung nach Strichstärken auf, die Farbgebung für die Kennzeichnung der Luftarten entspricht den Festlegungen nach DIN 1946.

Außer den sonstigen SymCAD-üblichen Layern für Beschriftung, Bemaßung etc. hat das Layersystem für SymCAD Lüftung 3D folgenden Aufbau:

Layernamen	Verwendung	Farbe	Linientyp
L__	Allgemeiner Lüftungslayer	6	CONTINUOUS
L__3D	Allgemeiner Lüftungslayer 3D	6	CONTINUOUS
L__3D_AB35	Abluft Strichstärke 0,350 mm	31	CONTINUOUS
L__3D_AB50	Abluft Strichstärke 0,500 mm	32	CONTINUOUS
L__3D_AB70	Abluft Strichstärke 0,700 mm	40	CONTINUOUS
L__3D_AU35	Außenluft Strichstärke 0,350 mm	3	CONTINUOUS
L__3D_AU50	Außenluft Strichstärke 0,500 mm	73	CONTINUOUS
L__3D_AU70	Außenluft Strichstärke 0,700 mm	82	CONTINUOUS
L__3D_FO35	Fortluft Strichstärke 0,350 mm	52	CONTINUOUS
L__3D_FO50	Fortluft Strichstärke 0,500 mm	2	CONTINUOUS
L__3D_FO70	Fortluft Strichstärke 0,700 mm	51	CONTINUOUS
L__3D_POSNR	Positionsnummern		
	Strichstärke 0,250 mm	53	CONTINUOUS
L__3D_TRASSE	Layer der Trassenfunktion		
	Strichstärke 0,350 mm	4	CONTINUOUS
L__3D_ZU35	Zuluft Strichstärke 0,350 mm	1	CONTINUOUS
L__3D_ZU50	Zuluft Strichstärke 0,500 mm	232	CONTINUOUS
L__3D_ZU70	Zuluft Strichstärke 0,700 mm	240	CONTINUOUS

5.4.4 Überblick über die Menüfunktionen

An dieser Stelle sei darauf hingewiesen, daß die häufig benötigten Funktionen bei der Erstellung eines Planes einer Lüftungsanlage in 3D natürlich auch auf dem Tablett zu finden sind. In der Übungsaufgabe im Kapitel 5.5 des Buches wird sich allerdings auf das POPUP-Menü bezogen, da nicht vorausgesetzt wird, daß die Zielgruppe dieses Buches im Besitz eines Digitalisiertablettes ist.

Bild 5-34 zeigt den Tablettauflegerausschnitt zur Erzeugung der entsprechenden Lüftungsbauteile. Der modulare Aufbau des C.A.T.S.-Tablettaufleger wird im Kapitel 5.6 vorgestellt.

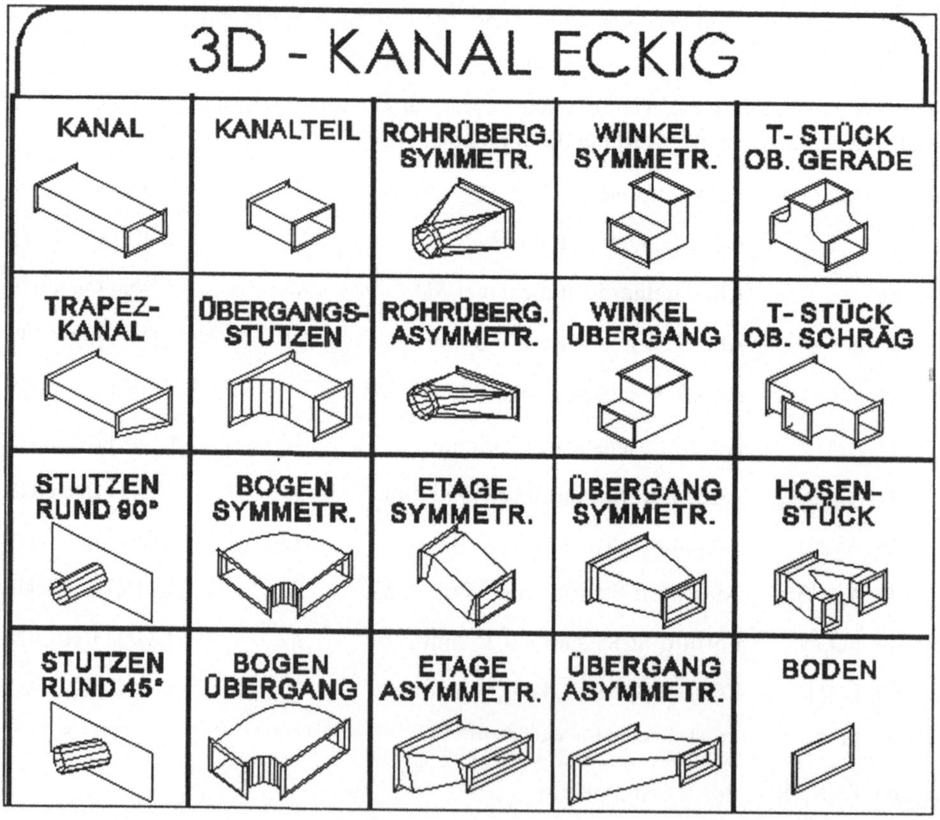

Bild 5-34: Tablettauflegerausschnitt Lüftung 3D

Alle Funktionen des Moduls SymCAD-Lüftung 3D sind nach Aufruf des Gewerkes Lüftung aus dem Menüpunkt "LK-3D" der Pull-Down-Menüleiste wählbar (Bild 5-35).

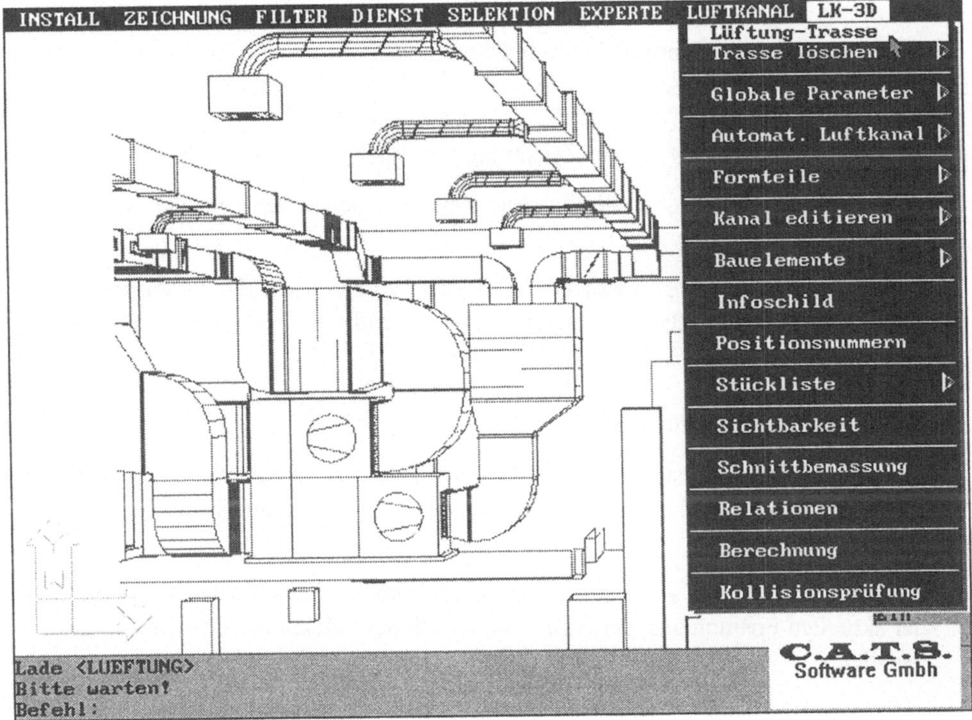

Bild 5-35: Menüfunktionen SymCAD Lüftung 3D

5.4.5 Zeichnen von Lüftungstrassen

Eine Lüftungstrasse beschreibt die Mittellinie des zu erzeugenden dreidimensionalen Lüftungskanals. Für die Lüftungstrassen scheint der Layer L__3D_TRASSE vorgesehen zu sein, die Funktion schaltet jedoch bei ihrem Aufruf in einen Textlayer um! Vor dem Plotten der Zeichnung ist dieser Layer auszuschalten.

Während des Zeichnens von Lüftungstrassen ist es sehr empfehlenswert, den Ortho-Modus von AutoCAD einzuschalten, da bei der Kanalgenerierung das Einbauen von Kanalelementen für Verzweigungen und Richtungsänderungen nur bei rechtem Winkel zwischen Trassensegmenten korrekt möglich ist.

Trasse zeichnen:

Nach dem Aufruf erscheint die Befehlszeile:

<Erster Punkt> oder Option:

Starthöhe/Trasseanschluß/bezugsPunkt/Flächenmitte/?/

Es ist möglich, einen Punkt auf der Zeichnung anzuklicken oder eine Option zu wählen:

Starthöhe: Die absolute Höhe der Trasse in Zeichnungseinheiten über der Nullebene ist einzugeben.

Trassenanschluß: Die neue Trasse wird mit einer vorhandenen Trasse zu einer Trasse verbunden (zum Beispiel für Abzweigungen zu verwenden).

Zwei Vorgehensweisen sind möglich:

– Trassenanschluß als erste Aktion zur Auswahl eines bestehenden Segments mit dem Ziel der Anbindung, die Funktion "TRASSE ZEICHNEN" fährt danach in gewohnter Weise fort.

– Trassenanschluß nicht als erste Aktion, zur Anbindung eines Trassensegmentes von der aktuellen Position aus, der Aufruf wird nach der Selektierung des Segmentes beendet.

bezugsPunkt: Es wird nach einem Bezugspunkt gefragt, es ist zum Beispiel möglich, eine Mauerecke mit der Option "SCHnittpunkt" zu wählen und, ausgehend von diesem Bezugspunkt, den Startpunkt der Trasse über die Eingabe von Abständen und Winkeln festzulegen.

Anmerkung: Wird die Option "bezugsPunkt" nach der Option "Starthöhe" aufgerufen, erfolgt keine Beachtung der eingegeben Starthöhe beim Zeichnen der Trasse!

Flächenmitte: Es kann eine Anschlußfläche an einem bereits gezeichneten Kanalelement angeklickt werden, an deren Mittelpunkt die neue Trasse beginnt.

Anmerkung: Anschlußflächen sind die Flächen eines Elements, an denen ein weiteres Element angebaut werden kann.

?: Hilfefunktion

Nach dem Festlegen des ersten Punktes erscheint die Befehlszeile:

Distanz/bezugsPunkt/Flächenmitte

höheAbs/höheRel/Trassenanschluß/Zurück/?/

Es ist möglich, den folgenden Punkt der Trasse auf der Zeichnung anzuklicken oder mit den Optionen zu arbeiten:

Die Optionen "bezugsPunkt", "Flächenmitte", "Trassenanschluß" und "?" bewirken dieselben Reaktionen wie beim Festlegen des Startpunktes.

Distanz: Es ist die Eingabe eines Wertes für die Länge des Trassensegmentes und eines Winkels vorzunehmen.

höheAbs: Die absolute Höhe in Zeichnungseinheiten über der Nullebene für den folgenden Punkt ist einzugeben.

höheRel: Die relative Höhe in Zeichnungseinheiten des folgenden Punktes gegenüber dem vorherigen Punkt ist einzugeben.

Anmerkung: Die beiden letzten Optionen werden benötigt, um Steigungen des Lüftungskanals zu erzeugen.

Zurück: Mit dieser Option wird das zuletzt gezeichnete Trassensegment gelöscht.

Das Zeichnen einer Lüftungstrasse wird durch das Betätigen der <Enter>-Taste bzw. des entsprechenden Knopfes des Zeigegerätes beendet.

Trasse ändern:

Es lassen sich Segmente einer Trasse löschen.

Trasse löschen:

Eine komplette Trasse wird gelöscht.

Laut Hilfefunktion ist es unzulässig, den AutoCAD-Befehl LÖSCHEN auf gezeichnete Lüftungstrassen anzuwenden.

5.4.6 Globale Parameter

Für diesen Menüpunkt ist keine integrierte Hilfefunktion verfügbar.

Nach Wählen dieses Menüpunktes werden zwei Dialogboxen angeboten, eine Dialogbox für rechteckige, die andere für runde Formteile.

Mit diesen Dialogboxen lassen sich die Voreinstellungen für das Einfügen von Formteilen bei der Kanalerzeugung ändern.

Dies betrifft bei eckigen Formteilen:

Kanalgeometrie (Flanschprofil/Automatik):

Die Angaben zum Flanschprofil dienen der Erstellung der Flanschprofilliste und müssen konsistent sein, d.h. ein Flansch muß mit zunehmender Kantenlänge wachsen. In der Zeichnung wird aus Gründen der Vereinfachung der mittlere der drei Flanschwerte benutzt. Für die Automatik können die Einbaulänge (minimaler Abstand zwischen Bögen, bei Unterschreitung dieses Abstandes wird ein Etagenstück eingebaut), die Schußlänge (vorgegebene maximale Länge eines Kanals oder Kanalteils) und die Paßstücklänge (minimale Länge eines Kanals oder Kanalteils) eingestellt werden. Falls das erste Segment einer Trasse senkrecht nach oben geht, legt die Startebene die Ebene fest, zu welcher die Breite a und die Höhe b definiert werden sollen.

Die graphische Darstellung:

Es ist möglich, eine Netzdichte von 4 bis 24 zu wählen (Vorgabe ist 6), außerdem läßt sich die Anzeige von Drahtkanten auf "unsichtbar" einstellen. Diese Einstellungen haben nur auf die Darstellung gekrümmter Teile (Bögen) Einfluß.

Die Kanalausführung:

Es besteht die Wahl zwischen verschiedenen Kanalmaterialien und Kanaldämmstoffen. Für die Dämmstoffe können weiterhin die Dämmstoffdicke und der Dämmstoffabstand eingestellt werden. Mit den angebotenen Dateioperationen ist es möglich, Dateien für Kanalausführungen zu laden oder zu erzeugen. Dieses ist zum Beispiel sinnvoll, wenn die vorhandenen Materialien ergänzt wurden und das erweiterte Materialangebot eine weitere Verwendung finden soll oder dem Festlegen unterschiedlicher Standardeinstellungen (alternative Parameterdateien) für die Kanalausführung dient.

Die Dialogbox ermöglicht die folgenden Voreinstellungen:

Parameter:

Die Voreinstellungen für Stücklänge, Dämmstoffdicke und Dämmstoffabstand lassen sich anpassen.

Kanalausführung:

Die möglichen Einstellungen entsprechen denen der eckigen Formteile.

5.4.7 Automatisches Erzeugen eines Luftkanals

Diese Funktion fordert zur Wahl einer Lüftungstrasse auf (Anklicken des Startsegmentes). Nach dem Anklicken dieses Segmentes erfolgt die Frage nach den Kanalabmessungen. Das Seitenmenü bietet eine Auswahl an. Vorzugsmaße sind dort durch ein vorangestelltes Pluszeichen gekennzeichnet. Die daraufhin erscheinende Dialogbox zeigt an, aus welchen Elementen der entstehende Kanal zusammengebaut werden kann. Die möglichen Formteile sind:

– Kanal (K),

– Kanalteil (KT),

– Bogen, symmetrisch (BS),

– Etage, symmetrisch (ES),

– T-Stück, oben schräg (TA),

– Übergang, asymmetrisch (UA).

Die Abkürzungen der entsprechenden Bauteile sind in dieser Box hervorgehoben. Klickt man auf eine Abkürzung, erscheint eine weitere Dialogbox. Diese enthält die Angaben aus der Dialogbox für globale Voreinstellungen. Es lassen sich eventuell notwendige Änderungen vornehmen (teilweise Parametrisierung der Formteile), welche für alle Stufen der aktuellen Kanalgenerierung Gültigkeit haben.

Nach dem Bestätigen der Angaben durch Anklicken des OK-Feldes wird der Kanal automatisch aus Einzelteilen zusammengesetzt, wobei eine Warnmeldung bei eventuellen Kollisionen erfolgt.

Die vorgenommenen Einstellungen gelten für die gesamte Lüftungstrasse, da die Kanalautomatik einen Lüftungskanal nach dem Prinzip der abnehmenden Geschwindigkeit generiert!

5.4.8 Formteile

Es stehen drei Dialogboxen zur Verfügung. Zwei Dialogboxen enthalten verschiedene Formteile für eckige Kanäle, eine Box bietet Formteile für runde Kanäle, die vorhandenen Bibliotheken sind herstellerunabhängig und entsprechen den Festlegungen der DIN 18379.

Nach der Auswahl des gewünschten Formteils bietet eine Dialogbox die Möglichkeit, die Maße des Teiles festzulegen. Dabei gewährt das dargestellte Bild Unterstützung. Lassen sich einige Maße nicht einstellen (die entsprechenden Eingabefelder sind nicht hervorgehoben), ist für die Dauer der Eingabe die Schaltfläche "FREI POSITIONIEREN" zu aktivieren.

Sind die Maße festgelegt, bestehen folgende Möglichkeiten des Einfügens für das Formteil:

Anbauen: Dazu wird eine Anschlußfläche benötigt. Das Formteil ist an ein bereits gezeichnetes Teil anzusetzen.

1. Anbau an Formstücke (außer Trapezkanal und Kanalteil): Die Anschlußfläche wird angeklickt, Layer, Flanschüberstand sowie Breite und Höhe werden vererbt.

2. Anbau an Kanal, Kanalteil oder Trapezkanal: Es kann an alle 6 Seiten angebaut werden, die Anschlußfläche ist durch das Anklicken von zwei ihrer Kanten zu wählen, beim Anbau vorn oder hinten kann die zweite Aufforderung durch Drücken der <Enter>-Taste beantwortet werden, dabei erfolgt die Vererbung wie bei Punkt 1. Beim Anbau an eine Seitenfläche werden nur Layer und Flansch vererbt, Breite und Höhe müssen in der Dialogbox festgelegt werden.

3. Anbau an Bauelemente: Bei Bauelementen mit Gehäuse wie bei Punkt 1, sonst wie bei Punkt 2. Der Layer wird über eine separate Dialogbox abgefragt.

Einbauen: Es sind zwei Anschlußflächen nötig. Das Formteil wird zwischen zwei bereits gezeichnete Teile gesetzt. Die in den globalen Einstellungen festgelegte Schußlänge wird ausgewertet.

Frei Positionieren:

Die Angabe der Einfügekoordinaten für alle drei Dimensionen ist nötig. Der Startpunkt (auch relativ zu einem Bezugspunkt festlegbar) ist die der y-Richtung entgegengesetzte untere Ecke des Teils von vorn gesehen. Die x-Richtung entspricht der Ausbreitungsrichtung, sie zeigt in das Teil hinein, die Richtung der Breite a oder des Abzweigs ist die y-Richtung. Der Layer wird über eine separate Dialogbox erfragt, das Flanschprofil aus den globalen Einstellungen übernommen.

Nach dem An- oder Einbauen können die Formteile in Schritten von jeweils 90 Grad solange um die Achse senkrecht auf der Anschlußfläche gedreht werden, bis ihre gewünschte Einbaulage erreicht ist. Ein Weiterdrehen ist durch das Klicken mit dem Eingabegerät zu erreichen, die <Enter>-Taste schließt den Befehl ab.

Nach dem Zeichnen des Formteils erscheint wieder die Dialogbox, aus welcher das Formteil gewählt wurde. Diese Box ist durch das Anklicken der OK-Schaltfläche zu verlassen!

Auf das Zeichnen des Formteils erfolgt die automatische Assoziierung seines Aufmaßes, des Isolierungsaufmaßes und sämtlicher Parameter für die Aufnahme in eine Stückliste.

Die vorhandenen Formteile sind (in Klammern die vom Programm verwendeten Abkürzungen, dahinter eventuelle Besonderheiten):

– Kanal (K),

– Trapezkanal (TK),

– Kanalteil (KT),

– Übergangsstutzen (SU),

– Bogen, symmetrisch (BS),

– Bogenübergang (BA),

– Winkel/Knie, symmetrisch (WS),

– Winkelübergang/Knieübergang (WA),

– Übergang, symmetrisch (US),

– Übergang, asymmetrisch (UA),

– Rohrübergang, symmetrisch (RS), optional automatische Bestimmung des gleichwertigen Durchmessers möglich,

– Rohrübergang, asymmetrisch (RA), optional automatische Bestimmung des gleichwertigen Durchmessers möglich,

– Etage, symmetrisch (ES),

– Etagenübergang (EA),

– T-Stück, oben gerade (TG),

– T-Stück, oben schräg (TS),

– Hosenstück (HS), laut Hilfefunktion kein Einbauen möglich,

– Boden (BO).

Anmerkung: Die automatische Bestimmung des gleichwertigen Durchmessers für Rohrübergänge erfolgt nur, wenn in der Box das Feld "ALLE MANUELL" nicht selektiert ist.

Die Gleichung dafür lautet: $d = 1.27 * ((a*b)\char`^3/(a+b))\char`^0.2$.

a, b: Kantenlängen des rechteckigen Querschnitts

d: gleichwertiger Durchmesser

Beim Anbau an ein Rundrohr wird automatisch dessen Durchmesser übernommen und ggf. a und b berechnet.

Beispiel:

Es ist ein Rohrübergang von Rundrohr auf quadratischem Kanal zu konstruieren:

0.   Gewünschte Länge l eingeben.

1.   "a = b automatisch" selektieren

2.   d = 250 eintragen

3.   Ergebnis: a = b = 226 mm

5.4.9 Kanal editieren

Es besteht die Möglichkeit, einen Lüftungskanal zu drehen, zu schieben oder zu kopieren.

5.4.10 Bauelemente

Es werden die Bauelemente "Gehäuse mit Gerät" und "Einbauelemente" angeboten. Die erste Gruppe umfaßt verschiedene Aggregate für Luftaufbereitung und -transport. Die zweite Gruppe beinhaltet Teile für Kanäle wie zum Beispiel Schalldämpfer, Klappen und Jalousien. Die Bibliotheken sind herstellerunabhängig und an die DIN 1946 angelehnt.

Alle Bauelemente werden als dreidimensionale Boxen dargestellt, auf einer oder mehreren Seiten ist das Symbol nach DIN 1946 für das Bauelement gezeichnet.

Die Vorgehensweise beim Einfügen der Bauelemente vollzieht sich analog zu den Formteilen (Anbauen oder frei positionieren). Zusätzlich besteht die Möglichkeit, Attribute (Textinformationen) für die Bauelemente zu vergeben (Aktivierung des Buttons "ATTRIBUTE" in der Dialogbox). Alle Attribute werden dateiorientiert behandelt, in der Attribut-Dialogbox besteht die Wahl zwischen den Optionen "LADEN" (Datei laden und Anzeigen aller mit dem aktuellen Element assoziierten Attribute) oder "ERZEUGEN" einer Datei mit Standardeinträgen.

Für das Erzeugen muß die mitgelieferte Datei "kanal.org" im Verzeichnis "...\symprof\blo-luf" stehen. Eine geladene Datei wird auch von allen auf das aktuelle Bauteil folgenden Elementen bis auf weiteres genutzt. Die Option "EDITIEREN" erlaubt das Editieren von Bezeichnung und Inhalt eines selektierten Attributes. Mit der Option "NEU" wird dem Listenfeld ein neuer Eintrag hinzugefügt, bei "LÖSCHEN" ein selektierter Eintrag entfernt.

Anbauen: Die Fläche zum Anbau ist durch einmaliges oder zweimaliges (bei Kanal, Kanalteil und Trapezkanal sowie Bauelementen mit 6 Anschlußflächen) Anklicken zu wählen. Der Anbau erfolgt mittig zur Anschlußfläche, die Dimensionen werden der Dialogbox entnommen.

Frei Positionieren: Die Angabe der Einfügekoordinaten für alle drei Dimensionen ist nötig. Der Startpunkt (auch relativ zu einem Bezugspunkt festlegbar) ist die der y-Richtung entgegengesetzte untere Ecke des Teils von vorn gesehen. Die x-Richtung entspricht der Ausbreitungsrichtung, sie zeigt in das Teil hinein, die Richtung der Breite a ist die y-Richtung.

Der Layer wird stets über eine separate Dialogbox erfragt.

Einige Bauelemente besitzen mehrere Kennzeichnungen nach DIN 1946 (aufgeprägte Symbole), um die Sichtbarkeit des Symbols in allen Ansichten zu gewährleisten. Falls das Symbol nicht korrekt auf der Zeichnung erscheint, kann es sein, daß das Symbol einer gegenüberliegenden Seite durchscheint. Der AutoCAD-Befehl VERDECKT behebt diesen Fehler.

Es folgt eine Auflistung der zur Verfügung stehenden Bauelemente, die Zahl der Anschlußflächen (Zahl der Seiten, an die angebaut werden kann) und der aufgeprägten Symbole wird ebenfalls angegeben:

Die entsprechend verfügbaren Bauteile werden in Form von Iconen-Bibliotheken, wie in den Bildern 5-36 und 5-37 zu sehen ist, angeboten.

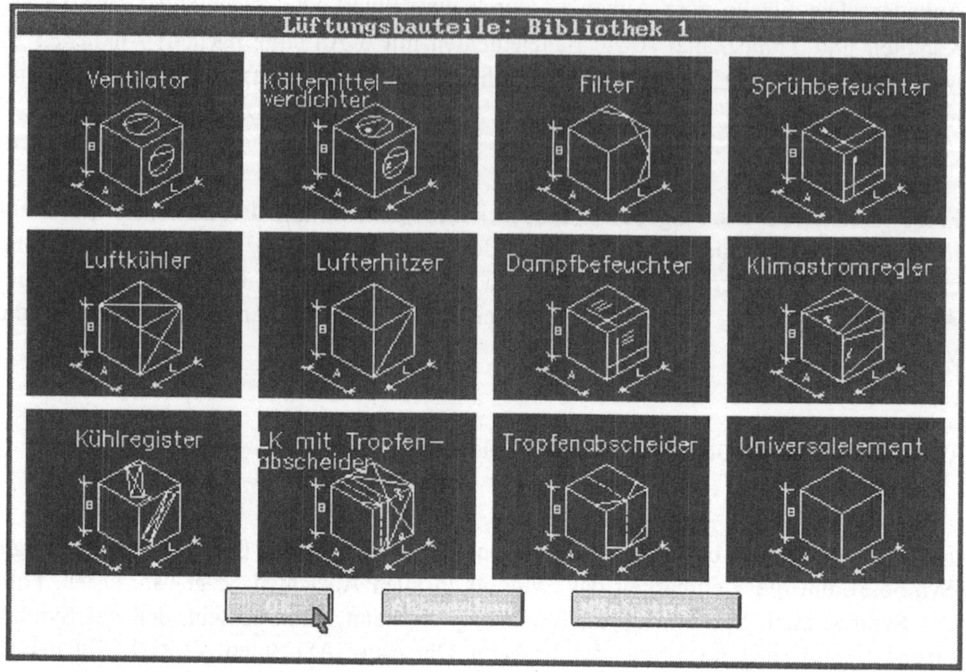

Bild 5-36: Iconen-Bibliothek Bauteile 1

– Ventilator:	6 Anschlußflächen, 4 Symbole
– Kältemittelverdichter:	6 Anschlußflächen, 4 Symbole
– Filter:	6 Anschlußflächen, 4 Symbole
– Sprühbefeuchter:	6 Anschlußflächen, 4 Symbole
– Luftkühler:	6 Anschlußflächen, 4 Symbole
– Lufterhitzer:	6 Anschlußflächen, 4 Symbole
– Dampfbefeuchter:	6 Anschlußflächen, 4 Symbole
– Schalldämpfer:	2 Anschlußflächen, 4 Symbole
– Segeltuchstutzen:	2 Anschlußflächen, 4 Symbole
– Jalousieklappe:	2 Anschlußflächen, 4 Symbole
– Feuerschutzklappe:	2 Anschlußflächen, 4 Symbole
– Luftauslass:	6 Anschlußflächen, 1 Symbol
– Klimastromregler:	6 Anschlußflächen, 4 Symbole

– Gehäuse mit Luftkühler: 6 Anschlußflächen, 4 Symbole

– Luftkühler mit Tropfenabscheider: 6 Anschlußflächen, 4 Symbole

– Tropfenabscheider: 6 Anschlußflächen, 4 Symbole

– Strömungsgleichrichter: 6 Anschlußflächen, 4 Symbole

– Elektro-Heizregister: 6 Anschlußflächen, 4 Symbole

– Rotor-Wärmerückgewinner (WRG):   6 Anschlußflächen, 4 Symbole

– Platten-WRG: 6 Anschlußflächen, 4 Symbole

– Überdruckklappe: 2 Anschlußflächen, 4 Symbole

– Dachlüftungshaube: 1 Anschlußfläche, 0 Symbole

– Gehäuse mit Jalousieklappe: 6 Anschlußflächen, 4 Symbole

– Universal-Bauelement: 6 Anschlußflächen, 0 Symbole

Das Universal-Bauelement kann auch als Fundament verwendet werden.

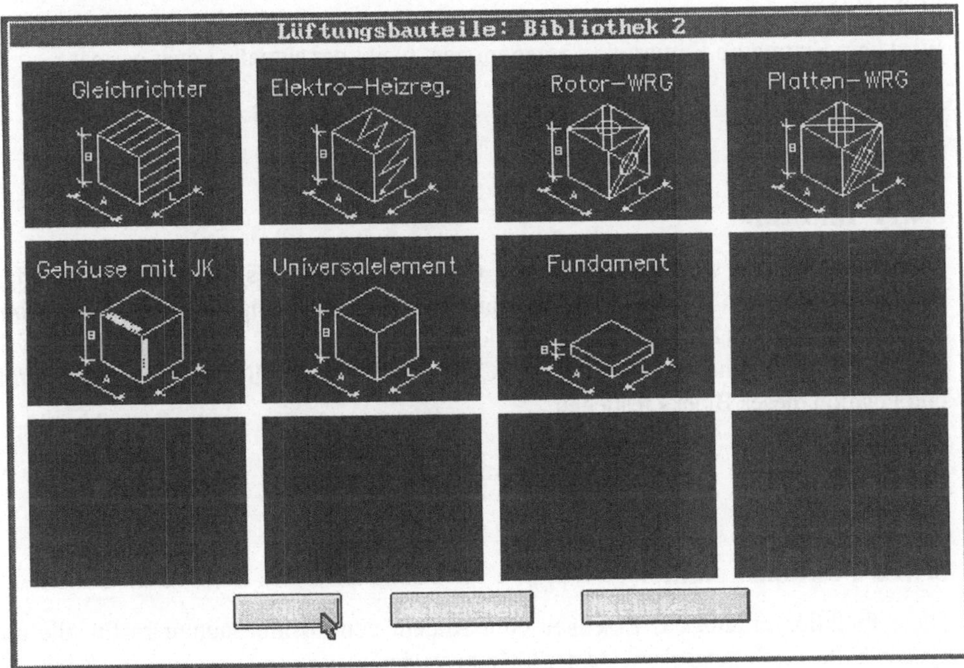

Bild 5-37: Iconen-Bibliothek Bauteile 2

Anmerkung: Es ist vorteilhaft, sich eine Liste aller benötigten Formteile und Bauelemente anzulegen, welche auch die zu verwendenden Einbaumaße enthält.

Zur Funktion "LAYER WÄHLEN": Wird beim Einfügen eines Formteils oder Bauelements der Layer abgefragt, erscheint eine Dialogbox für die interaktive Eingabe. In der ersten Zeile wird der aktuelle Layer eingeblendet. Ein beliebig zu modifizierendes Muster dient der Vorselektion im Listenfeld (analog aufgebaut wie die AutoCAD-Layerverwaltung mit Name, Status, Farbe und Linientyp).

Die Auswahl eines neuen aktuellen Layers ist auf drei Arten möglich:

1. Anklicken eines Layers im Listenfeld.

2. Eintragen des Layernamens im Editierfeld.

3. Aktivieren des Buttons "VON OBJEKT" und Auswahl des Objektes auf der Zeichnung, dessen Layer vererbt werden soll.

Über die Schaltfläche "ANDERE" wird die AutoCAD-Layersteuerung aufgerufen, dort gemachte Änderungen werden sofort bei Rückkehr in die Dialogbox "LAYER WÄHLEN" wirksam.

Wird kein Eintrag im Editierfeld vorgenommen, bleibt der aktuelle Layer gesetzt.

5.4.11 Infoschild

Nach Befehlsaufruf wird die Wahl eines Objektes erwartet. Es folgt ein Dialogbild, in dem die verfügbaren Angaben (zum Beispiel Bauteilbezeichnung, Positionsnummer oder Abmessungen) zu sehen sind. Dort läßt sich außerdem wählen, welche Angaben auf der Zeichnung im sogenannten "INFO-BLOCK" sichtbar sein sollen und die Schriftgröße und Position dieses Blocks festlegen.

5.4.12 Positionsnummer

Diese Funktion erlaubt das Erzeugen oder Ändern von Positionsnummern für alle oder ausgewählte Zeichnungselemente der Lüftungstechnik.

Eine Positionsnummer setzt sich aus den Angaben "ANLAGE"-"LUFTART"-"LFD.NR."-"PHASE" zusammen. Das Versehen der Elemente von Luftkanälen mit Positionsnummern vollzieht sich folgendermaßen:

Im Dialogbild "POSITIONSNUMMER" ist die gewünschte Objektwahl-Option zu markieren. Danach ist die Option "ALLE ÄNDERN" zu wählen, im Dialogbild erscheinen die Positionsnummern. Zum Beschriften der Zeichnung ist die Schaltfläche "AUS-FÜHREN" anzuklicken.

Das Editieren eines Positionsnummernsystems kann für alle oder ausgewählte Nummern erfolgen, die gewünschten Änderungen sind auf den Feldern der Positionsnummer-Angaben vorzunehmen.

5.4.13 Stückliste

Man kann die Stückliste nach DIN 18379 erzeugen.

Das Abspeichern der erzeugten Stückliste in einer Datei für die Weiterbearbeitung ist möglich, weiterhin wird eine Sortierfunktion angeboten.

5.4.14 Sichtbarkeit

Eine Dialogbox ermöglicht das Steuern der Sichtbarkeit (durch das Ein- oder Ausschalten von Layern) folgender Zeichnungselemente:

– Positionsnummern

– Abluft

– Außenluft

– Fortluft

– Zuluft

– Bauelemente

Das Ausschalten eines aktuellen Layers ist dabei nicht möglich.

5.4.15 Schnittbemaßung

Es wird eine einfach zu handhabende Kettenbemaßung für die Luftkanäle zur Verfügung gestellt. Die Einstellungen der dafür nötigen AutoCAD-Bemaßungsvariablen sind im

Seitenmenü zu sehen. Dort kann auch durch das Anklicken der gewünschten Variable eine Änderung der aktuellen Werte gewählt werden, Tastatureingaben sind ebenso möglich.

Nach der Wahl des ersten Punktes einer Maßkette erfolgt die Frage nach dem Standort der Maßlinie, daraufhin wird die Eingabe des zweiten Punktes der Kette erwartet. Im folgenden können die weiteren Punkte der Maßkette eingegeben werden, durch Drücken der <Enter>-Taste wird die Bemaßung der aktuellen Kette beendet. Nun ist es möglich, den ersten Punkt einer neuen Maßkette zu wählen oder durch erneutes Betätigen der <Enter>-Taste den Bemaßungseditor zu verlassen.

5.5 Übungsaufgabe Hallenlüftung

5.5.1 Aufgabenstellung

Zeichnen Sie das Belüftungssystem für eine Halle (Werkhalle oder ein Baumarkt) mit der AutoCAD-Applikation C.A.T.S. SymCAD Lüftung 3D.

Dazu ist außer dem Applikationsmodul für die dreidimensionale Lüftungskanaldarstellung das Modul ArchiCATS zu verwenden.

Benutzen Sie ausschließlich die Layer, welche von C.A.T.S. angeboten werden!

Erstellen Sie den Anweisungen folgend zwei A4-Zeichnungen im Maßstab 1:200, und zwar eine Draufsicht der Halle mit bemaßten Lüftungskanälen sowie eine unbemaßte Ansicht schräg von oben.

Gehen Sie dabei folgendermaßen vor:

Starten Sie die Applikation SymCAD über den Manager und legen Sie ein neues Projekt "Hallenlüftung" an.

Als Startdatei ist SYMCAD zu wählen.

Es ist eine neue Zeichnung zu erstellen, die Blattgröße ist A4 quer bei einem Maßstab von 1:200. Die Zeichnungseinheit ist Millimeter.

Das Zeichnen erfolgt zunächst ohne Schriftfeld und Blattumrandung, diese Darstellungen stören beim dreidimensionalen Arbeiten, außerdem sind diese Zeichnungselemente bei anderen Ansichtspunkten nicht korrekt. Schalten Sie dazu die Option "PLANKOPF" in

der Dialogbox "ZEICHNUNGSEINSTELLUNGEN" aus und löschen Sie die Blattumrandung. Diese Arbeitsschritte sind nach dem Gewerkwechsel oder dem Ändern der
Zeichnungseinstellungen gegebenenfalls zu wiederholen.

Rufen Sie über die Funktion "GEWERK WÄHLEN" das Modul ArchiCATS auf und
beginnen Sie mit dem Zeichnen der Halle. Die Halle wird ohne Dach gezeichnet, da die
hauptsächliche Zeichnungsinformation der Verlauf der Lüftungskanäle ist.

5.5.2 Darstellen der Halle

Die Halle wird mit folgenden Maßen mit dem Modul ArchiCATS gezeichnet. Dazu
können Sie den entsprechenden Tablettaufleger verwenden. Weiterhin ist es möglich,
über den Menüpunkt Zeichnungsvoreinstellungen die Zeichnungseinheit zunächst auf
Meter oder Zentimeter zu setzen. Verwenden Sie die AutoCAD-Zeichnungshilfen
RASTER und FANG!

Zeichnen Sie zunächst den zweidimensionalen Grundriß, in welchem alle Bauteile
(Türen, Fenster und Durchbruch) vorhanden sind. Erst nach dem Erstellen des kompletten Grundrisses erfolgt das 2D zu 3D - "Hochziehen"!

5.5.2.1 Hallenabmaße

Die rechteckige Halle besteht aus den Baukörpern:

- Außenmauer: 25 x 50 x 6 m Ausdehnung, 0,5 m dick.

- Tor (zweiflügelige Tür): in der Mitte der 50 m langen Nordseite, 4 m breit, 4 m
  hoch, 0,3 m oberer Rahmen, ebenerdig, nach außen öffnend.

- 2 Türen: jeweils in der Mitte der 25 m langen West- bzw. Ostseite, 1,01 m breit,

  2,01 m hoch, 0,3 m oberer Rahmen, ebenerdig, nach außen öffnend.

- Fensterfront: in der Mitte der Südseite, 40 m breit, 1 m hoch, ohne Heizungsnische,
  40 Flügel, 3 m Brüstungshöhe.

- Durchbruch: auf der Südseite, quadratisch (0,56 x 0,56 m), 0,5 m von der Innenseite
  der westlichen Außenmauer entfernt, 5 m Fußbodenabstand.

5.5.2.2 Zeichnen der Halle

Zuerst werden alle Bauelemente der Halle zweidimensional in der Draufsicht gezeichnet. Wenn alle Mauern, Türen, Fenster sowie der Mauerdurchbruch dargestellt sind, ist die Funktion "2D→3D" anzuwenden.

Das Ergebnis ist im Bild 5-38 zu sehen.

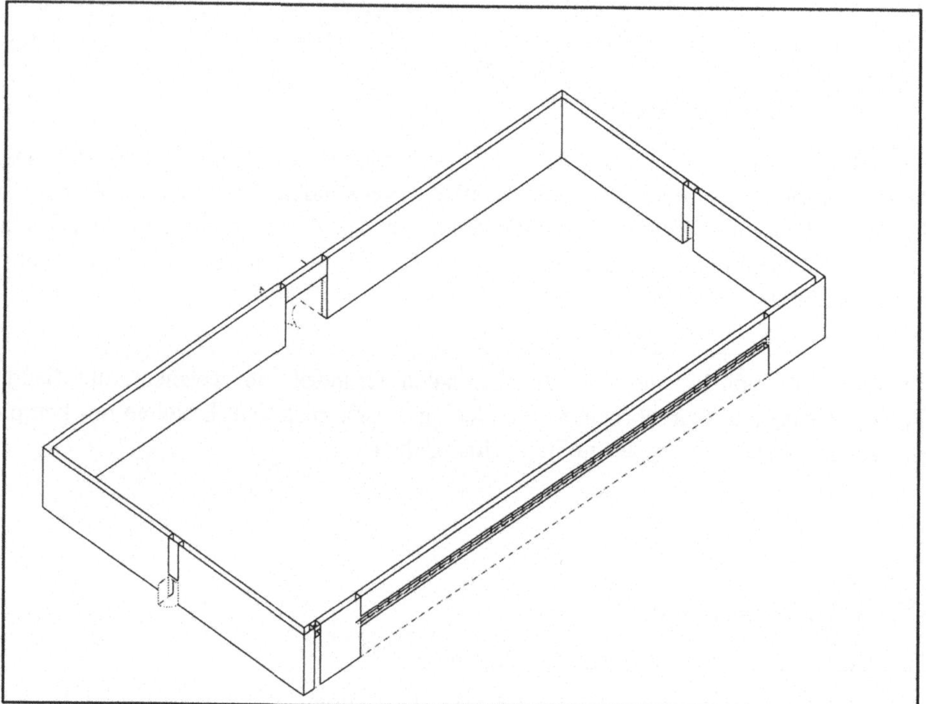

Bild 5-38: Eine Ansicht der Halle

5.5.3 Darstellen der Luftkanäle

Ist die Darstellung der Halle abgeschlossen, wechseln Sie in das Gewerk Lüftung und stellen die Zeichnungseinheiten gegebenenfalls auf Millimeter zurück. Wurden von ArchiCATS ein Schriftfeld und eine Blattumrandung angelegt, löschen Sie diese Zeichnungselemente.

Alle Funktionen können aus dem Menüpunkt "LK-3D" gewählt werden

5.5.3.1 Allgemeine Angaben

Die Lüftungskanäle sind komplett rechteckig auszuführen. Als Material ist verzinktes Blech zu verwenden. Für die Isolierung ist Glaswolle, mit Aluminium kaschiert, von 30 mm ohne Abstand zu den Kanalelementen vorgesehen.

Der Hauptkanal soll durch den Mauerdurchbruch in die Halle geführt werden, er beginnt an der Außenkante der südlichen Mauer.

Die zu verwendenden Abmaße finden Sie im erläuternden Text unter 5.5.2.1.

Insgesamt sollen sechs Luftauslässe für die Zuluftzufuhr sorgen, sie sind regelmäßig unter der Hallendecke anzuordnen.

5.5.3.2 Zeichnen der Lüftungstrassen

Lüftungskanäle werden durch SymCAD Lüftung 3D automatisch erzeugt. Es ist vorher lediglich notwendig, sogenannte Lüftungstrassen zu zeichnen. Diese Trassen entsprechen den Mittellinien eines Lüftungskanals.

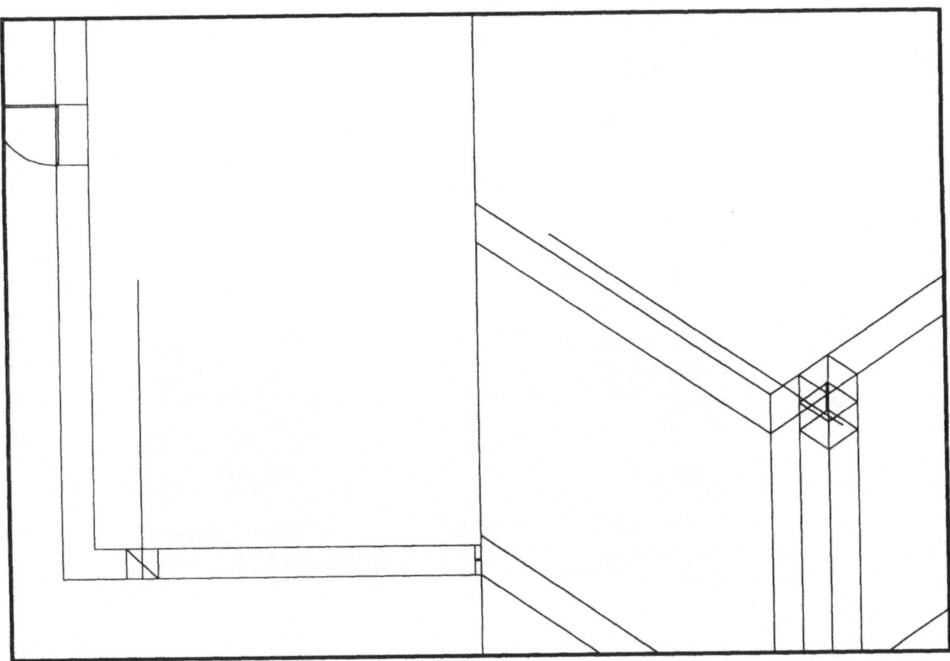

Bild 5-39: Beginn der Lüftungstrasse (in 2 Ansichtsfenstern)

Da die Kanalerzeugung in einem Arbeitsgang automatisch bei Bedarf den Kanalquerschnitt ändert, ist es am vorteilhaftesten, die Trassensegmente des Kanalsystems zu zeichnen und darauf zu achten, daß alle Segmente zu einer Trasse gehören. Lüftungstrassen sind immer mit dem AutoCAD-Modus "Ortho" eingeschaltet zu zeichnen!

Für die Hallenbelüftung wurde ein Lüftungskanal, bestehend aus einem Hauptkanal mit zwei Abzweigungen, konzipiert. Die nächste Aufgabe besteht in der zeichnerischen Darstellung. Zur Erleichterung der Arbeit kann man in zwei Ansichtenfenstern arbeiten (Bild 5-39).

Es wird mit der Haupttrasse begonnen. Rufen Sie die Funktion "LÜFTUNGSTRASSE ZEICHNEN" auf und wählen Sie die Option "STARTHÖHE".

Als Starthöhe sind 2000 mm einzugeben (Mindestens 5000 mm über dem Hallenboden sollen sich die Lüftungskanäle befinden. Da die Trasse die Mittellinie des Kanals darstellt, sind noch 250 mm aufzuaddieren, weiterhin 30 mm für die Isolierung). Als Startpunkt ist daraufhin die Mitte der Außenkante des Mauerdurchbruchs anzuklicken. Dazu läßt sich die AutoCAD-Objektfanghilfe "MITtelpunkt" verwenden.

Das Ergebnis dieses Arbeitsschrittes ist im Bild 5-40 zu sehen.

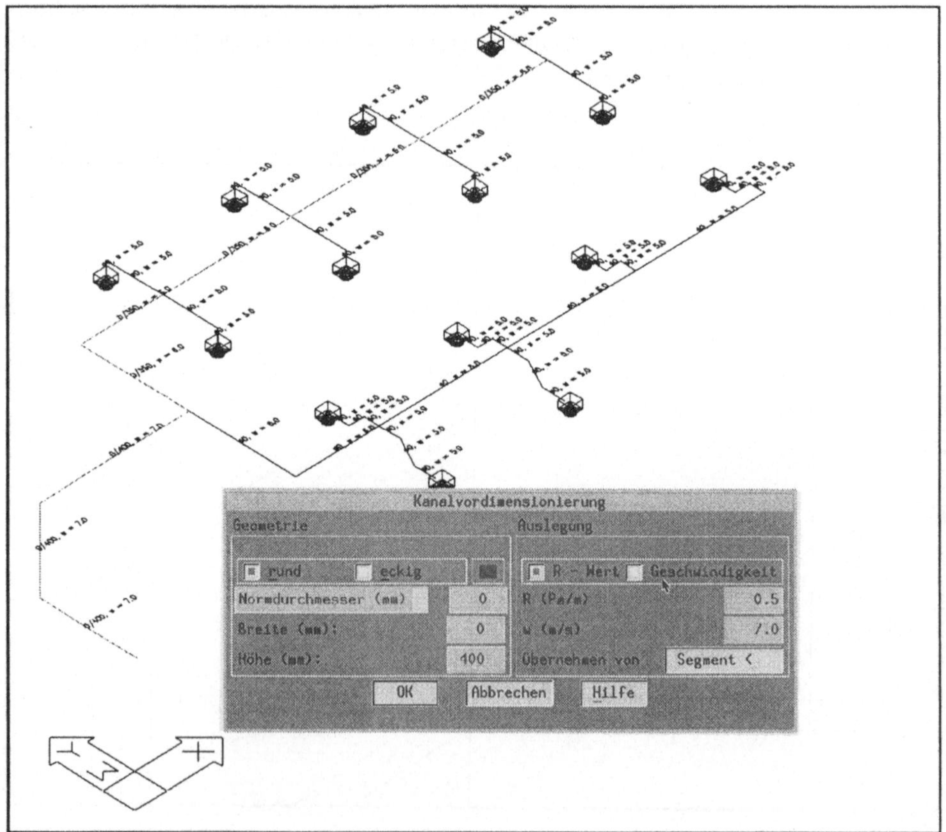

Bild 5-40: Verlauf der Lüftungstrassen

5.5.3.3 Automatische Kanalerzeugung

Aus den Lüftungstrassen erzeugt diese Funktion automatisch Lüftungskanäle. Dabei werden auch Verzweigungen oder Richtungsänderungen beachtet. Das Vermindern des Kanalquerschnitts nach dem Abzweig geschieht automatisch unter Berücksichtigung der jeweiligen Luftmengen. Dabei wird das Erzeugen hochkanter Kanäle vermieden.

Nach dem Aufruf dieser Funktion klicken Sie die gewünschte Kanaltrasse an und tragen Sie in die Dialogbox "Kanalvordimensionierung" (Bild 5-40) die erforderlichen Kanalhöhen für eckige Kanäle ein. Durch die Vorgabebreite 0 und Auswahl der Geschwindigkeit 7.0 m/s wird die erforderliche Breite automatisch berechnet und gezeichnet. Wenn in der Dialogbox "Kanalvordimensionierung" der Button "Rund" angeklickt und der Normdurchmesser auf 0 gesetzt ist, werden die Rundkanäle auf Grund der voreingestellten Geschwindigkeit oder des voreingestellten R-Wertes vollautomatisch unter Berücksichtigung der Luftmengen gezeichnet.

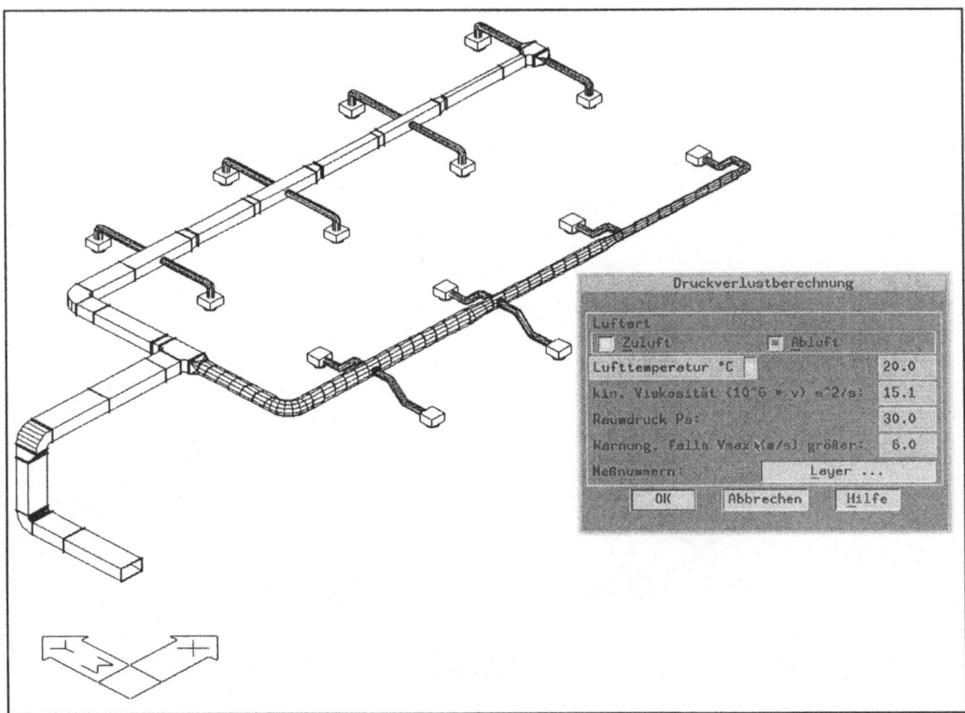

Bild 5-41: Die automatisch erzeugten Luftkanäle

Sie erhalten die Möglichkeit, vor der automatischen Kanalgenerierung Änderungen an den globalen Einstellungen vorzunehmen.

Die daraufhin erscheinende Dialogbox zeigt an, aus welchen Teilen der aktuelle Lüftungskanal zusammengesetzt werden kann. In unserem Fall handelt es sich um rechteckige Kanäle (K), Kanalteile (KT), T-Stück (TA) und Bogen (BS) sowie Wickelfalzrohre mit Formstücken und Flexrohranbindungen an die Luftauslässe.

Nach dem Anklicken der OK-Schaltfläche erfolgt die Frage nach dem Layer, wählen Sie den Layer L__3D_ZU35.

Durch die voreingestellten Luftmengen bei den Deckenluftauslässen, z. B. 500 m³ pro Auslaß, wird das komplette Kanalsystem auf Grund der Vorgaben Eckig- oder Rundkanäle vollautomatisch gezeichnet (Bild 5-41). Verlassen Sie die Boxen für die Bauelemente oder Formteile nach dem erfolgreichen Anbau immer mit dem "OK-Button".

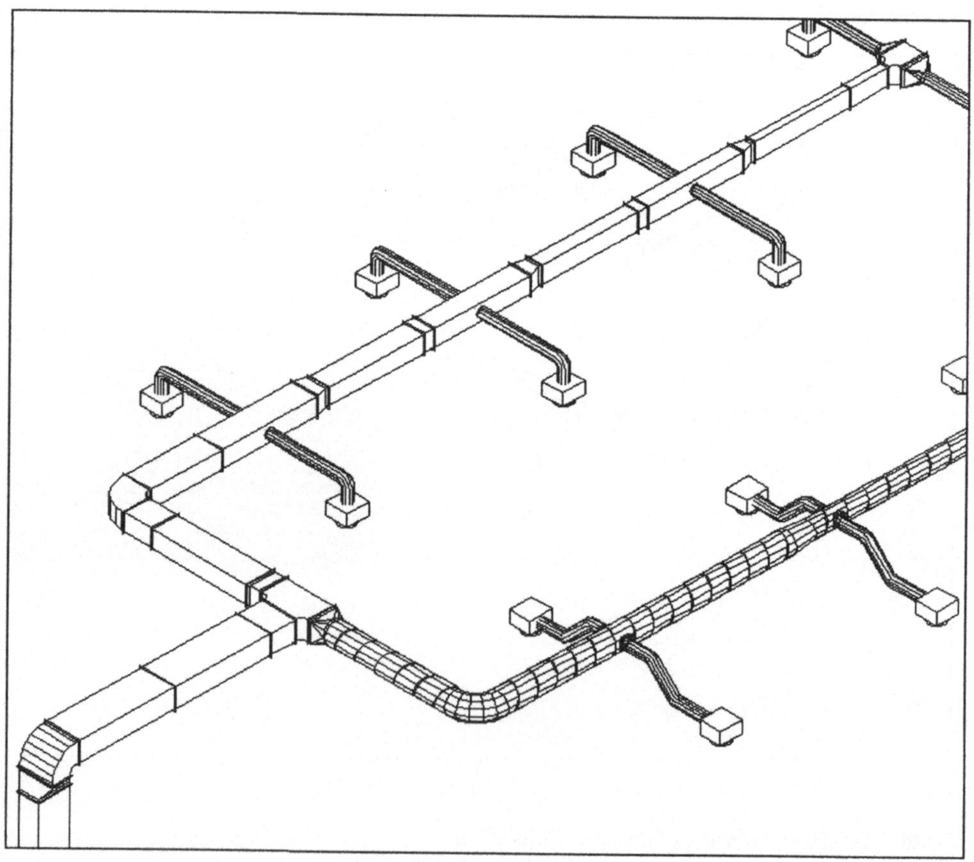

Bild 5-42: Beispiel für angebaute Luftauslässe

Die im Bild 5-42 dargestellten Luftauslässe wurden als erste Maßnahme bei der Projektierung im Grundriß nach einem Deckenraster von 625 mm x 625 mm gesetzt. Nachfolgend wurde die Kanaltrasse an Hand der Führungslinie, wie im Bild 5-40 dargestellt, gezeichnet. Mit der Funktion "Automatisches Anschließen" von Luftauslässen wurden die Anschlußkästen wahlweise von oben oder von der Seite mit frei wählbarem Winkel angeschlossen. Bild 5-42 zeigt ebenfalls den automatisch generierten Luftkanal.

Nach dem Anbau aller Luftauslässe speichern Sie die Zeichnung unter einem anderen Namen und plotten Sie das Ergebnis aus. Auf dem Plot soll eine Ansicht der Halle mit den Lüftungskanälen zu sehen sein.

Ein Beispiel für eine Perspektive finden Sie im Bild 5-43.

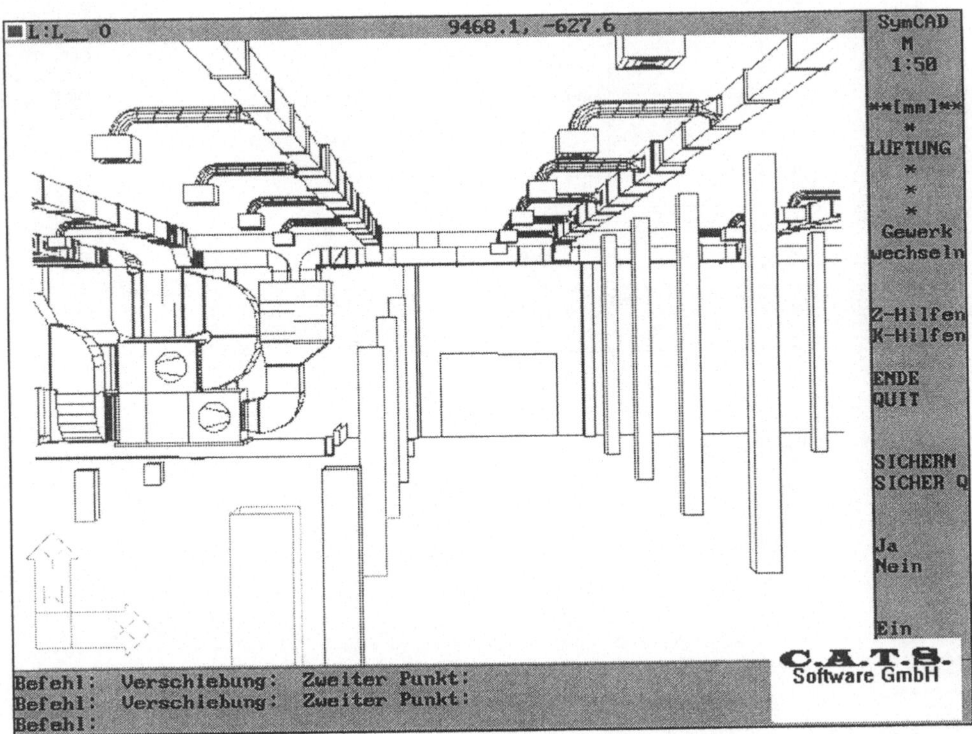

Bild 5-43: Beispiel für eine Perspektive

Beginnen Sie jetzt mit der zweiten Teilaufgabe, der Bemaßung. Verwenden Sie die Funktion "SCHNITTBEMAßUNG" aus dem Menü "LK-3D"!

In Bild 5-44 finden Sie ein Bemaßungsbeispiel.

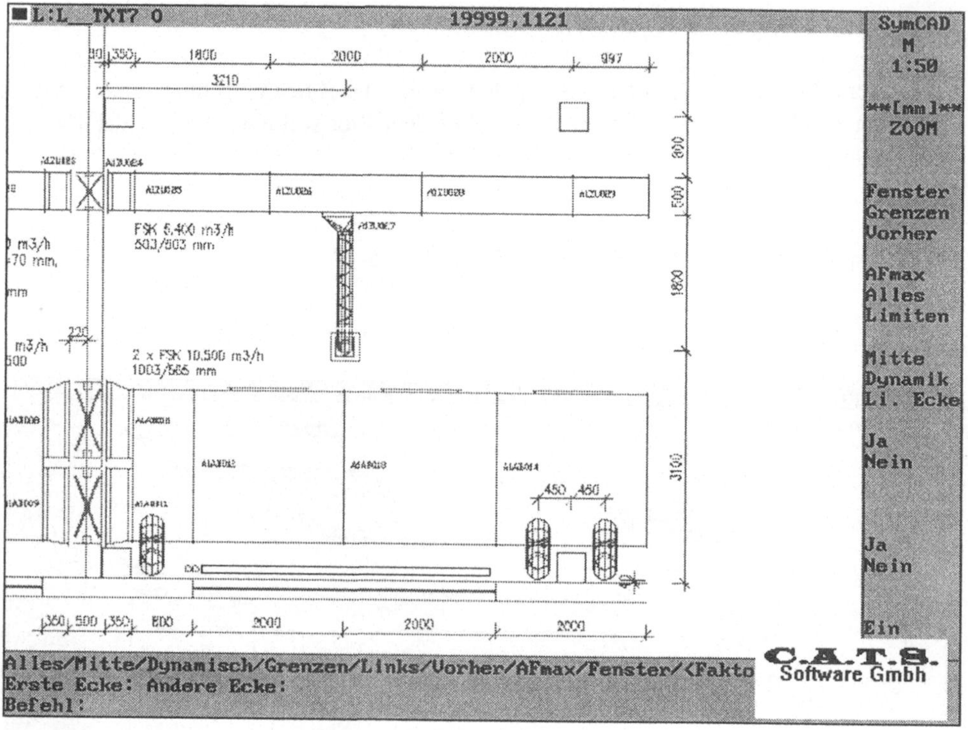

Bild 5-44: Bemaßungsbeispiel

5.6 Beispiele für die C.A.T.S. Tablettorganisation

In diesem Kapitel stellen wir Ihnen die aktuellen Tablettaufleger der C.A.T.S.-Software (Stand: Februar 1996) vor.

Der TabCAD-Aufleger (Bild 5-45) wird in einem auf dem Tablett befestigtem Rahmen oben positioniert und nimmt gute 2/3 der Fläche ein. Auf ihm befinden sich logisch angeordnet die Grundfunktionen für alle Gewerke wie zum Beispiel die Layersteuerung (Bild 5-46).

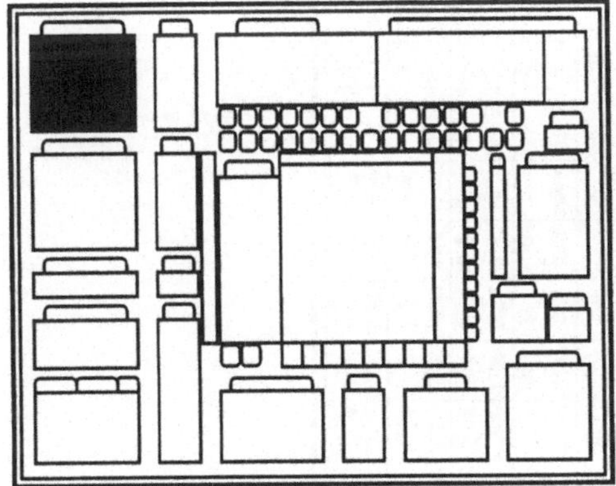

Bild 5-45: Position "Layer" im TabCAD-Aufleger

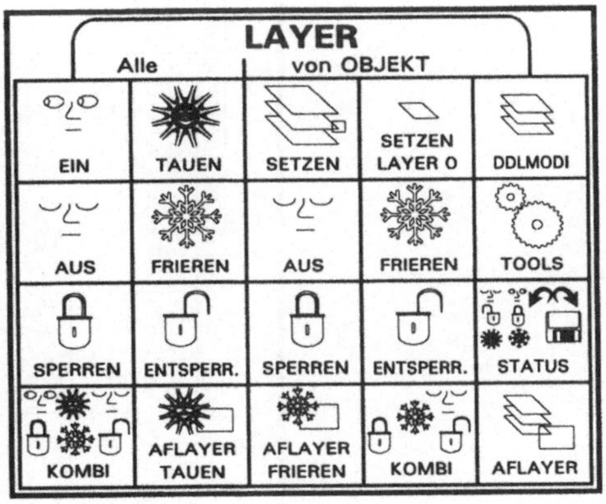

Bild 5-46: Layerschaltflächen

Der Aufleger für das gerade zu bearbeitende Gewerkmodul wird separat gewechselt. Somit steht eine größere Arbeitsfläche zur Verfügung. Die Bilder 5-47 bis 5-49 zeigen die Tablettaufleger für die Gewerke "Lüftung-Professional", "Heizung" und "Sanitär".

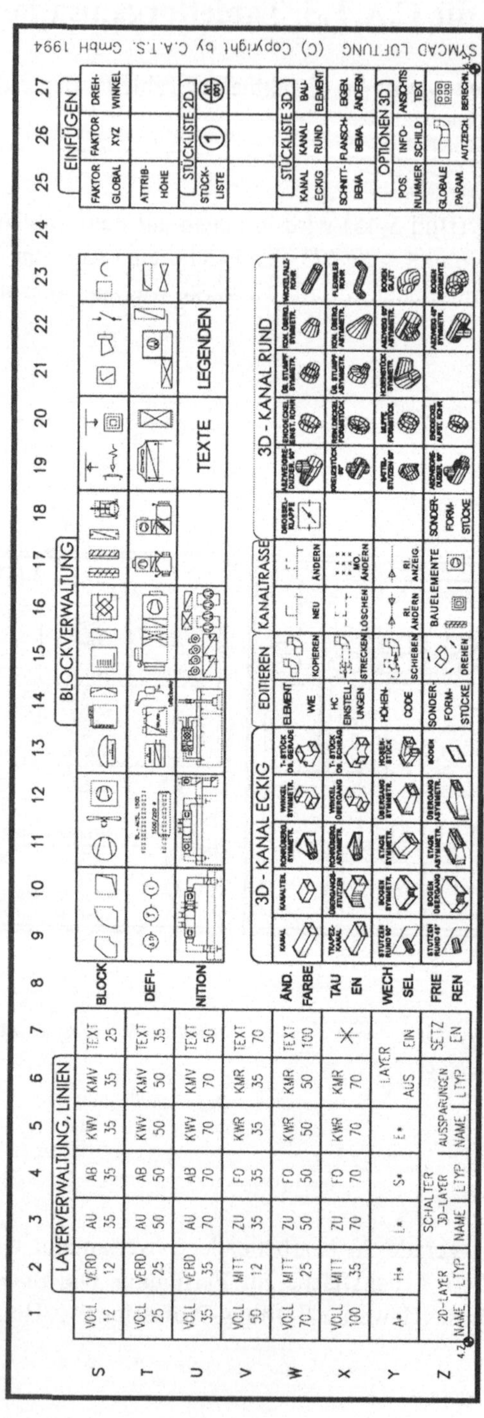

Bild 5-47: Tablettaufleger "Lüftung-Professional"

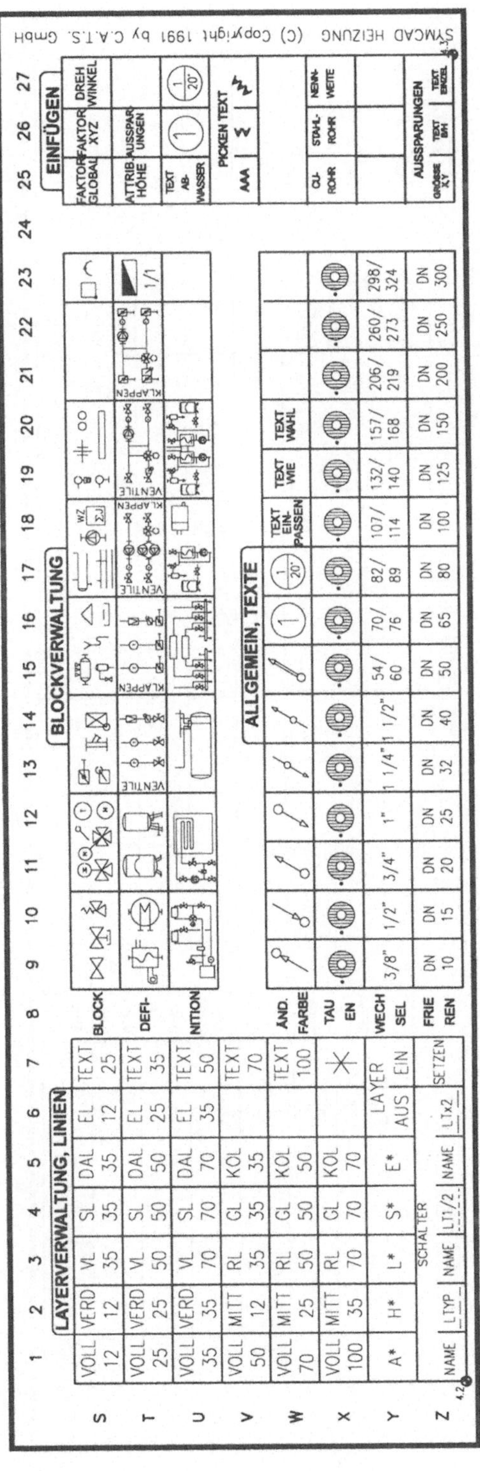

Bild 5-48: Tablettaufleger "Heizung"

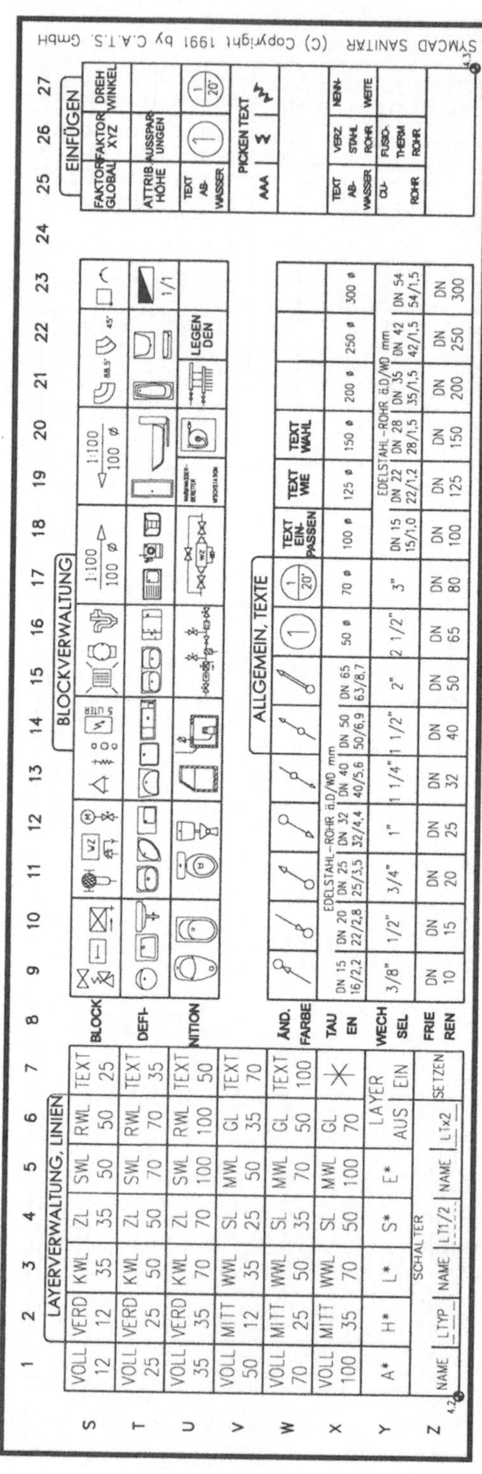

Bild 5-49: Tablettaufleger "Sanitär"

6 Das Projektierungssystem pit-cup

6.1 Einleitung

Das Programm pit-cup ist eine AutoCAD-Applikation für die Planung von Anlagen der Technischen Gebäudeausrüstung und unterstützt die haustechnischen Gewerke:

- Heizung,

- Lüftung,

- Sanitär,

- Elektro und

- Regelung.

In Ergänzung zu den genannten Gewerken stehen Ihnen die pit-bau-Funktionen zur Verfügung. Diese Funktionen ermöglichen eine rationelle Erstellung dreidimensionaler Grundrisse von Gebäuden oder Gebäudeteilen jeglicher Art.

Die Funktionen des Basissystems AutoCAD sind weiterhin vollständig anwendbar. Mit dem Einsatz von pit-cup wird AutoCAD an die an die speziellen zeichnerischen und planerischen Anforderungen der haustechnischen Gewerke angepaßt. Außerdem bietet pit-cup zahlreiche allgemeine Funktionen, die Ihnen die Arbeit mit AutoCAD erleichtern und die Zeichenarbeit vereinfachen.

Neben allgemeinen Funktionen sowie dem Modul pit-bau werden Ihnen in diesem Kapitel die Programmodule für die Bereiche Heizung, Lüftung und Sanitär vorgestellt. An einem Beispiel erfolgt außerdem der praktische Nachweis der Leistungsfähigkeit der Software.

6.2 Installation und Start

6.2.1 Systemvoraussetzungen

Das Programm pit-cup 4.0 ist für die AutoCAD-Versionen 12 und 13 erhältlich. Je nach eingesetztem Betriebssystem kann unter den Varianten für DOS, Microsoft Windows und für verschiedene UNIX-Systeme gewählt werden. Durchgeführte Tests unter Microsoft Windows 95 haben ergeben, daß das Programm auch unter diesem neuen Betriebssystem lauffähig ist. Bei der Verwirklichung des vorliegenden Buches kam überwiegend pit-cup 4.0 für AutoCAD 12 Windows zum Einsatz.

Zur Installation von pit-cup muß AutoCAD installiert und fertig konfiguriert sein. Für die komplette pit-cup-Installation wird eine Festplattenkapazität von etwa 45 MByte benötigt.

Wir empfehlen Ihnen für den pit-cup-Einsatz, wie für die CAD-Anwendung überhaupt, einen großzügigen Speicherausbau, die Verwendung eines modernen Prozessors, zum Beispiel den Intel Pentium, sowie eine leistungsfähige und hochauflösende Grafikkarte. Besonders die Arbeit im dreidimensionalen Bereich erfordert, gerade im professionellen Umfeld, eine performante Hardwareumgebung. Entsprechende Beispielkonfigurationen wurden bereits im Kapitel 3 vorgestellt.

6.2.2 Installationsvorgang

Zunächst stecken Sie Ihren pit-cup-Dongle auf die Druckerschnittstelle des Computers. Falls ein Drucker angeschlossen ist, muß dieser bei der Installation eingeschaltet sein.

Nach dem Einlegen der ersten Installationsdiskette wird zum entsprechenden Diskettenlaufwerk gewechselt und die Installationsroutine mit den Befehl INSTALL gestartet. In der oberen Menüleiste des Installationsprogramms ist der Menüpunkt "Installieren" zu wählen. Es folgt die Abfrage nach den Quell- und Ziellaufwerken für die pit-cup-Installation. Nach den Aufforderungen durch das Programm legen Sie jetzt die Disketten ein, bis alle Programmbestandteile auf die Festplatte kopiert sind.

Danach entscheiden Sie, in welcher Planungseinheit gearbeitet werden soll. Die dort gewählte Einheit ist später jederzeit änderbar.

Der Installationsvorgang endet mit der Frage nach dem Namen des Lizenznehmers. Sie können zum Beispiel auch den Firmennamen eingeben.

Anschließend sollten Sie die Zusatzdisketten installieren. Auf diesen Disketten werden Korrekturen und Ergänzungen zur Software mitgeliefert. Das Installieren erfolgt analog zur Programminstallation. Weitere Informationen finden Sie in den mitgelieferten Unterlagen.

6.2.3 Manuelle Nacharbeiten

Vor dem ersten Start von pit-cup sind einige manuellen Nacharbeiten zur Installation erforderlich, da die zahlreichen Möglichkeiten der AutoCAD-Konfiguration keine Automatisierung sämtlicher Installationsschritte erlauben. Im folgenden werden die einzelnen Nacharbeiten für die gegenwärtigen pit-cup-Versionen für AutoCAD 12 DOS und Microsoft Windows vorgestellt. Zum Erhalten von eventuell aktuelleren Informationen und Anweisungen für die manuellen Nacharbeiten lesen Sie bitte die mitgelieferten Unterlagen zur Installation durch.

Die in den Beispielen genannten Verzeichnispfade können von Ihrer Installation abweichen. Ersetzen Sie deshalb diese Angaben bei Bedarf durch die für Sie gültigen Daten.

6.2.3.1 Nacharbeiten für AutoCAD 12 DOS

Da pit-cup kompilierte AutoLISP-Programme benutzt, ist als erste Nacharbeit die Datei ACADLC.EXP aus dem AutoCAD-Verzeichnis in ACADL.EXP umzubenennen. Die bereits vorhandene Datei ACADL.EXP wird aber dabei überschrieben. Es ist daher sinnvoll, diese Datei vorher durch Kopieren zu sichern, falls sie später einmal benötigt werden sollte.

Beispiel: copy c:\acadr12\acadl.exp c:\acadr12\acadlint.exp

           copy c:\acadr12\acadlc.exp c:\acadr12\acadl.exp

Der nächste Schritt besteht im Anlegen einer Batch-Datei, mit der pit-cup gestartet werden soll. Als kürzester Weg bietet sich das Kopieren und Editieren der Batch-Datei an, die Sie bisher für das Starten von AutoCAD verwendet haben (und weiter verwenden können). Speichern Sie die Datei für das Starten von pit-cup nicht im pit-cup-Verzeichnis, da sie dort beim Installieren eines Updates oder neuer Zusatzdisketten überschrieben werden könnte.

1. Kopieren Sie die Batch-Datei für das Starten von AutoCAD:

    Beispiel: copy c:\batch\acadr12.bat c:\batch\pitdos.bat

2. Starten Sie den DOS-Editor:

    Beispiel: edit pitdos.bat

3. Erweitern Sie die Zeile für das Setzen der AutoCAD-Umgebungsvariable ACAD um die Angabe C:\PIT_CAD\12\DOS\ACAD und speichern Sie die Veränderung:

    Beispiel:

    vorher: set acad=c:\acadr12;c:\acadr12\fonts;c:\acadr12\support

    nachher: set acad=c:\acadr12;c:\acadr12\fonts;c:\acadr12\support;c:\pit_cad\12\dos\acad

Durch Aufruf von PITDOS.BAT können Sie nun pit-cup starten.

6.2.3.2 Nacharbeiten für AutoCAD 12 Windows

Die Beispiele für das Umbenennen und Kopieren von Dateien geben die dazu nötigen DOS-Befehle an. Selbstverständlich können Sie für diese Arbeiten auch den Windows-Dateimanager verwenden.

Da pit-cup kompilierte AutoLISP-Programme benutzt, ist als erste Nacharbeit die Datei ACADLC.EXE aus dem AutoCAD-Verzeichnis in ACADL.EXE umzubenennen. Die bereits vorhandene Datei ACADL.EXE wird aber dabei überschrieben. Es ist daher sinnvoll, diese Datei vorher durch Kopieren zu sichern, falls sie später einmal benötigt werden sollte.

Beispiel: copy c:\acadwin\acadl.exe c:\acadwin\acadlint.exe

copy c:\acadwin\acadlc.exe c:\acadwin\acadl.exe

Sie beabsichtigen wahrscheinlich, neben pit-cup auch weiterhin das "normale" AutoCAD zu benutzen. Hier ist eine Mehrfachkonfiguration von AutoCAD durch das Erzeugen eines eigenen Programm-Icons für pit-cup, zusätzlich zum bereits existierenden AutoCAD-Icon, anzulegen. Dazu sind folgende Arbeitsschritte nötig:

1. Richten Sie ein Verzeichnis für die alternative Konfiguration von pit-cup ein und kopieren dann die Dateien mit der Dateinamenserweiterung .ini und .cfg aus dem AutoCAD-Verzeichnis in das neue Verzeichnis.

    Beispiel: md c:\acadwin\pit

    cd c:\acadwin

    copy *.ini c:\acadwin\pit

    copy *.cfg c:\acadwin\pit

2. Falls Sie sich nicht in Microsoft Windows befinden, starten Sie es jetzt. Öffnen Sie dann die AutoCAD-Programmgruppe. Das AutoCAD-Icon ist anzuwählen, also nur ein Mausklick auszuführen statt des Doppelklicks für den Programmstart. Durch Drücken der Funktionstaste <F8> kann das AutoCAD-Icon kopiert werden. Die Kopie dieses Icons soll sich auch in der AutoCAD-Programmgruppe befinden. Nach dem Kopieren sind zwei AutoCAD-Icons vorhanden, von denen eines angewählt ist.

3. Durch das Drücken der Tastenkombination <ALT>-<ENTER> oder das Anwählen des Menüpunktes "Datei/Eigenschaften" im Programm-Manager wird das Dialogfenster "Programmeigenschaften" aufgerufen. In der Zeile "Beschreibung" ist der vorhandene Text durch die Angabe "pit-cup" zu ersetzen. Die Befehlszeile ist um die Zeichenkette "/c c:\acadwin\pit" zu erweitern.

    Beispiel: c:\acadwin\acad.exe /c c:\acadwin\pit

4. Ersetzen Sie das AutoCAD-Symbol durch das pit-cup-Symbol. Dazu ist der Button "anderes Symbol" anzuklicken und dann mit "Durchsuchen" in das Verzeichnis "C:\PIT_CAD\12\WIN.400\ACAD" zu wechseln. Klicken Sie auf den Dateinamen PIT_4.ICO. Das pit-cup-Logo erscheint, nun sind alle Dialogfenster durch Anklicken von "OK" zu verlassen.

Das Bild 6-1 zeigt das geöffnete Dialogfenster "Programmeigenschaften" nach Abschluß der Veränderungen.

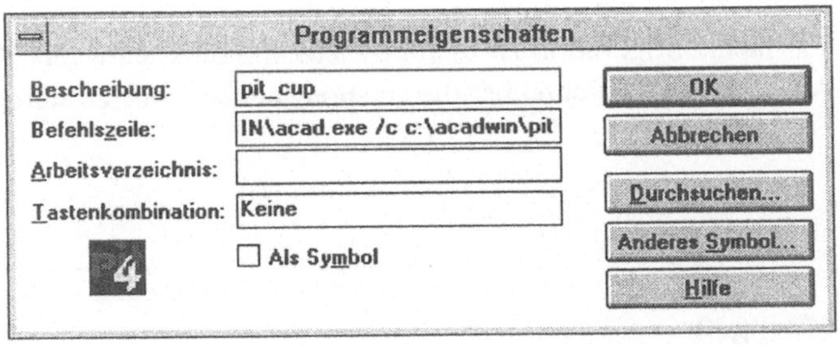

Bild 6-1:   Dialogfenster "Programmeigenschaften"

Jetzt ist AutoCAD durch Doppelklicken auf das pit-cup-Icon zu starten. Im Menü "Datei" ist der Punkt "Voreinstellungen" zu wählen. In der dadurch geöffneten Dialogbox aktivieren Sie durch Anklicken den Punkt "Sichern in ACAD.INI". Anschließend drücken Sie auf den Button "Voreinstellungen". Der Pfad in der Zeile "Support-Verz." des Dialogfensters mit den Voreinstellungen muß, wie in Bild 6-2 zu sehen, um den Text ";C:\PIT_CAD\12\WIN.400\ACAD" erweitert werden.

Beispiel:

vorher: c:\acadwin\support;c:\acadwin\fonts

nachher: c:\acadwin\support;c:\acadwin\fonts;c:\pit_cad\12\win.400\acad

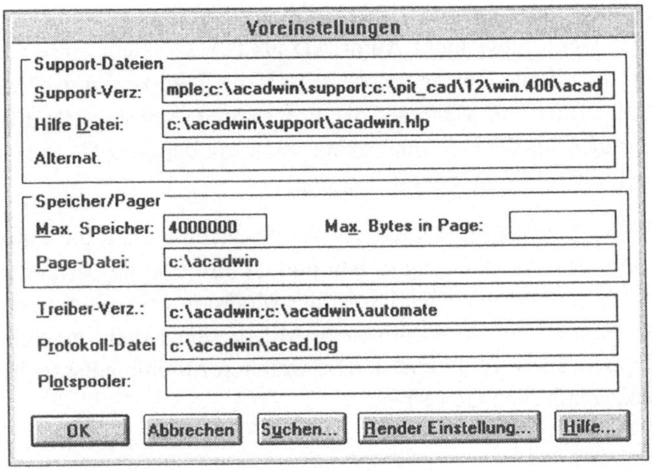

Bild 6-2:   Dialogfenster "Voreinstellungen"

Schließen Sie nacheinander alle Dialogfenster über die "OK"-Buttons. Wählen Sie anschließend den Punkt "Neu" im Menü "Datei". Im dadurch geöffneten Dialogfenster ist der "OK"-Button anzuklicken, eine neue Zeichnung wird angelegt und dabei pit-cup gestartet.

Durch das Anlegen der Mehrfachkonfiguration ist es Ihnen jetzt möglich, entweder das bisherige AutoCAD oder AutoCAD mit pit-cup über die entsprechenden Icons zu starten.

6.2.4 Tablettaufleger erzeugen

Pit-cup unterstützt die Arbeit mit einem Grafiktablett. Tablettaufleger, farbig oder schwarz/weiß, liegen in Form von AutoCAD-Zeichnungsdateien im Verzeichnis "C:\PIT_CAD\TABLETT" vor. Bei Bedarf können Sie sich einen Tablettaufleger in der für Ihr Grafiktablett geeigneten Größe ausdrucken bzw. ausplotten.

6.2.5 Programmstart und -aufbau

Sie starten pit-cup durch den Aufruf von PITDOS.BAT bei der DOS-Variante bzw. durch Doppelklick auf das pit-cup-Icon bei der Windows-Variante. Dadurch werden AutoCAD gestartet und die pit-cup-Programme geladen.

Während der Startprozedur erfolgt die Abfrage, ob Sie DXF-Dateien einlesen möchten. Diese Frage wird nur mit "Ja" beantwortet, wenn Sie tatsächlich den Import einer Zeichnung im DXF-Format beabsichtigen. Dieser Zeichnungsimport dient dem Austausch von Informationen zwischen verschiedenen CAD-Systemen. Es ist möglich, Zeichnungen von Architekturbüros oder anderer an der Planung beteiligter Partner einzulesen und fortzuführen, auch wenn diese nicht AutoCAD als CAD-System einsetzen. Das andere CAD-System muß für diesen Zeichnungsaustausch die Fähigkeit zum DXF-Export besitzen, und das ist eigentlich die Mehrzahl der Programme. Selbstverständlich können Sie Ihre Zeichnungen auch im DXF-Format exportieren, da der AutoCAD-Hersteller Autodesk dieses weitverbreitete Format entwickelt hat.

Pit-cup ist in verschiedene Module aufgegliedert, das Modul pit-Menü enthält die Funktionen, welche unter pit-cup immer zur Verfügung stehen und ist also ständig parallel zu einem anderen der folgenden Module präsent. Pit-Bau ist das Modul mit den Funktionen für das Erzeugen von dreidimensionalen Grundrißplänen. Mit diesem Modul zeichnen Sie zum Beispiel Wände, Treppen Türen und Fenster. Die weiteren Module entsprechen den in pit-cup integrierten haustechnischen Gewerken:

— pit-Heizung

— pit-Lüftung

— pit-Sanitär

— pit-Elektro

— pit-Regelung

Dieser konsequent modulare Aufbau von pit-cup ermöglicht ein paralleles Arbeiten verschiedener Büros oder Mitarbeiter an den Gewerken eines Vorhabens. In den nächsten Kapiteln werden die Module pit-Menü, pit-Bau, pit-Heizung, pit-Lüftung und pit-Sanitär näher vorgestellt /4-8 bis 4-11/.

6.3 pit-Menü

Die Funktionen des Moduls pit-Menü stehen Ihnen innerhalb von pit-cup jederzeit zur Verfügung. Zusätzlich zu den gewerkspezifischen Möglichkeiten der anderen Module werden zahlreiche allgemeine Verbesserungen geboten. Die allgemeinen Zusatzfunktionen des Programms pit-cup sind neben bekannten und oft verbesserten AutoCAD-Befehlen in die Pull-Down-Menüs

— POP0

— Datei,

— Zeichnen,

— Ändern,

— Anzeige,

— Layer und

— Allgemein

integriert. POP0 ist das AutoCAD-Cursor-Menü mit Fangoptionen. Es wird über eine vom Typ und der Konfiguration Ihres Zeigegerätes abhängige Taste des Zeigegerätes geöffnet, zum Beispiel mit der mittleren Maustaste.

Es folgt eine Auswahl der wichtigsten allgemeinen Befehle. Eine vollzählige Beschreibung aller Befehle würde den Rahmen dieses Buches sprengen.

6.3.1 Fangoptionen

Die erweiterten pit-cup-Fangoptionen stehen Ihnen im Cursor-Menü oder unter dem Menüpunkt "Zeichnen/Fang/pit-Fang" zur Verfügung (Bild 6-3). Alle vorgestellten pit-cup-Fangoptionen sind nur in Verbindung mit den konventionellen AutoCAD-Befehlen anwendbar. Eine intensive Beschäftigung mit diesen Fangoptionen ist Ihnen aber von Vorteil, da in der Wirkungsweise gleichartige oder sehr ähnliche Optionen auch nützliche Bestandteile vieler pit-cup-Befehle sind. Die Anwendung ist prinzipiell identisch mit den gewohnten AutoCAD-Fangoptionen.

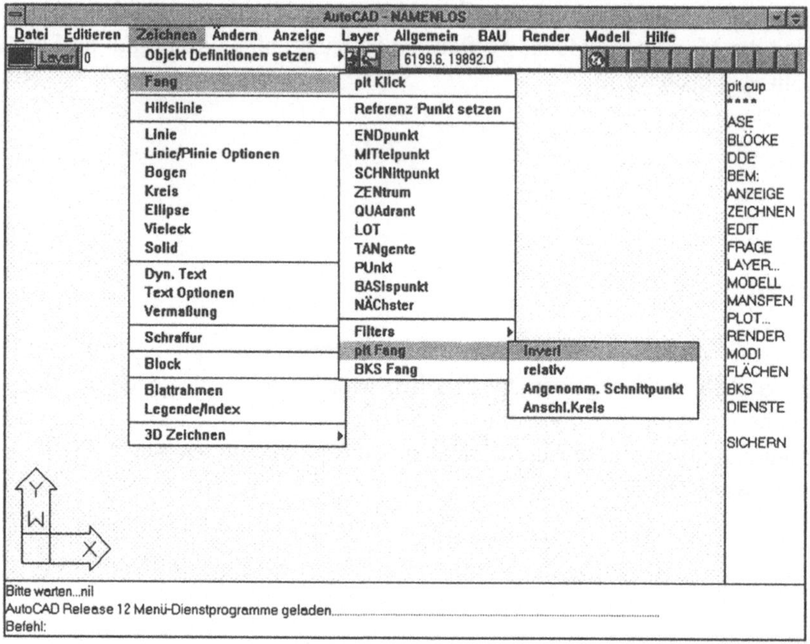

Bild 6-3: Menüpunkt "Zeichnen/Fang/pit-Fang"

Mit der Fangoption **"Inverl"** (in Verlängerung) wird es Ihnen ermöglicht, einen Punkt auf der (gedachten) Verlängerung einer vorhandenen Linie festzulegen und an AutoCAD bei der Konstruktion eines neuen Zeichnungselementes zu übergeben.

Der Anklickpunkt auf der gewählten vorhandenen Linie entscheidet über den Ausgangspunkt und die Richtung der Verlängerung. Als Ausgangspunkt wird der dem Anklickpunkt nächstliegende Endpunkt der Linie verwendet. Die Verbindung vom Ausgangspunkt zum gegenüberliegenden Endpunkt der Linie weist die Richtung. Nach Festlegung des Ausgangspunktes und der Richtung kann durch eine positive oder negative Abstandseingabe durch Eintragen des entsprechenden Zahlenwertes im Dialogfenster der neue Fangpunkt an AutoCAD übergeben werden.

Eine andere Variante bietet die Unteroption "Bezug", dort ist zunächst auf die gleichnamige Schaltfläche des Dialogfensters für die Abstandseingabe zu klicken und dann ein beliebiger Punkt auf der Zeichnung zu wählen. In diesem Fall wird der neue Fangpunkt aus der Verlängerung der Linie in die gewünschte Richtung und dem vom mit "Bezug" festgelegten Punkt gefällten Lot auf die Verlängerung bestimmt. Durch die Eingabe eines

Abstandes kann dieser Punkt noch einmal auf der Verlängerung verschoben werden. Im Bild 6-4 sind die Möglichkeiten dargestellt, die Ihnen mit der Fangoption "Inverl" zur Verfügung stehen, die Startpunkte der Strichlinien wurden mit "Inverl" festgelegt.

Bild 6-4:   Fangoption "Inverl"

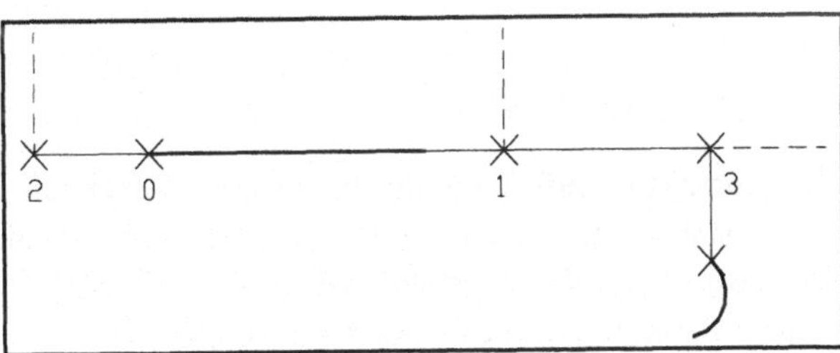

Punkt 0:   Ausgangspunkt

Punkt 1:   Positive Abstandseingabe

Punkt 2:   Negative Abstandseingabe

Punkt 3:   Option "Bezug" (Endpunkt des Bogens als Bezugspunkt gewählt.)

Mit der Option **"Relativ"** kann ein neuer Punkt über die Eingabe eines relativen Abstandes und Winkels zu einem Bezugspunkt angegeben werden. Nach dem Aufruf der Fangoption wird der Bezugspunkt angepickt. Es folgt die Abfrage nach Abstand und Winkel. Die Längen- und Winkelangabe kann durch Eintippen oder durch Eingaben mit dem Zeigegerät vorgenommen werden.

Die Fangoption **"Angenommener Schnittpunkt"** bestimmt den gedachten Schnittpunkt der Verlängerung zweier Linien, dazu sind die beiden Linien anzuklicken. Im Bild 6-5 beginnt die Strichlinie im angenommenen Schnittpunkt der beiden ausgezogenen Linien.

Bild 6-5:   Fangoption "Angenommener Schnittpunkt"

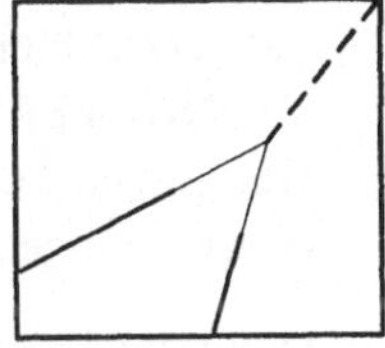

Bei der Anwendung der AutoCAD-Befehle STRECKEN, SCHIEBEN und KOPIEREN in der 3D-Konstruktion kommt es häufig zu Fehlern. So ist zum Beispiel in der Draufsicht nicht zu sehen, daß verschiedene Elemente der Zeichnung abweichende Z-Koordinaten haben. Bei einem Schieben kann dann die neue Z-Koordinate des geschobenen Elementes unbeabsichtigt falsch festgelegt werden. Die Optionen unter **"BKS Fang"** sollen diese Fehler vermeiden helfen, indem die gefangenen Punkte die Z-Koordinate des aktuellen BKS übernehmen. Abgesehen davon entsprechen sie den gleichnamigen

AutoCAD-Punktfangoptionen. Bei Verwendung der Optionen wird kein Fangfenster angezeigt.

6.3.2 Menü "Datei"

"Plotfaktor Info" nimmt Ihnen das Berechnen des Plotfaktors ab, um Zeichnungen maßstabsgerecht zu plotten. Sie müssen im Dialogfenster lediglich den gewünschten Maßstab eingeben und auf den Button "Rechne" klicken. Der einzustellende Plotfaktor wird daraufhin berechnet und angezeigt.

Es ist in pit-cup unter bestimmten Voraussetzungen nicht erforderlich, einen auf Papier vorliegenden Grundriß mit pit-Bau nachzuzeichnen, da in pit-cup gescannte Pläne bearbeitet werden können. Eine gescannte Zeichnung besteht nicht aus Vektoren, wie sie mit CAD-Systemen beim Zeichnen erzeugt werden, sondern aus vielen Rasterpunkten. Für die Verarbeitung dieser Rasterdaten sind spezielle Programme als Erweiterungen für CAD-Systeme erhältlich. Für ein weitverbreitetes dieser Programme, die Software **CAD-DIA ESP**, wurden bei pit-cup die Aktivierung der Funktionen für die Rasterverarbeitung im Menü "Datei" vorbereitet. Ein auf Papier vorliegender Grundriß kann gescannt und beim Einsatz von CAD-DIA ESP im RLC-Format in Ihre pit-cup-Zeichnung importiert und weiterbearbeitet werden.

6.3.3 Menü "Zeichnen"

Die pit-Befehle "Zeige Linientyp" und "Zeige Farbe" aus dem Untermenü "Farbe/Linientyp" des Punktes **"Objekteigenschaften"** informieren Sie über die entsprechenden Objekteigenschaften und erlauben das Festsetzen des aktuellen Linientyps oder der aktuellen Farbe. Die genannten Eigenschaften sollten möglichst immer vom Typ "VONLAYER" sein, um die pit-cup-Layerordnung zu unterstützen. "Zeige Textstil" ermöglicht die Übernahme von Eigenschaften eines vorhandenen Textstiles für weitere Beschriftungen in einer Zeichnung.

Unter dem Menüpunkt **"Fang"** finden Sie die bereits im Kapitel 6.3.1 beschriebenen pit-Fangoptionen.

Mit **"Hilfslinie"** können Sie Hilfslinien erzeugen. Hilfslinien kommen vorgabemäßig auf einem separaten Layer zu liegen. Für das Zeichnen einer Hilfslinie ist die Eingabe von Ausrichtung (Horizontal, Vertikal oder unter einem bestimmten Winkel) und des Mittelpunktes für die Hilfslinie erforderlich. Der Mittelpunkt läßt sich unter Zuhilfenahme der AutoCAD-Fangoptionen oder der bereits beschriebenen pit-cup-Fangoptionen "Relativ" und "in Verlängerung" bestimmen.

Die pit-Befehle unter dem Menüpunkt **"Linie/Plinie Optionen"** haben die folgenden Funktionsmerkmale, bei einigen Befehlen können Sie sich durch die Eingabe von "?" als Befehlsoption ein Hilfsdia anzeigen lassen:

— "Linie von":   Der Linienstartpunkt liegt relativ zu einem gewählten Bezugspunkt.

— "Linie Radius":   Bei einem Linienzug werden die Ecken mit einem festzulegenden Radius abgerundet.

— "Linie Fase":   Bei einem Linienzug werden die Ecken mit einem festzulegenden Abstand abgefast.

— "Linie Bogen":   Es wird ein Linien-Bogen-Zug gezeichnet.

— "pit-Rechteck":   Die Seitenlängen lassen sich über die Tastatur eingeben oder aus der Zeichnung mit dem Zeigegerät abgreifen. Im Gegensatz zum AutoCAD-Rechteck ist die Angabe eines Winkels für die Lage des Rechtecks möglich.

Der unter **"Text Optionen"** befindliche pit-Textbefehl "Text über Def. Kopie" übernimmt die Eigenschaften eines vorhandenen und auszuwählenden Textes (Texthöhe, Drehwinkel und Textstil) für den neu einzugebenden Text. Der Layer für den neuen Text kann vom vorhandenen Text übernommen oder neu festgelegt werden.

Pit-cup bietet Ihnen im Modul pit-Menü komfortable **Vermaßungsfunktionen**. Zusätzlich zur allgemeinen Vermaßung werden innerhalb der Gewerkmodule spezifische Optionen (zum Beispiel für die Bemaßung von Leitungen, Leitungssträngen Heizungen, Sanitärobjekten und Lüftungskanälen) angeboten. Als Bemaßungseinheiten stehen m, cm, mm (Stahl- und Maschinenbau) oder die Kombination m/cm (Baubemaßung) zur Verfügung. Es erfolgt eine automatische Umrechnung der Planungseinheit auf die Vermaßung, zum Beispiel kann die Planungseinheit der Zeichnung Zentimeter sein, vermaßt werden soll aber in Millimeter.

Das Vermaßen kann sowohl im Modell- als auch im Papierbereich vorgenommen werden. Ab der Ausführungsplanung (Maßstab 1:50) sollten Sie wegen der hohen Detaillierung vorzugsweise im Papierbereich bemaßen. Bei der 3D-Konstruktion ist ebenso vorzugsweise im Papierbereich zu bemaßen, um die Zeichnung nicht unübersichtlich werden zu lassen. Die Vermaßung wird vorgabemäßig auf einem separaten Vermaßungslayer abgelegt.

Mit dem pit-Befehl **"Einstellung setzen"** können Sie sehr effektiv die AutoCAD-Bemaßungsvariablen steuern. Nach der Angabe des Maßstabes (der Darstellung im aktuellen Modellbereichsfenster) lassen sich in einem Dialogfenster die Maßlinienbegrenzung und bei Bedarf die durch pit-cup an den Maßstab angepaßten Werte für Texthöhe und Pfeilblockgröße sowie der Textstil ändern.

Um Informationen über eine vorhandene Vermaßung zu erhalten, rufen Sie **"Vermaßung Info"** auf und klicken dann die betreffende Vermaßung an.

Die **"pit-Vermaßung m/cm"** erzeugt eine Baubemaßung unter gleichzeitiger Verwendung der Einheiten Meter und Zentimeter. Alle Maße unter einem Meter werden in Zentimeter, alle darüber in Metern angegeben.

Beispiele: Maß 0,25 m   Bemaßungstext: 25

               Maß 1,25 m   Bemaßungstext: 1,25

Bei der Vermaßung bietet pit-cup verschiedene Optionen zur Gestaltung an:

— Layer für die Bemaßung,

— Änderung der Planungseinheit,

— Wahl der Verlängerung einer Linie oder der Bezug auf einen Startpunkt für den Vermaßungswinkel und

— automatisches Bemaßen von Tür- und Fensterhöhen sowie Brüstungshöhen. Dafür liest pit-cup in der Zeichnung gespeicherte Informationen, welche beim Erstellen dieser Elemente durch das Programm abgelegt werden.

Die Abfolge der Arbeitsschritte für das Vermaßen im Papierbereich wird im folgenden vorgestellt.

1. Wechseln Sie in den Papierbereich, der entsprechende Befehl lautet "Wechseln in PB/MB" und ist im Menü "Anzeige" zu finden. Anschließend können Sie einen Blattrahmen mit dem pit-Befehl "Blatt" (Menü "Zeichnen") einfügen. Richten Sie sich die gewünschten Ansichtsfenster im Papierbereich ein. Für das Anlegen und Verwalten der Ansichtsfenster und die Maßstabsfestlegung stehen Ihnen komfortable pit-Funktionen unter dem Punkt "Ansichtsfenster im PB" im Menü "Anzeige" zur Verfügung.

2. Rufen Sie den pit-Befehl "Einstellung setzen" auf. Geben Sie den Maßstab ein und legen Sie die Art und Größe der Maßlinienbegrenzung und die Größe des Maßtextes fest. Für die Größenangaben können Sie die Vorgaben von pit-cup verwenden. Bitte merken Sie sich die Größenfaktoren.

3. Mit dem pit-Befehl "pit-Vermaßung m/cm" ist die Bemaßung auszuführen.

4. Nach dem Wechseln in ein Ansichtsfenster mit einem anderen Darstellungsmaßstab ist der Befehl "Einstellung setzen" vor dem Bemaßen erneut aufzurufen. Die Größenangaben für die Maßlinienbegrenzung und den Maßtext sollten mit den zuerst gewählten Einstellungen übereinstimmen, um die Bemaßung für die gesamte Zeichnung in einheitlicher Größe auszuführen. Haben Sie sich die Faktoren nicht merken können, nutzen Sie den Befehl "Vermaßung Info".

5. Für nachträgliche Änderungen an Bemaßungen steht Ihnen der Befehl "pitVermaßung Ändern" des Menüs "Ändern" zur Verfügung.

Der Befehl **"pit-Vermaßung mm"** entspricht in der Anwendung "pit-Vermaßung m/cm", als Einheit wird aber immer Millimeter (Stahl- und Maschinenbau) verwendet. Für den Befehl **"pit-Vermaßung"** trifft dieses ebenfalls zu, als Maßeinheit dient die aktuell eingestellte Einheitendefinition.

Eine automatisierte Bemaßung durch selbständiges Erkennen zu bemaßender Bauteilkanten durch pit-cup wird mit den pit-Vermaßungen unter der Menü-Überschrift "Auto" angeboten. Nach der Wahl eines der Befehle **"Auto-pit-Vermaßung m/cm"**, **"Auto-pit-Vermaßung mm"** und **"Auto-pit-Vermaßung"** ist eine wie im Bild 6-6 zu sehende Vermaßungsschnittlinie für die Bestimmung der zu bemaßenden Kanten zu zeichnen. Daraufhin setzt pit-cup an allen gefundenen Kanten Hilfspunkte, welche durch Kontrollkreuze gekennzeichnet werden. Es ist möglich, manuell Punkte hinzuzufügen, zu entfernen und Türen und Fenster für das automatische Bemaßen von Tür- und Fensterhöhen sowie Brüstungshöhen auszuwählen. Die automatisierte Bemaßung kann auch in Zeichnungen aus Fremdsystemen oder bei DXF-Plänen eingesetzt werden.

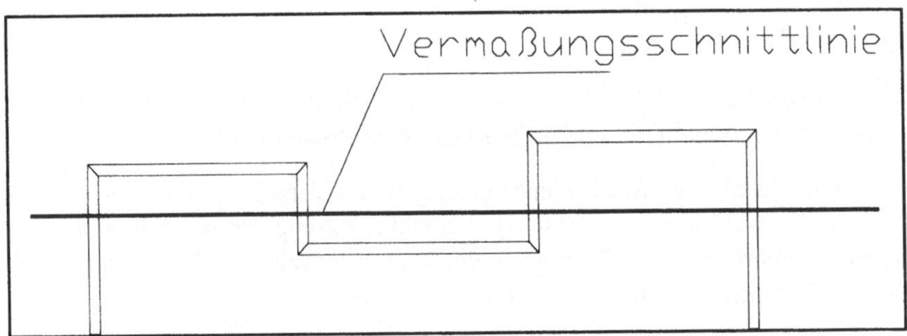

Bild 6-6:   Vermaßungsschnittlinie

Anschließend ist die Position für die Maßkette festzulegen, die Optionen der oben genannten Bemaßungsbefehle stehen ebenfalls zur Verfügung. In Bezug auf die Einheiten entsprechen die Auto-Befehle für die Vermaßung auch den oben beschriebenen Befehlen.

Ein großer Vorteil der CAD-Anwendung ist das gemeinsame Verwalten von grafischen und alphanumerischen (textlichen) Informationen durch die Attributierung von Blöcken. Das Extrahieren und Weiterverwenden von alphanumerischen Informationen, zum Beispiel die Anfertigung von Stücklisten, Bestellformularen oder die Datenübergabe an andere Programme (Berechnung, Datenbanken) wird durch pit-cup gegenüber den von AutoCAD angebotenen Möglichkeiten stark verbessert. Unter dem Menüpunkt **"Block"** sind die entsprechenden pit-Befehle zur Blockauswertung (für einfache Massenermittlungen) zusammengefaßt. Die Blockwahl kann sich, je nach pit-Befehl, auf Layer,

Räume, die Gesamtzeichnung und eine eigene Auswahl beziehen. Als Ausgabeoptionen für die extrahierten Informationen stehen zur Verfügung:

— ASCII-Dateiliste mit Stücklistenkopf für das Ausdrucken,

— ASCII-Datei für das Einlesen in Datenbanken oder Tabellenkalkulationen und

— eine Bildschirmauslistung, diese Liste kann auf der Zeichnung plaziert werden.

Der Befehl **"pit-Blattrahmen"** fügt einen Blattrahmen nach DIN oder mit frei wählbaren Abmaßen in die Zeichnung ein. Im Papierbereich gilt für den Blattrahmen der Maßstab 1:1, im Modellbereich erfolgt eine Anpassung entsprechend der gewählten Planungseinheit. Die Blattrahmen können mit beliebigen Planköpfen versehen werden.

Ebenfalls möglich ist das Einfügen von gewerkspezifische Legenden in die Zeichnung mit dem pit-Befehl **"Legende/Index"**.

6.3.4 Menü "Ändern"

Der pit-Befehl **"Linie verbinden"** dient dem "Heilen" aufgebrochener Linien und dem Verbinden von Linienendpunkten, indem die Lücke geschlossen wird.

Mit **"Kreuzbruch"** bearbeiten Sie Linienkreuzungen zur Verschneidung von Leitungstrassen. Die zuerst angeklickte(n) Trasse(n) betrachtet pit-cup als oben liegend, diese Linien werden aufgebrochen. Auf Wunsch wird automatisch ein Durchgangssymbol eingefügt (Bild 6-7, linker Bruch ohne Symbol).

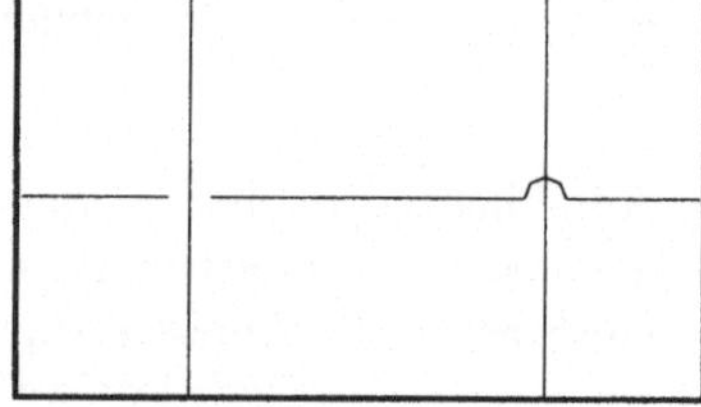

Bild 6-7:   Kreuzbruch

Mit **"pitVermaßung Ändern"** nehmen Sie Veränderungen, zum Beispiel die Darstellung des Maßtextes oder die Maßeinheit betreffend, an bestehenden Bemaßungen vor.

Die gewünschten Ergebnisse durch die Anwendung der weiteren Änderungsbefehle sind auch durch die normalen AutoCAD-Befehle erreichbar. Durch pit-cup werden aber zahlreiche Verbesserungen angeboten. Zum Beispiel ist die Übernahme von Objekteigenschaften durch Anklicken von Zeichnungselementen möglich. Weiterhin lassen sich beliebig viele Elemente für eine Veränderung auswählen, während der entsprechende AutoCAD-Befehl nur die Auswahl eines Elementes zuläßt.

6.3.5 Menü "Anzeige"

Der Befehl **"Zoom Raum"** zoomt einen Raum auf die größtmögliche Darstellung durch Anklicken der Raumbegrenzung für das schnelle Finden von Räumen bei nötigen Änderungen. Bei **"Zoom Raum über Punkt"** ist auf einen Punkt im Raum zu klicken. Dieser Befehl vereinfacht die Zeichnungskontrolle nach dem Verlegen von Leitungen durch die Möglichkeit, Räume sehr effektiv und komfortabel zu durchwandern. Beide Befehle erleichtern das Ändern von Plänen und die Orientierung im Gebäude besonders bei größeren Plänen.

Unter dem Punkt **"Ansichtsfenster im PB"** sind die von AutoCAD bekannten Funktionen für das Anlegen und Verwalten der Ansichtsfenster im Papierbereich untergebracht. Den Maßstab der Darstellung in einem Ansichtsfenster des Papierbereichs legen Sie mit dem pit-Befehl "Modellfenster Maßstab" fest. Dazu ist in das gewünschte Fenster zu wechseln und der Befehl aufzurufen. Der Maßstab wird abgefragt und dann die Darstellung entsprechend gezoomt. Mit dem AutoCAD-Befehl PAN können Sie den Bereich noch verschieben. Anschließende Zoom-Operationen führen zu einer nicht mehr dem gewählten Maßstab entsprechenden Darstellung!

Vertikale assoziative Schnitte oder Ansichten erzeugen Sie mit dem pit-Befehl **"Ansicht/Schnitt definieren"** unter dem Menüpunkt "Sichtoptionen". Gehen Sie dazu folgendermaßen vor:

1. Ausgangsansicht sollte eine Draufsicht im Papierbereich sein.

2. Rufen Sie den Befehl auf. Sie werden nach der Schnitt- oder Ansichtsachse gefragt. Diese wird durch zwei Punkte definiert. Anschließend legen Sie die Sichttiefe und Richtung durch Anklicken eines dritten Punktes fest.

3. Sie können wählen, ob Sie eine Schnittbeschriftung wünschen oder nicht. Falls ja, ist der Linientyp für die Schnittlinie, der Text und die Texthöhe sowie -position zu bestimmen.

Das Erzeugen von Schnitten im Modellbereich ist zu vermeiden, da Teile der Zeichnung ausgeblendet werden. Ist Ihnen dieser Fehler unterlaufen, schalten Sie mit dem AutoCAD-Befehl DANSICHT (Option Schnitt Aus) die Schnittdarstellung wieder aus.

Der pit-Befehl **"Perspektive definieren"** beinhaltet das Umschalten in eine perspektivische Darstellung, optional kann diese Darstellung ohne verdeckte Kanten und als Shade-Bild als Dia-Datei abgespeichert werden.

6.3.6 Menü "Layer"

Mit den pit-Layerbefehlen wird der Umgang mit Layern vereinfacht, statt über das Dialogfenster bzw. die Tastatureingaben für die AutoCAD-Layersteuerung wählen Sie die Layer durch das Anklicken von Objekten aus und können mehrere Layer zu einer Gruppe zusammenfassen. In der Wirkung (zum Beispiel Frieren, Tauen, Ein, Aus etc.) entsprechen die pit-Layerbefehle den AutoCAD-Befehlen.

Mit dem pit-Befehl **"Layer Löschen"** können Sie alle **Zeichnungselemente** auf dem gewählten Layer löschen! Für das Entfernen überflüssiger Layer sind der AutoCAD-Befehl BEREINIG unmittelbar nach dem Öffnen einer Zeichnung oder der pit-Befehl "Bereinigt sichern" (Menü "Datei") zuständig. Der pit-Befehl entspricht in der Wirkung dem AutoCAD-Befehl. Jedoch kann er zu jedem Zeitpunkt aufgerufen werden, da er die Schritte Zeichnung sichern, sofort wieder öffnen und bereinigen zusammenfaßt.

Die pit-Befehle im Untermenü **"Modellfenster Layer"** arbeiten wie die oben beschriebenen Layerbefehle, jedoch gelten die Einstellungen nur für das aktuelle Ansichtsfenster des Papierbereichs. Dadurch kann eine unterschiedliche Darstellung in unterschiedlichen Ansichtsfenstern erzeugt werden.

Mit dem pit-Befehl **"3D Sichtbar"** werden alle Layer mit dreidimensionalen Elementen ausgeschaltet und die anderen Layer eingeschaltet. Analog verfährt der pit-Befehl **"2D Sichtbar"** mit den Layern für die zweidimensionalen Zeichnungsinformationen.

"Layer konvertieren" dient der Strukturierung von Informationen einer Zeichnung nach Bauherrenwunsch oder für den Austausch von Zeichnungen mit einem System, das eine andere Layerordnung (Namen, Farben und Linientypen der Layer) aufweist. Entweder paßt man eine pit-cup-Zeichnung an die Layerordnung eines anderen Systems an oder konvertiert die Layer einer Fremdzeichnung beim Import.

Für die Konvertierung sind Tabellen erforderlich, in denen die zur Konvertierung nötigen Informationen gespeichert sind. Das Anlegen dieser Tabellen ist mit der Option "Konvertiertabelle erzeugen" möglich, sollte aber die Aufgabe eines Systembetreuers oder einer mit pit-cup und Fremdsystem erfahrenen Person sein.

Pit-cup setzt für eine fehlerfreie Funktionsweise voraus, daß alle Zeichnungsinformationen auf den für sie vorgesehenen Layern liegen!

Zum Beispiel können Sanitärgegenstände nur dann sicher von pit-cup als solche erkannt werden, wenn sie sich auch auf den Layern für Sanitärgegenstände befinden. Deshalb sollte die Layerordnung nicht durch Sie verändert werden. Die Layerkonvertierung ist aus diesem Grund mit einem Paßwort geschützt, das nur dem Systembetreuer bekannt sein sollte. Außerdem ist eine Zeichnung vor dem Konvertieren unter einem anderen Namen abzuspeichern, um sie weiterbearbeiten zu können. Eine Rückkonvertierung erfordert auch eine Tabelle für das "Zurückübersetzen"! Beachtet werden muß bei einem Zurückübersetzen auch ein eventuelles Zusammenfassen von Layern oder Strukturen im Fremdsystem.

Eine weitere Anwendungsmöglichkeit des Befehls "Layer konvertieren" ist das Anlegen einer Layertabelle für Dokumentationszwecke. Diese Dokumentation wird von vielen Bauherren gefordert.

6.3.7 Menü "Allgemein"

Die oberen Befehle im Menü "Allgemein" dienen dem Umschalten zwischen den pit-cup-Modulen durch den Aufruf des jeweiligen gewerkspezifischen Menüs. Dabei bleiben die bisher beschriebenen Funktionen von pit-Menü verfügbar.

Außerdem läßt sich das AutoCAD-Menü aufrufen. Zum pit-Menü kehren Sie mit dem AutoCAD-Befehl MENÜ zurück. Als Menüdatei ist dann PITCUP.MNU aus dem Verzeichnis "C:\PIT_CAD\12\WIN.400\ACAD" oder "C:\PIT_CAD\12\DOS\ACAD" zu wählen.

Der pit-Befehl **"Summe Linie/Bogen"** unter dem Menüpunkt "Abfragen" ermittelt die Gesamtlänge aller Linien und Bögen auf einem auszuwählenden Layer, zum Beispiel für die Berechnung von Leitungslängen für einfache Kalkulationszwecke. Das Ergebnis wird in Metern ausgegeben.

Alle anderen Menüpunkte repräsentieren die gleichnamigen AutoCAD-Befehle.

6.4 Das Modul pit-Bau

Das Modul pit-Bau ist nicht als Architekturmodul aufzufassen, sondern dient eher dem schnellen Nachzeichnen von bereits entworfenen Gebäuden als vom Architekten vorgegebene Hüllen für die noch zu planenden haustechnischen Anlagen. Eine ideale Applikation für die haustechnische Planung benötigt keine eigenen Funktionalitäten für Baugewerke, sondern bietet eine universale Schnittstelle zum Austausch von Zeichnungsinformationen mit beliebigen Architekturanwendungen. Die Hersteller von pit-cup arbeiten mit großem Enthusiasmus, auch in den entsprechenden Gremien, mit an der Definition einer systemneutralen Schnittstelle für den Datentransfer zwischen Architekten und Haustechnikern. Ansätze für die Lösung des Problems Datenaustausch sind bereits in der jetzigen pit-cup-Version zum Beispiel durch die Layerkonvertierung und die mögliche Importierung von Rasterdaten implementiert.

Alle Bauteile werden sofort dreidimensional erstellt. Durch dieses Verfahren entstehen natürlich keine reinen Grundrißzeichnungen. Jedoch sind Befehle vorhanden, um aus der dreidimensionalen Darstellung zweidimensionale Grundrisse, auch mit Schraffuren, für die Ausgabe zu entwickeln. Eine andere Möglichkeit bietet die bereits im Kapitel 6.3.6 besprochene Layersteuerung durch Ausschalten der 3D-Layer.

Pit-Bau bietet Ihnen unter anderem die zwei folgenden Vorteile:

— Standardmäßige dreidimensionale Darstellungen für Schnittgenerierungen, zum Beispiel auch dann, falls der Architekt bereits einen dreidimensionalen Plan erzeugt hat.

— Einfaches Ändern eines Architektenplanes bei nachträglichen Veränderungen des bereits übergebenen Planes durch schnelles Nachführen des Inhaltes in pit-cup mit den pit-Bau-Befehlen.

Die Definition der Maße im Baumodul wie Wand- und Geschoßhöhen folgt den allgemeinen Gepflogenheiten im Bauzeichnen. Das Nullniveau bezieht sich auf die Oberkante Rohfußboden des Erdgeschoßes eines Gebäudes, auch Brüstungshöhen gelten ab Oberkante Rohfußboden usw.

6.4.1 Start und Aufbau von pit-bau

Standardmäßig sind beim Anlegen einer neuen Zeichnung das Modul pit-Bau aktiviert und die entsprechenden Menüfunktionen nutzbar. Aus den anderen Modulen wechseln Sie durch Anklicken des Punktes "pit Bau" im Menü "Allgemein" zu pit-Bau.

Zunächst ist das Pull-Down-Menü "BAU" Hauptmenü verfügbar.

Mit dem pit-Befehl **"Einheitsmaßstab"** kann der aktuelle Planmaßstab geändert werden. Der Planmaßstab legt die Einheit für die einzugebenden Maße fest. Wählbar sind Meter, Zentimeter und Millimeter.

Die pit-Befehle unter dem Menüpunkt **"Gesamt Modell"** sind anzuwenden, um die einzelnen Etagenzeichnungen zu einer Zeichnung zusammenzufügen. Es werden Referenzpunkte für das deckungsgleiche Einsetzen der Einzelzeichnungen festgelegt. Erforderlich ist dieser Befehl zum Beispiel, um aus den Zeichnungen für die einzelnen Geschoße eines Gebäudes die Gesamtzeichnung für das Erzeugen eines vertikalen Schnittes zusammenzusetzen.

1. Mit dem Befehl "Ref BLK setzen" (Referenzblock setzen) sind in den Etagenzeichnungen Referenzblöcke (Bild 6-8) einzufügen. Diese Referenzblöcke erhalten eine absolute Höhe (Erdgeschoß 0, erstes Obergeschoß zum Beispiel 300 cm) und sind an einem markanten Punkt, der in allen Etagen deckungsgleich übereinanderliegt (Gebäudeecke) abzulegen.

2. "Ref BLK ändern" erlaubt bei Notwendigkeit die Veränderung der dem Referenzblock zugeordneten absoluten Höhe.

3. "Gesamt DWG def." steht für Gesamtzeichnung definieren und setzt die Einzelzeichnungen zusammen. In einem Dialogfenster sind die erforderlichen Eingaben zusammengefaßt:

   — "Projekt laden" dient dem Auswählen eines vorhandenen Projektes.

   — "Projekt speichern" legt ein neues Projekt an, Sie müssen einen Namen vergeben.

   — Nach dem Anklicken des Buttons "Gesamtzeichnung" läßt sich ein Name für die Gesamtzeichnung vergeben. Diese Eingabe ist unbedingt erforderlich, sonst kann pit-cup die neue Gesamtzeichnung nicht abspeichern.

   — In den Feldern Projektnummer, Projektname, Gebäudebezeichnung und Gebäudenummer lassen sich diese Daten eingeben.

— Durch Anklicken von "DWG suchen" öffnen Sie ein weiteres Dialogfenster für das Auswählen der Zeichnungsdateien mit den Etagenzeichnungen. Es ist auch möglich, Zeichnungen unterschiedlichen Maßstabes zusammenzusetzen, dazu sind Skalierfaktoren festzulegen.

— Sind alle gewünschten Einzelzeichnungen in der Tabelle zusammengefaßt, kann die Gesamtzeichnung erstellt werden.

Bild 6-8:   Hausecke mit Referenzblock

Der Menüpunkt "BAU Grundriß" öffnet das eigentliche Baumodul. Nach dem Anklicken des Menüpunktes öffnet sich das Dialogfenster "Status" (Bild 6-9) für die Eingabe der Parameter für die dreidimensionale Modellierung und allgemeiner Projektangaben.

Bild 6-9:   Dialogfenster "Status"

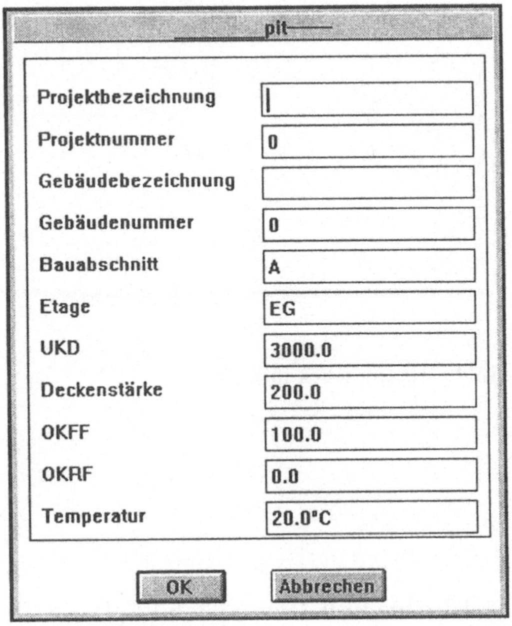

Die Angaben bezüglich der Höhen für die Etage sind also gleich zu Beginn einer Zeichnung zu treffen. Mit dem pit-Befehl **"Status Neu setzen"** aus dem Menü "pit BAU" können Sie das Dialogfenster erneut öffnen, um die Parameter zu verändern.

Die Funktionen des Baumoduls sind in den beiden Pull-Down-Menüs "pit BAU" und "Bauteile" untergebracht. Außerdem wird Ihnen mit **pit-Klick** eine grafisches Menü geboten (Bild 6-10). Dieses Menü rufen Sie über das Cursor-Menü, durch die Tastenkombination <Strg>-Rechte Maustaste oder unter dem Punkt "Fang" im Menü "Zeichnen" auf. Alle wichtigen Befehle werden durch die Grafik repräsentiert, das Anklicken des Fensters zum Beispiel führt zum Einfügen eines Fensters. Pit-Klick steht für alle weiteren Gewerke, jeweils in der Variante Schema und Grundriß, zur Verfügung.

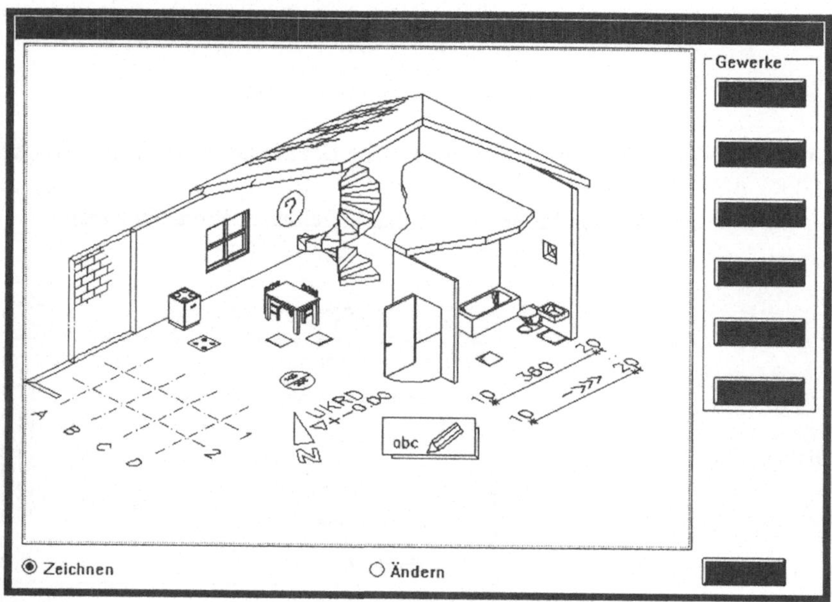

Bild 6-10: pit-Klick für Bau

6.4.2 Das Pull-Down-Menü "pit BAU"

Das Pull-Down-Menü "pit BAU" enthält unter dem Punkt **"Status"** die Befehl für das Neusetzen der zu Beginn abgefragten Parameter und für das Festlegen von Texthöhe und Textstil. Mit "pit anpassen" können Sie zum Beispiel mehrere Symbole für die Einrichtung von Räumen zu einer Gruppe zusammenfassen, mit dem Befehl "Symbol

Gruppe" werden diese Gruppen für das Einfügen ausgewählt. Im Prinzip ist die Wirkungsweise mit der AutoCAD-Blocktechnik identisch.

Der pit-Befehl **"Fadenkreuz Winkel"** dreht das Cursor-Fadenkreuz um den angegeben Winkel. Für die Winkeleingabe sind Werteeingaben oder das Übernehmen des Winkels eines Zeichnungselementes möglich. Wurde das Fadenkreuz gedreht, stellt der Befehl "Fadenkreuz 0 Grad" das Fadenkreuz wieder zurück.

Ein Bauraster zeichnen Sie mit dem Befehl **"Bauraster"**, die nötigen Einstellungen können in einem Dialogfenster vorgenommen werden.

Aus dem Menübereich **"Einrichtung"** lassen sich Symbole für Einrichtungsgegenstände wie Möbel, Elektroherde und Sanitärgegenstände zum Einfügen in die Zeichnung auswählen. Die Elektro- und Sanitärsymbole sind für Anwender gedacht, die nicht in diesen Gewerken arbeiten, aber die entsprechenden Einrichtungen eventuell zeichnen müssen. Die Symbole werden zweidimensional erzeugt, mit "Einrichtung 2D→3D" können sie hochgezogen werden. Der Befehl "Einrichtung Kopie" fügt die Kopie (mit gleichen Werten für die Abmessungen) eines anzuklickenden vorhandenen Symbols ein. "Einrichtung 2D ändern" erlaubt das nachträgliche Verändern der Abmessungen eines Einrichtungsgegenstandes.

Der pit-Befehl **"Symbole"** öffnet ein Dialogfenster mit verschiedenen Symbolen für Bauzeichnungen (Höhenangaben und Nordpfeile). Die Höhenangaben werden automatisch in der Planungseinheit vorgenommen.

"Bautext" dient dem Beschriften der Zeichnung. Dabei wird ein separater Layer für den Baubeschriftungen verwendet, um diese Texte unabhängig von den weiteren Texten ein- und ausblenden zu können.

6.4.3 Pull-Down-Menü "Bauteile"

6.4.3.1 Bauteile

Der pit-Befehl **"Bauteil Info"** zeigt die Informationen von quaderförmigen Bauteilen an (Breite, Niveau und Höhe) und erlaubt das Setzen der Informationen als neue Vorgabewerte.

Mit dem pit-Befehl **"Bauteil"** ist es auf einfache Weise möglich, Bauteilzüge, Rundbauteile und freie Bauteile dialogorientiert zu konstruieren. Nach dem Aktivieren von Bauteil erscheint das im Bild 6-11 dargestellte Dialogfenster.

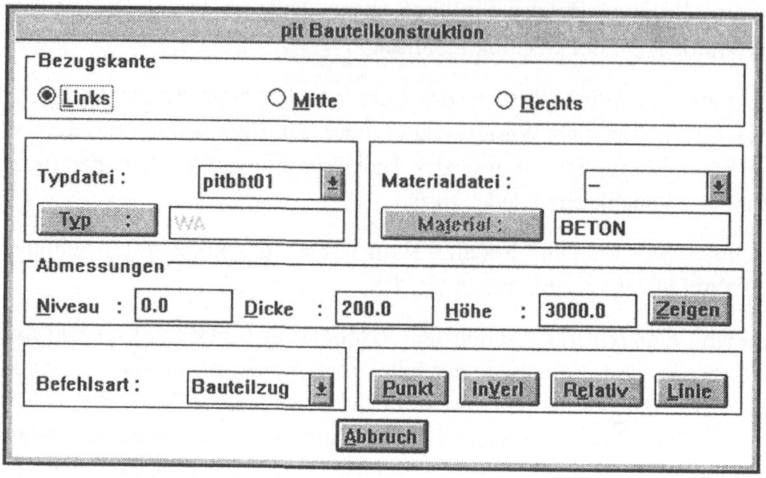

Bild 6-11: Dialogfenster "Bauteil"

Zunächst werden die Parameter des Dialogfensters "Status" angezeigt, diese Voreinstellungen können verändert werden.

Als **Bezugskante** der Konstruktion kann die linke oder rechte Kante des Bauteils oder die Bauteilmitte gewählt werden. Ausschlaggebend für die Links/Rechts-Orientierung ist die Konstruktionsrichtung. Die Angaben im Bereich **Typdatei** legen den Bauteiltyp fest. Ist statt einer Typdatei wie PITBT01, die Vorgaben enthält, die Option "FREI" eingestellt, sind beliebige Eingaben für den Bauteiltyp möglich. Die Angaben im Bereich **Materialdatei** legen das Material fest. Ist statt einer Typdatei wie WABETON, die Vorgaben enthält, die Option "FREI" eingestellt, sind beliebige Eingaben für das Material möglich. In der Tabelle 6-1 sind Beispiele für Typ- und Materialvorgaben zusammengefaßt.

Tabelle 6-1:   Vorgaben für Bauteil- und Materialtypen

Bauteiltyp	Kurzzeichen	Material	Vorgabelayer
Wand außen	WA	Beton	3A_WA-BETON
Wand innen	WI	HBL	3A_WI-HBL
Sparren	SP	Holz	3A-SP-HOLZ

Im Feld **Abmessungen** sind die Angaben für Niveau, Dicke und Höhe des Bauteils einzutragen. Mit dem Button "Zeigen" werden die Werte eines bereits vorhandenen Bauteils übernommen. Die **Befehlsart** legt die Art des Bauteils fest, die Bauteilarten werden nach Behandlung der Startoptionen behandelt.

Nachdem die Eingaben abgeschlossen sind, kann das Zeichnen des Bauteils über die Startoptionen "Punkt", "in Verlängerung", "Relativ" oder "Linie" gestartet werden. Ist für das Bauteil noch kein Layer festgelegt, wird dieser entsprechend des Bauteils und des Materials gesetzt oder erzeugt. Bei neuen Layern wird nach der Farbe gefragt.

Die Optionen "in Verlängerung" und "Relativ" entsprechen den im Kapitel 6.3.1 erläuterten pit-Fangoptionen. Die weiteren Optionen arbeiten folgendermaßen:

— "Punkt:" Der Anfangspunkt wird mit Hilfe des Fadenkreuzes plaziert, es können die Fangoptionen von AutoCAD genutzt werden.

— "Linie:" Das Bauteil wird aus einer vorhandenen Linie oder einem vorhandenen Kreisbogen erzeugt. Dabei wird die eingestellte Art von Bezugskante berücksichtigt. Die Richtung des Bauteils wird zunächst von pit-cup festgelegt, kann aber geändert werden. *Die Option "Linie" ist nur sinnvoll bei Bauteilzügen!*

Es folgt die Erläuterung der möglichen Festlegungen für die Art des Bauteils im Feld Befehlsart:

"Bauteilzug" ist für regelmäßige Wände wie in Bild 6-12 ohne Dickenänderung geeignet. Die Bauteile sind in einem Zug zu konstruieren, es werden die jeweiligen Anfangs- und Endpunkte abgefragt. Soll sich Wanddicke im Verlauf ändern, ist der Bauteilzug zu beenden und ein neuer (mit geänderter Dickenangabe) am Ende des alten Zuges zu beginnen. Die Höhe innerhalb eines Bauteilzuges läßt sich für unterschiedliche Wandhöhen innerhalb eines Geschoßes ändern. Wird die Eingabetaste betätigt, kann der Befehl mit den Optionen im folgenden Dialogfenster fortgesetzt werden oder beendet werden.

Die möglichen Optionen sind:

— "in Verlängerung": Diese Option wurde bereits im Kapitel 6.3.1 erläutert.

— "Relativ": Diese Option wurde bereits im Kapitel 6.3.1 erläutert.

— "Schließen": Der letzte Punkt wird mit dem Startpunkt verbunden, es entstehen geschlossene Räume.

— "Eck ausbilden": Es ist auf eine vorhandene Wand zu zeigen, die aktuelle Wand wird verlängert oder verkürzt, daß eine Ecke entsteht.

— "Linie": Diese Option entspricht der oben beschriebenen Startoption.

— "Ende": Der Bauteilzug wird beendet.

Bild 6-12: Bauteilzug in Perspektive

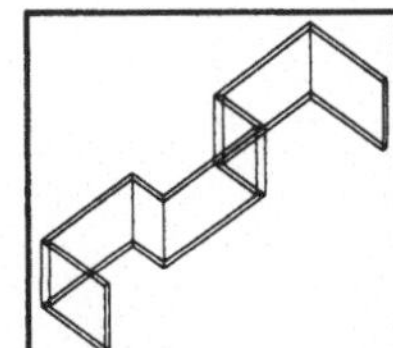

Die Befehlsart **"Rundbauteil"** ermöglicht die Konstruktion von Stützen (Bild 6-13). Der untere Durchmesser des Bauteils ist in das Feld "Dicke" einzutragen. Nach dem Anklicken einer der oben beschriebenen Startoptionen ist der Mittelpunkt des Bauteils anzuklicken. Es folgt die Frage nach Vergrößern oder Verkleinern des Bauteilendes. Wird die Abfrage mit "JA" bestätigt, ist es möglich, über Eingabe eines Faktors den oberen Durchmesser zu verändern. Bei einem Faktor kleiner als 1 verjüngt sich das Bauteil, bei größer als 1 nimmt der Durchmesser zu.

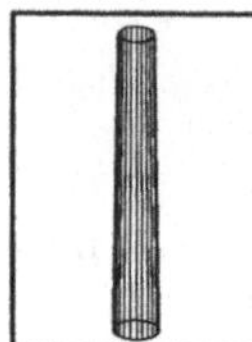

Bild 6-13: Rundbauteil

Mit der Befehlsart **"Bauteil Frei"** können dreidimensionale freie Bauteile wie Fundamente und Einzelbauteile (Bild 6-14) konstruiert werden. Dabei wird die Bodenfläche des Bauteils über anzuklickende Punkte festgelegt. Bei der Punktauswahl sind die AutoCAD-Fangoptionen anwendbar.

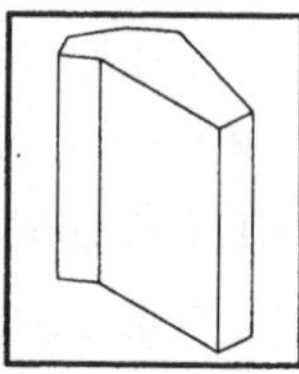

Bild 6-14: Freies Bauteil

Änderungen an bestehenden quaderförmigen Bauteilen werden mit dem Befehl **"Bauteil Ändern"** vorgenommen. Durch diesen pit-Befehl wird die normalerweise sehr komplexe Editierung dreidimensionaler Zeichnungselemente stark vereinfacht. Für jede Änderungsoption steht im Dialogfenster des Befehls "Bauteil Ändern" (Bild 6-15) ein Hilfsdia als Erläuterung zur Verfügung. Durch Anklicken von "Ausführen" wird der Befehl mit der gewählten Option gestartet.

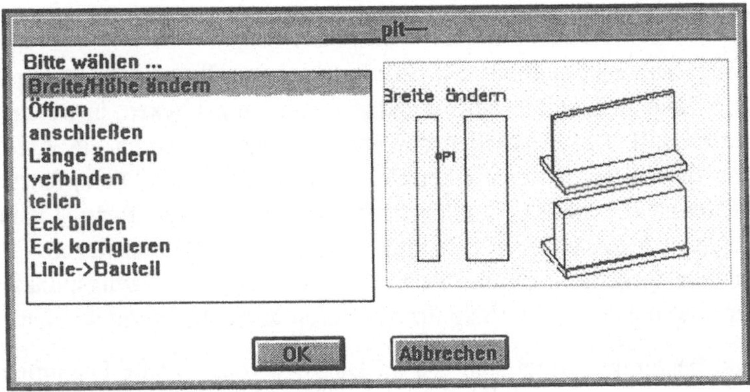

Bild 6-15: Dialogfenster "Bauteil Ändern"

Die Option des pit-Befehls "Bauteil Ändern" ermöglichen im einzelnen:

— "Breite/Höhe ändern":   Die Dicke von Wänden und die Höhe eines Bauteils sind veränderbar.

— "Öffnen":   Aus Rechteckbauteilen läßt sich ein Bereich ausschneiden.

— "Anschließen":   Durch Verkürzen oder Verlängern wird zwischen zwei Bauteilen ein Anschluß hergestellt.

— "Länge ändern":   Ein Bauteil wird verkürzt oder verlängert.

— "Verbinden":   Zwei Bauteile werden zu einem Bauteil vereinigt.

— "Teilen":   Ein Bauteil läßt sich durchschneiden.

— "Eck bilden":   Zwei Bauteile werden durch Ausbildung einer Ecke verbunden.

— "Eck korrigieren":   Bauteilstirnseiten, welche nicht rechtwinklig sind, lassen sich entsprechend berichtigen.

— "Linie→Bauteil":   Eine vorhandene Linie wird in ein dreidimensionales Bauteil umgewandelt.

Der pit-Befehl **"2D Schraffur"** legt automatisch Schraffuren für Bauteile entsprechend der Materialart an. Die Bauteile können einzeln oder durch Layerwahl ausgewählt werden. Die für die Schraffur gültige Schnittebenenhöhe kann von Ihnen festgelegt werden.

Mit **"2D Schnitt"** erzeugen Sie Grundrißschnitte. Informationen der dreidimensionalen Darstellung, die nicht in eine reine Grundrißdarstellung gehören, werden entfernt. Es können einzelne Bauteile, alle Bauteile auf einem zu wählenden Layer oder alle dreidimensionalen Bauteile geschnitten werden.

6.4.3.2 Türen, Fenster und Durchbrüche

Der Befehl **"Türen"** fügt Türen in Bauteile ein. In pit-cup stehen Ihnen alle gängigen Türtypen zur Verfügung. Nach dem Befehlsaufruf ist das Bauteil anzuklicken, in welches die Tür eingesetzt werden soll. Das Anklicken des Bauteils legt den durch ein Kreuz gekennzeichneten Bezugspunkt fest. Ist dieser korrekt, wird im folgenden Dialogfenster nur noch eine Abstandseingabe benötigt. Durch Klicken auf den Button "Bezug" kann ein neuer Bezugspunkt festgelegt werden, dieser muß nicht auf dem Bauteil liegen. Pit-cup führt automatisch eine Projektion durch. Nach dem Festlegen des Bezugspunktes kann noch ein positiver oder negativer Zuschlag für den Türanfang eingegeben werden.

Ist der Türanfangspunkt bestimmt, öffnet sich das im Bild 6-16 dargestellte Dialogfenster.

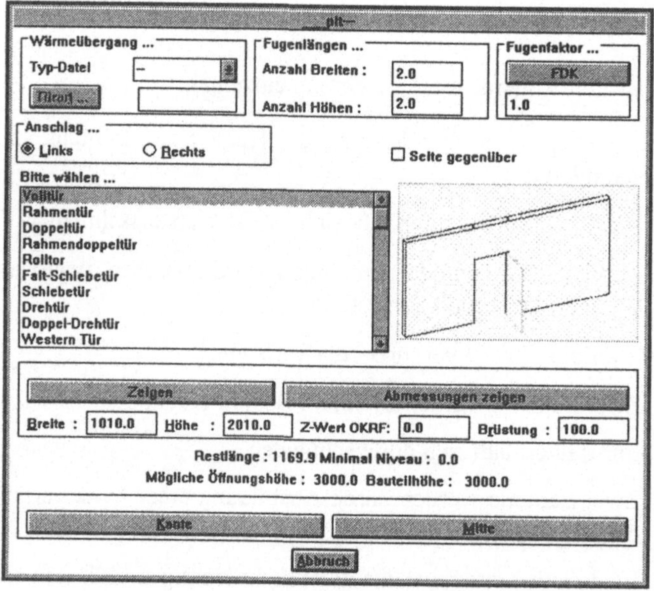

Bild 6-16: Dialogfenster "Tür"

Die folgenden Einstellungen lassen sich hier vornehmen:

— "Wärmeübergang":   Es kann eine Typdatei ausgewählt werden, aus dieser Datei ist dann die Tür mit dem gewünschten k-Wert unter Türart einzustellen. Die zu vergebenden k-Werte sind für Weitergabe an Berechnungsprogramme gedacht.

— "Fugenlängen und FDK":   Dort sind die Anzahl der Fugen für die Breiten und Höhen der Tür zur späteren Berechnung des Wärmebedarfs und der Fugendurchlaßkoeffizient FDK einzugeben.

— "Anschlag":   Die Seite des Anschlages, vom Bezugspunkt her gesehen,
                                  ist einstellbar.

— "Seite gegenüber":   Die Tür sich öffnet immer zu der Seite, an der das Bau-
                                  teils angeklickt wurde. Wird der Punkt "Seite gegenüber"
                                  aktiviert, öffnet sie sich zur anderen Seite.

— "Türtyp":   Wählen Sie die gewünschte Tür aus. Dabei wird ein pas-
                                  sendes Dia angezeigt.

Die übrigen Felder erlauben die Einstellung der Türmaße, durch "Zeigen" können diese
Werte aus der Zeichnung durch Anklicken einer vorhandenen Tür übernommen werden.
"Abmessungen zeigen" fordert zum Anklicken von Punkten für die Angabe von Breite,
Höhe und Niveau auf.

Durch Anklicken von "Kante" oder "Mitte" werden die Einstellungen bestätigt und die
Tür eingefügt. Je nach angeklickter Option bezieht sich der festgelegte Türanfangspunkt
auf den Anschlag oder die Mitte der Tür.

Der Befehl **"Fenster"** ist dem Befehl "Tür" ähnlich. Die Unterschiede bestehen darin,
daß für Fenster noch die Brüstungshöhen anzugeben ist und mehrere Fenster übereinan-
der (Oberlichter) eingefügt werden können. Bei übereinanderliegenden Fenstern ist das
größere Fenster zuerst zu konstruieren. Weiterhin lassen sich mehrere Fenster gleichzeitig in ein Bauteil einsetzen. Dafür ist die Angabe des Abstandes zwischen den Fenstern
erforderlich.

Der pit-Befehl **"k-Zahl Ändern"** dient dem nachträglichen Verändern der beim Konstruieren von Türen und Fenstern vergebenen k-Zahlen.

Der Menüpunkt **"Durchbrüche"** unterteilt sich in die Befehle:

— "Durchbruch":   Das Vorgehen beim Konstruieren von Durchbrüchen
                                  ist dem Konstruieren von Türen und Fenstern sehr
                                  ähnlich. Abweichungen ergeben sich aus der natürli-
                                  cherweise fehlenden k-Zahl-Zuordnnung, der Mög-
                                  lichkeit des Einfügens von zweidimensional darge-
                                  stellten Durchbrüchen (an beliebiger Stelle, auch frei
                                  im Raum) und der erforderlichen Höhenlagendefini-
                                  tion. Bei der Höhenlagendefinition ist das Niveau des
                                  Bezuges festzulegen (Ober- oder Unterkante, Achse
                                  des Durchbruchs) und der Abstand vom gewählten
                                  Niveau (Oberkante Roh- oder Fertigfußboden, Unter-
                                  kante Decke). Bei einem Abstand von Unterkante
                                  Decke ist ein negativer Wert einzugeben. Die mit
                                  "Status" festgelegten Parameter werden Ihnen auch
                                  angezeigt und können geändert werden. Bei der Ak-
                                  tivierung des Punktes "Bemaßung" wird der Durch-

	bruch beim Einfügen bemaßt. Die Bemaßung kann auch später erfolgen. Durch die Eingabe von Anzahl und Abstand ist es möglich, mehrere Durchbrüche gleichzeitig einzufügen. Ein Hilfebild bietet bei der Definition von Durchbrüchen Unterstützung.
— "Durchbruch 2D→3D":	Zweidimensional dargestellte Durchbrüche werden in dreidimensionale Durchbrüche umgewandelt. Dabei können einzelne Durchbrüche oder alle Durchbrüche auf einem Layer gleichzeitig bemaßt werden.
— "Durchbruch 2D Ändern":	Die geometrischen Werte eines zweidimensionalen Durchbruchs sind veränderbar.
— "Durchbruch Bemaßen":	Mit diesem Befehl werden Durchbrüche nachträglich bemaßt. Dabei können einzelne Durchbrüche oder alle Durchbrüche auf einem Layer gleichzeitig gewählt werden.

6.4.3.3 Treppen und Dächer

Das Zeichnen von **Treppen** ist mit dem gleichnamigen pit-Befehl möglich. Es werden zwei Treppentypen angeboten, die einläufige gerade Treppe und die Wendeltreppe. Aus diesen beiden Varianten lassen sich weitere Typen zusammensetzen. Die Abhängigkeit zwischen Steigung und Auftritt wird durch die Formel:

$$2 \text{ Steigungen} + 1 \text{ Auftritt} = 63 \text{ cm}$$

beschrieben. Im Dialogfenster "Treppe" sind die Treppenabmaße einzustellen, durch Anklicken der bereits im Kapitel 6.1.3 beschriebenen pit-Fangoptionen oder die Option "Punkt" (Einsatz der AutoCAD-Fangoptionen) wird das Plazieren der Treppe gestartet. Erforderliche Podeste können mit dem Befehl "Bauteil Frei" erzeugt werden.

Der Treppenbefehl ist sehr einfach einzusetzen, die angebotenen Funktionalitäten reichen für die Einsatzgebiete des Systems pit-cup vollkommen aus.

Der Menüpunkt **"Dach"** enthält die Befehle "Dachflächen", "2D→3D Dachfläche", "2D Dachwerte" ändern und "Bauteil/Dach anpassen".

Nach Anklicken des Unterpunktes "Dachflächen" öffnet sich ein Dialogfenster für die Einstellungen des Daches. Dort kann die Dachart eingestellt werden, möglich sind Satteldach, Walmdach, Dachtyp Freie Dachfläche mit vier Punkten und Freie Dachflächen. Für die einzelnen Dachtypen sind die Abmaße und Neigungswinkel einzutragen. Zur Unterstützung können Sie sich über den Button "Hilfe" ein Dia mit Erläuterungen anzeigen lassen.

Nach Verlassen der Dialogbox sind für Sattel- und Walmdächer die Gebäudeecken zu markieren. Zuerst ist die untere linke Ecke, dann die untere rechte und abschließend die obere linke Ecke anzuklicken.

Beim Walmdach sind noch die Walme festzulegen. Der erste Walm liegt auf der Seite des zuletzt angeklickten Punktes, anzugeben sind Walmabstand und -winkel.

Der Dachtyp Freie Dachfläche kann durch Zeigen beliebig vieler Dacheckpunkte konstruiert werden. Beim Dachtyp Freie Dachfläche mit vier Punkten sind vier Punkte einzugeben.

Mit dem pit-Befehl "Dachfläche 2D→3D" erfolgt die Umwandlung von zweidimensionalen Dachflächen in dreidimensionale Dachflächen. Nach dem Zeigen der Dachfläche wird abgefragt, ob alle Layer oder nur einzelne Dachflächen umgewandelt werden sollen.

Der pit-Befehl "2D Ändern Dachflächen" besteht die Möglichkeit, Dachwerte nachträglich zu ändern. Verändert werden können nach Auswahl eines zweidimensionalen Daches die Dachneigung, die Dachstärke und die Dachhöhe (Niveau).

Die Anpassung von Wänden an Dächer ist mit dem pit-Befehl "Bauteil/Dach anpassen" durchzuführen. Die Wand und das Dach werden nacheinander angeklickt, die Wand paßt sich dann dem Dach an. Bei einem Satteldach muß die Wand in Höhe des Dachfirstes geteilt werden.

6.4.3.4 Raum- und Etagendefinition

Das Definieren von Räumen und Etagen erzeugt diese Flächen umschließende Polygone und kennzeichnet auf Wunsch die Räume durch das Einfügen von Beschriftungsblöcken (Bild 6-17). Diese Beschriftungsblöcke enthalten Attribute wie Raumnummer und Raumtemperatur, die an Wärmebedarfsberechnungsprogramme übergeben werden können. Für jeden Raum ist eine eigene Raumnummer zu vergeben, um die Räume (vor allem für Berechnungen) sicher unterscheiden zu können.

Bild 6-17: Raumbeschriftungsblock

Die Raumdefinition wird mit dem Befehl **"Raum definieren"** gestartet. Es ist wählbar, ob die Polygone manuell einzeln oder automatisch durch pit-cup eingefügt werden. Die automatische Raumfindung ist unbedingt notwendig, falls eine Werteübergabe an Wärmebedarfsberechnungen geplant ist. Nur die automatische Raumfindung ermittelt die k-Zahlen, die für Türen und Fenster vergeben wurden. Allerdings ist die automatische Raumfindung nur möglich, wenn eine pit-cup-Zeichnung vorliegt und die k-Zahlen für Wände, Türen und Fenster auch vergeben wurden. Bei Fremdzeichnungen aus bestimmten anderen Systemen und DXF-Plänen erkennt pit-cup die Türen und Fenster auch.

Die einzustellende Schnitthöhe dient dem Erkennen geschlossener Räume. Klicken Sie bei der automatischen Raumfindung die Fläche innerhalb eines Raumes an, wird die Raumdefinition für diesen Raum vorgenommen. Eine Etage wird definiert, wenn Sie einen Punkt außerhalb der Räume anklicken. Die Grundflächen werden automatisch ermittelt.

Der pit-Befehl **"Raum Nr. zuordnen"** fügt einen Beschriftungsblock ein und ermittelt die Grundfläche. Jedoch muß der Raum definiert, also durch ein mit "Raum definieren" erzeugten Polygon umschlossen sein. Anzuwenden ist dieser Befehl, falls zum Beispiel bei der Raumdefinition kein Beschriftungsblock gesetzt wurde. Pit-cup erkennt auch Raumpolygone von Fremdsystemen.

Über die Befehle **"Raumblockname"** und **"Etagenblockname"** im Menüpunkt "Status" kann der aktuelle Beschriftungsblock festgelegt werden.

Die **Schnittstelle** zu Wärmebedarfsberechnungsprogrammen aktivieren Sie mit dem gleichnamigen pit-Befehl. Es erfolgt ein Durchsuchen der Zeichnung nach den zu übergebenden Informationen, diese schreibt pit-cup in eine Datei. Gefundene Fehler wie doppelte Raumnummern, fehlender Nordpfeil etc. werden Ihnen angezeigt. Die erzeugte Datei kann anschließend im Berechnungsprogramm eingelesen werden.

6.4.4 Anwendungsbeispiel

Die erste Einstellung zu Zeichnungsbeginn ist das Festlegen des Einheitsmaßstabes. Für jede Etage eines Gebäudes ist eine separate Zeichnung anzufertigen, diese Zeichnungen können zum Abschluß mit dem Befehl "Gesamt DWG" zusammengesetzt werden.

Die Aufgabe besteht im Zeichnen eines Gebäudes mit den Maßen des Grundrisses im Bild 6-18. Die Außenwanddicke beträgt 30 cm, die Innenwanddicke 20 cm.

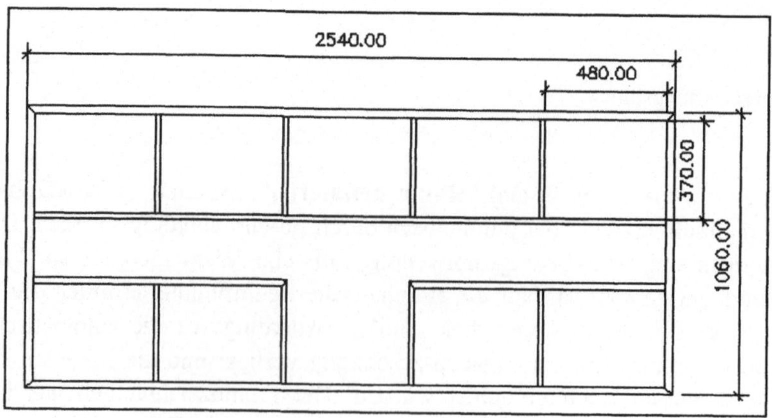

Bild 6-18: Grundriß des Beispiels

Nach dem Aufruf des Menüpunktes "Baugrundriß" sind die globalen Parameter festzulegen:

— Bauabschnitt: I

— Etage: EG

— UKD: 300

— OKFF: 10

— OKRF: 0

Zeichnen Sie die Außenwände mit dem Befehl "Bauteil":

— Konstruktionsdefinition: Rechts

— Art des Bauteils: Bauteilzug

— Typ Datei: pitb01

— Material: Frei

— Typ Bauteil: WA (Wand außen)

— Material: Beton

— Niveau: 0

— Dicke: 30

— Höhe: 300

Das Dialogfenster "Bauteil" ist durch Anklicken von "Punkt" zu verlassen. Sinnvollerweise sind "Ortho" und "Fang" einzuschalten. Es wird jetzt der erste Punkt für den Grundriß in der oberen linken Ecke festgelegt. Der zweite Punkt liegt 2500 cm waagerecht nach rechts vom ersten Punkt entfernt. Damit ist die obere Wand fertig und es folgt die Abfrage nach der Höhe. Vorgabewert ist die im Baustatus festgelegte Höhe, die nach jedem Bauteilzug mit <RETURN> bestätigt wird. Der dritte Punkt liegt in einem Abstand von 1060 cm senkrecht unter dem zweiten Punkt, der vierte unter dem ersten Punkt. Mit <RETURN> wählen Sie die pit-Fangoptionen des Befehls "Bauteil" und klicken die Option "Schließen" an.

Zur Konstruktion der Zwischenwände ist erneut der Befehl "Bauteil" aufzurufen und die Dicke der Wände auf 20 cm einzustellen. Die Konstruktionsdefinition sei auf "Links" eingestellt. Um das Zeichnen zu starten, verwenden Sie die Option "Relativ". Beginnen Sie mit der oberen durchgehenden Zwischenwand. Als Startpunkt ist die innere Ecke oben links zu wählen. Dabei können AutoCAD-Punktfangoptionen benutzt werden. Der relative Abstand von diesem Punkt beträgt 370 cm und der Winkel 270°. Der zweite Punkt der Wand liegt auf der gegenüberliegenden Seite innen. Nach <RETURN> wird die Option "Ende" gewählt.

Im Anschluß werden die Zwischenwände der oberen fünf Räume eingefügt. Da die Einstellungen weitergelten, ist nur den Button "Relativ" anzuklicken. Der Ausgangspunkt liegt in der oberen rechten Ecke des Gebäudes. Es wird immer die Innenseite der Außenwand gewählt, so daß als relative Länge die Raumgröße gilt. Als relative Länge ist

480 cm, als relativer Winkel 180° anzugeben. Der Bauteilzug wird nach unten auf der durchgehenden Zwischenwand beendet. Die restlichen Zwischenwände können jetzt auf gleiche Weise konstruiert oder aber auch in den entsprechenden Abständen kopiert werden (Abstand 480 cm).

Es werden die zwei unteren rechten Räume konstruiert. Starten Sie den Befehl "Bauteil" und wählen Sie die Option "Relativ". Die Einstellungen des Dialogfensters sind noch gültig. Der erste Pickpunkt liegt unten rechts. Als relativer Abstand gilt 370 cm und der relative Winkel 90°. Der nächste Pickpunkt wird jetzt links vom Ausgangspunkt in einer Entfernung von 980 cm festgelegt und der Bauteilzug senkrecht auf der unteren Außenwand beendet. Die Trennwand der zwei Räume kann auf gleiche Art wie die oberen konstruiert oder kopiert werden.

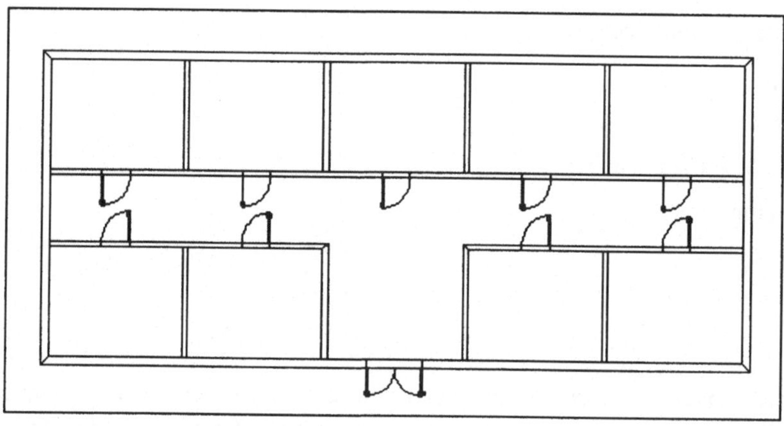

Bild 6-19: Grundriß mit eingefügten Türen

In der Mitte des Gebäudes wird eine zweiflügelige Eingangstür eingesetzt (Bild 6-19). Der Befehl "Tür" ist zu starten und die untere Außenwand anzuklicken. Für die Objektwahl muß die Wand von außen angeklickt werden. Im Dialogfenster "Tür" sind einzustellen:

— Typ Datei: Frei

— Typ der Tür: Doppeltür

— Breite: 200

— Höhe: 210

— Brüstung: 0

Das Feld "Seite gegenüber" bleibt frei.

Beginnend mit den oberen fünf werden jetzt die Türen für die Räume eingefügt. Nach Starten des Befehls "Tür" klicken Sie auf die obere durchgehende Zwischenwand, der Bezugspunkt liegt damit links der Wand. Der Abstand vom Bezugspunkt bis zum Anfang der Tür beträgt 190 cm. Für die Raumtüren gelten die folgenden Einstellungen:

— Typ Datei: Frei

— Anschlag: links

— Typ der Tür: Rahmentür

— Breite: 100

— Höhe: 200

— Brüstung: 0

Das Feld "Seite gegenüber" bleibt frei.

Das Einfügen der restlichen Türen erfolgt analog, unterschiedlich ist nur der Bezugspunkt für die Türen. Von pit-cup wird als Bezugspunkt die letzte Tür genommen (vorausgesetzt, das Objekt wird in Nähe der Tür markiert). So ist es einfacher, mehrere Türen in gleichen Abständen einzufügen. Die Einstellungen bleiben unverändert, nur die Türart muß jedesmal markiert werden.

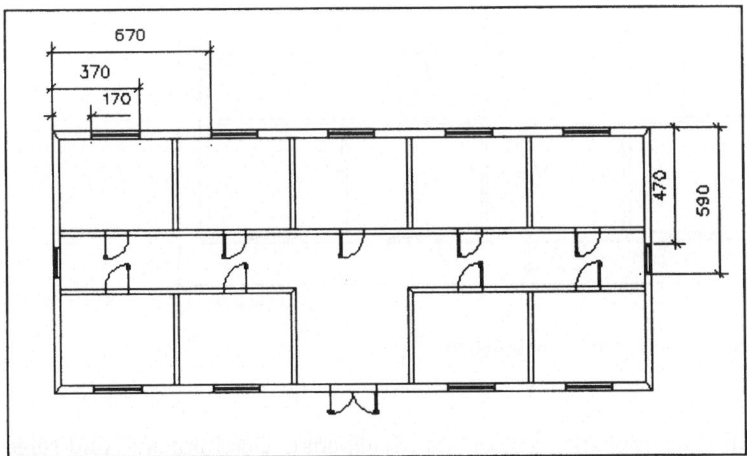

Bild 6-20: Grundriß mit eingefügten Fenstern

Nach dem Aufruf des Befehls "Fenster" klicken Sie die obere Außenwand an (von außen). Der Abstand von der Kante des Gebäudes bis zur Kante des Fensters beträgt 170 cm und wird in das Dialogfeld für den Bezug eingegeben. Es gelten die folgenden Einstellungen:

— Art des Fensters: mit Mittelsteg.

— Typ der Datei: Frei

— Höhe: 130

— Breite: 200

— Brüstung: 80

Für die weiteren Fenster wird ebenfalls der Befehl "Fenster" gestartet und die obere Zwischenwand in der Nähe der letzten Fenster angeklickt. Als Bezugspunkt wird jetzt das letzte Fenster von pit-cup markiert. Der Abstand zwischen den Fenstern (300 cm) wird als Bezug eingetragen. Da noch alle Einstellungen gelten, ist nur der Fenstertyp zu markieren. Alle anderen Fenster der oberen und unteren Zwischenwand sind analog einzufügen. Für die zwei Flurfenster ist der Betrag von 470 cm für den Bezug nach der Objektwahl einzugeben. Die Breite der Fenster beträgt 120 cm. Höhe und Brüstung entsprechen den anderen Fenstern.

Durchbrüche werden 10 cm unter der Decke und 20 cm von den Wänden entfernt gesetzt. Die Breite beträgt 50 cm und die Höhe 20 cm.

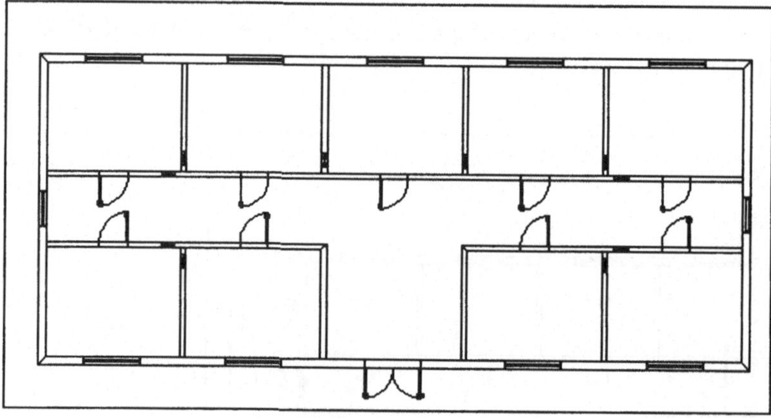

Bild 6-21: Grundriß mit eingefügten Durchbrüchen

Nach erfolgtem Aufruf des Befehls "Setzen" im Menüpunkt "Durchbrüche" sind folgende Einstellungen vorzunehmen:

— Art des Durchbruchs: 2D/3D RE WA (rechteckig/Wand)

— OK und UKD markieren

— Bemaßung ausschalten

— Abstand: -10

— UKD: 300

— OKRF: 0

— OKFF: 10

— Länge: 50

— Breite/Tiefe: 20

— Höhe: 20

Der Befehl wird über die "Punkt" verlassen. Als Objekt ist eine der Trennwände der Räume so zu markieren, daß der Bezugspunkt zum Flur zeigt. Der Abstand der Wand zum Durchbruch beträgt 20 cm. Nach Bestätigen des Bezuges wird der Durchbruch gesetzt sowie die dazugehörigen Layer erzeugt. Die Durchbrüche in den Zwischenwänden der Räume können auf gleiche Weise gesetzt werden. Für die Durchbrüche im Flur können Sie den Standpunkt festlegen, indem Sie nicht sofort den Bezug eingeben, sondern erst "Bezug" anklicken, dann den neuen Bezugspunkt an die nächste benachbarte Wand legen und den Bezugsabstand von 20 cm eingeben.

Jetzt ist auf den vorhandenen Grundriß ein Walmdach aufzusetzen (Bild 6-22).

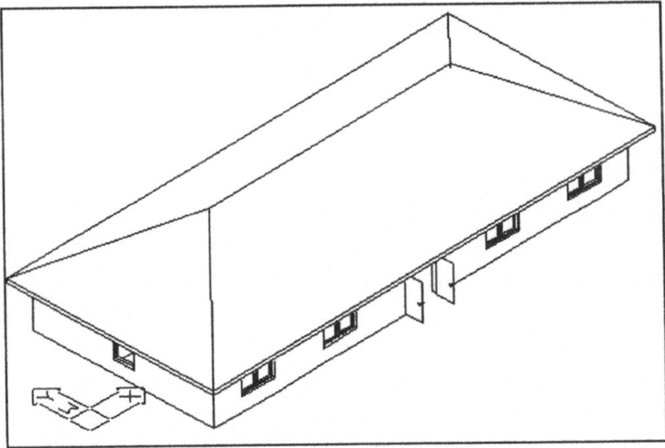

Bild 6-22: Beispiel mit Walmdach

Die Werte für das Dach können von pit-cup übernommen werden. Nach Verlassen der Voreinstellung sind die Eckpunkte des Grundrisses zu markieren. Es ist jetzt möglich, die Walme zu definieren, erst den linken, dann den rechten. Das Dach kann mit dem Befehl "2D→3D Dachflächen" hochgezogen werden. Vor dem Abspeichern des Grundrisses für die nächsten Übungen können Sie die Dachlayer ausschalten, da sie bei der Konstruktion der nächsten Anwendungsbeispiele stören (Bild 6-23).

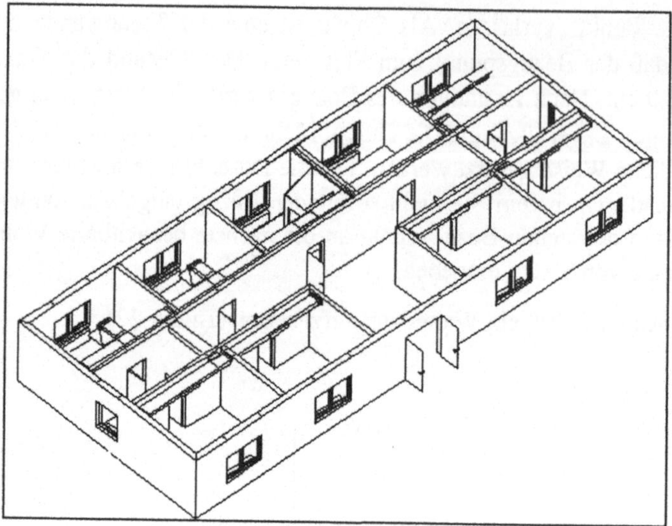

Bild 6-23: Beispiel mit ausgeblendetem Dach

Zum Abschluß der Zeichnung kann ein Blattrahmen mit Plankopf eingefügt werden.

6.5 Das Modul pit-Heizung

6.5.1 Start und Aufbau von pit-Heizung

In das Modul pit-Heizung wechseln Sie durch Anklicken des Punktes "pit Heizung" im Menü "Allgemein". Zunächst steht das pit-Heizung-Hauptmenü zur Verfügung. Dort werden die Befehle "Maßstab", "Schema" und "Grundriß" angeboten.

Mit dem pit-Befehl **"Maßstab"** kann der aktuelle Planmaßstab geändert werden. Der Planmaßstab legt die Einheit für die einzugebenden Maße fest. Wählbar sind Meter, Zentimeter und Millimeter.

Unter dem Punkt **"Schema"** sind die Funktionen zur zweidimensionalen schematischen Konstruktion einer Heizungsanlage zusammengefaßt. Der Punkt **"Grundriß"** enthält Funktionen zur zwei- und dreidimensionalen Konstruktion von Heizungsanlagen. Die Funktionen der beiden Konstruktionspunkte sind identisch gegliedert, wobei der Umfang an Funktionalitäten im Bereich "Grundriß" größer ist. Da die Schema-Funktionen in den Menge der Grundriß-Funktionen enthalten ist, wird im folgenden nur der Bereich "Grundriß" betrachtet. Das Umschalten zwischen Schema und Grundriß ist jederzeit möglich.

Nach dem Anklicken von "Schema" oder "Grundriß" stehen zwei Pull-Down-Menüs, je eines für Heizkörper und für Leitungen zur Verfügung. Außerdem wird Ihnen mit **pit-Klick** eine grafisches Menü geboten. Dieses Menü rufen Sie über das Cursor-Menü, durch die Tastenkombination <Strg>-Rechte Maustaste oder unter dem Punkt "Fang" im Menü "Zeichnen" auf. Alle wichtigen Befehle werden durch die Grafik repräsentiert, das Anklicken eines Heizkörpers zum Beispiel führt zum Einfügen eines Heizkörpers. Pit-Klick steht für alle Gewerke, jeweils für die Variante Schema und Grundriß, zur Verfügung.

6.5.2 Heizkörper

Unter dem Punkt **"Status"** werden die folgenden Voreinstellungen, die für die weitere Bearbeitung bis zur nächsten Änderung gelten, festgelegt:

— "Neu setzen":   Vorgabewerte für die Konstruktion von Heizungsanlagen werden aus einer Datei gelesen, diese Vorgaben gelten für alle Zeichnungen. Die Datei heißt "HZG_ALLG.TBL" und ist editierbar.

— "Symbol Faktor":   Dort wird die Symbolgröße eingestellt. Sie können einen Wert eingeben oder durch "Zeigen" die Größe eines vorhandenen Symbols, zum Beispiel zur Anpassung an Vorgabewerte bei Revisionszeichnungen, übernehmen.

— "Symbol-Bemaßungsgr.":   Diese Größe betrifft die Texthöhe von Symbolbemaßungen.

— "Leitungsabstand":   Stellen Sie dort den gewünschten Abstand, zum Beispiel zwischen Vor- und Rücklaufleitungen, ein.

— "Texthöhe":   Die Höhe von gewerkspezifischen Beschriftungen des Gewerkes Heizung ist unter diesem Punkt veränderbar.

— "Textstil":   Der Textstil von gewerkspezifischen Beschriftungen des Gewerkes Heizung ist unter diesem Punkt veränderbar.

— "HZK-Bemaßungsart":   Unterschiedliche Bauherrenwünsche oder abweichende Behördenvorgaben erfordern auch unterschiedliche Bemaßungen. Vor dem Bemaßen von Heizkörpern sind dort die gewünschten Angaben in Zeilen zusammenzustellen. Neben den geometrischen und vorgegebenen Werten (Abmaße, Fabrikat, Hersteller), die beim Bemaßen aus der Zeichnung ermittelt werden, sind auch freie Abfragen möglich. Auf die freien Abfragen geben Sie unmittelbar beim Bemaßen Antwort. Die Einstellungen lassen sich abspeichern.

— "HZK Bemaßungsgröße":   Die Höhe des Maßtextes für die Heizkörperbemaßung ist dort veränderbar.

Mit den Funktionen unter dem Punkt **"pit anpassen"** können Sie einen kompletten Strang oder eine Symbolgruppe zusammenfassen, mit den Befehlen unter "Symbol Str. Gruppe" oder "Symbol Gruppe" werden diese Gruppen für das Einfügen ausgewählt. Im Prinzip ist die Wirkungsweise mit der AutoCAD-Blocktechnik identisch. Mit "Strangsymbole ablegen" erweitern Sie die angebotenen Symbole um ihre eigenen Definitionen.

Der pit-Befehl **"Fadenkreuz Winkel"** dreht das Cursor-Fadenkreuz um den angegeben Winkel. Für die Winkeleingabe sind Werteeingaben oder das Übernehmen des Winkels eines Zeichnungselementes möglich. Wurde das Fadenkreuz gedreht, stellt der Befehl "Fadenkreuz 0 Grad" das Fadenkreuz wieder zurück.

Der pit-Befehl **"Heizkörper"** bietet Ihnen an, unterschiedliche Heizkörper in den verschiedensten Dimensionen zu zeichnen und dabei auch die Anschlußarten festzulegen. Im Grundriß werden die Heizkörper zweidimensional erzeugt, sie können später mit "Heizkörper 2D→3D" hochgezogen werden.

Nach dem Aufruf des Befehls ist zunächst festzulegen, mit welcher Option der Heizkörper zu zeichnen ist. Die Optionen bestimmen zwei Punkte für Anfang und Ende des Heizkörpers, der Nischenabzug wird später berücksichtigt.

— "Linie":

Es ist eine Linie zu wählen. Der Endpunkt der Linie bestimmt zunächst den Anfangspunkt des Heizkörpers, dieser Punkt kann aber auf der Linie verschoben werden. Nun ist der Abstand vom Anfangspunkt einzugeben, dabei kann ein Bezugspunkt benutzt werden. Abschließend ist der Raum für den Heizkörper zu zeigen, um die Seite für die Plazierung festzulegen.

— "Fenstersymbol":

Klicken Sie ein Fenster an und zeigen Sie anschließend in den Raum, um die Seite des Fensters festzulegen, auf welcher der Heizkörper plaziert werden soll. Die Breite des Fensters und der Nischenabzug bestimmen die Heizkörperlänge.

— "Bauteil":

Wählen Sie das Bauteil (zum Beispiel Wand), klicken Sie dabei auf die richtige Seite für den Heizkörper. Startpunkt für den Heizkörper ist der nächste Endpunkt des Bauteils, dieser Punkt kann durch eine Abstandseingabe verschoben werden. Endpunkt für den Heizkörper ist der andere Endpunkt des Bauteils.

— "Punkt":

Es sind zwei Punkte auf der Zeichnung anzuklicken, ein dritter Punkt legt die Seite für den Heizkörper fest.

Anschließend wird das Dialogfenster "Heizkörper" geöffnet (Bild 6-24):

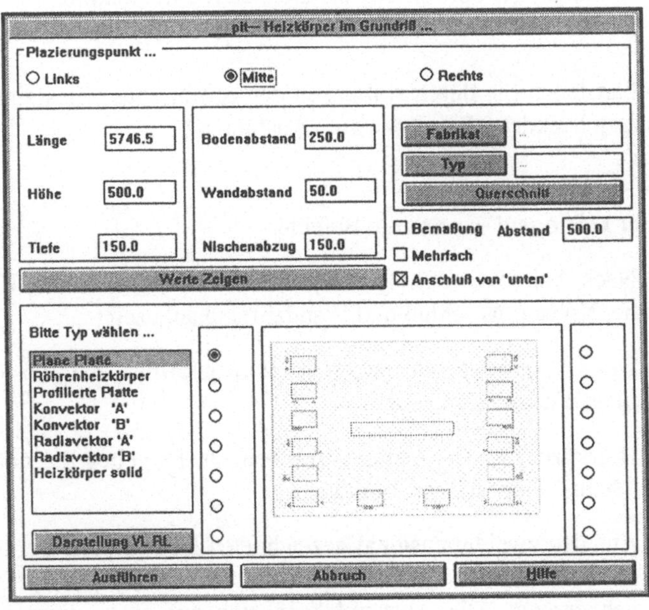

Bild 6-24: Dialogfenster "Heizkörper"

Die Optionen haben folgende Bedeutung:

— "Plazierungspunkt":   Es wird bestimmt, ob der Heizkörper mittig zwischen An-
                             fangs- und Endpunkt plaziert wird oder mit der Kante auf
                             den ersten bzw. zweiten Punkt zu liegen kommt.

— "Abmaße":   Alle Werte können beliebig verändert werden, "Zeigen"
                             übernimmt die Werte eines vorhandenen Heizkörpers.

— "Fabrikat/Typ":   Sie können (zum Beispiel nach erfolgter Auslegung oder
                             Bestandsaufnahmen) bereits ein Fabrikat wählen, danach
                             läßt sich der Typ festlegen. Bei der Wahl von Fabrikat und
                             Typ sind keine freien Eingaben für die Geometrie mehr
                             möglich, diese Angaben sind dann unter "Querschnitt" zu
                             machen.

— "Bemaßung":   Aktivieren Sie dieses Feld, wird der Heizkörper beim Ein-
                             fügen bemaßt. Es gelten die unter "Status" eingestellten
                             Vorgaben.

— "Mehrfach":   Es können mehrere Heizkörper gleichzeitig plaziert wer-
                             den. Anzahl und Abschnitt sowie die Richtung sind festzu-
                             legen.

— "Anschluß von unten":   Legen Sie fest, ob der Heizkörper von unten angeschlossen
                             werden soll.

— "Darstellung VL/RL":   Wählen Sie dort die Art der Darstellung für Ventile.

Heizkörpertyp und Anschlußart legen Sie durch Anklicken der gewünschten Einstellungen fest. Sind alle Einstellungen beendet, klicken Sie auf "Ausführen".

Der Menüpunkt **"Heizkörper Optionen"** enthält die Befehle:

— "Heizkörper Info":   Nach Anklicken des Heizkörpers werden Länge, Breite, Hö-
                             he, Niveau, Anschluß und Wandabstand angezeigt.

— "Heizkörper Ändern":   Das Dialogfenster "Heizkörper" wird geöffnet, alle Einstel-
                             lungen lassen sich ändern.

— "Heizkörper bemaßen":   Heizkörper werden automatisch bemaßt. Es gelten die unter
                             "Status" eingestellten Vorgaben.

— "Heizkörper 2D→3D":   Aus den zweidimensional gezeichneten Heizkörpern werden
                             dreidimensionale Darstellungen für Schnitte und Perspekti-
                             ven erzeugt. Die Auswahl kann sich auf einen einzelnen
                             Heizkörper oder alle Heizkörper eines Layers beziehen.

Im Menübereich **"Objekte"** finden Sie Symbole für Speicher, Kessel usw., die Symbole können Sie zwei- oder dreidimensional in die Zeichnung einfügen.

Wählen Sie nach Aufruf des Befehls "Objekte" das Symbol aus und legen Sie anschließend die Abmaße fest. Für die Plazierung des Symbols in der Zeichnung verwenden Sie die Optionen "in Verlängerung" und "Relativ" (Kapitel 6.3.1) und:

— "Streckenmitte": Die Plazierung erfolgt in der Mitte zwischen zwei zu zeigenden Punkten.

— "Punkt": Drei Punkte legen die Plazierung, die Richtung und die Seite des Symbols fest.

Nach allen Optionen ist es möglich, den Plazierungspunkt als Punkt für die Symbolkante oder die Symbolmitte zu verwenden.

Mit "Objekt Kopie" kopieren Sie bereits vorhandene Symbole. Deren Vorgaben können auch verändert werden. Die pit-Befehle unter "Objekt Optionen" bewirken im einzelnen:

— "Objekt über Kategorie": Sie können zwischen verschiedenen DIN-Normen und Herstellern wählen. Danach wird der Befehl "Objekt" aufgerufen.

— "Objekte Ändern": Alle geometrischen Werte eines zweidimensionalen Symbols sind veränderbar, die dreidimensionale Darstellung wird automatisch aktualisiert.

— "Objekt 2D→3D": Aus zweidimensionalen Symbolen werden dreidimensionale Darstellungen entwickelt. Der Befehl kann sich auf einzelne Symbole oder alle Symbole eines Layers beziehen.

6.5.3 Leitungen

Sind alle Heizkörper in der Zeichnung plaziert, kann mit dem Verlegen der Leitungen begonnen werden. Leitungen lassen sich einzeln zeichnen, das gleichzeitige Zeichnen von Vor- und Rücklauf ist ebenfalls möglich. Anschlüsse von Heizkörpern an Leitungen können durch pit-cup automatisch ausgeführt werden. Im Pull-Down-Menü "Leitungen" sind außerdem die Funktionen für das Bemaßen und Beschriften der Leitungen untergebracht.

Mit dem pit-Befehl **"Einzel"** wird eine Einzelleitung gezeichnet. Nach dem Aufruf des Befehls ist die gewünschte Leitung auszuwählen. Das Dialogfenster zur Leitungsauswahl (Bild 6-26) ist über eine der Plazieroptionen zu verlassen, "in Verlängerung" und "Relativ" wurden bereits im Kapitel 6.1.3 beschrieben.

— "Endsymbol":   Zuerst geben Sie den Einfügepunkt des Symbols an. Dieser kann noch um einen Abstand versetzt werden. Dann ist der nächste Punkt der Leitung zu zeigen. Anschließend wählen Sie ein Endsymbol aus dem Dialogfenster (Richtungspfeile mit Flußrichtung oder Höhensprung, Bild 6-25). Das Symbol wird von pit-cup eingefügt, Sie werden zum Abschluß nach einem Drehwinkel gefragt.

— "Objekte":   Pit-cup erwartet das Anklicken eines Heizkörpers zum automatischen Anschluß an die Leitung.

— "Liniensuche": Die neue Leitung kann an einer bestehenden Leitung beginnen. Zeigen Sie den Suchstartpunkt und die Richtung durch das Anklicken von zwei Punkten. Wird die Leitung für den Anschluß nicht gefunden, kann die Suchtiefe vergrößert werden.

— "Punkt":   Der erste Punkt ist mit den AutoCAD-Fangoptionen festzulegen. Er kann noch um einen einzugebenden Abstand versetzt werden.

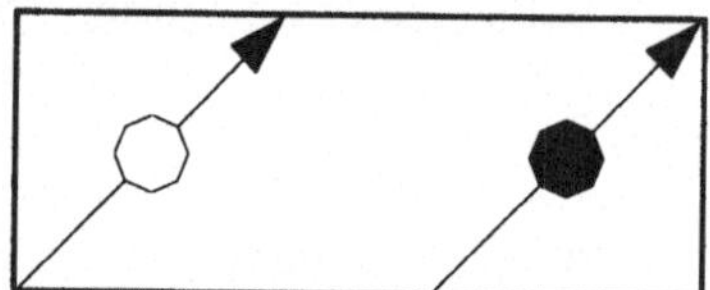

Bild 6-25: Beispiele für Richtungspfeile

Das Versetzen des ersten Punktes um einen anzugebenden Abstand versetzt die Leitung um diesen Abstand orthogonal zur Konstruktionsrichtung.

Ist der erste Punkt der Leitung festgelegt, kann mit <RETURN> ein Dialogfenster zum erneuten Verwenden der oben beschriebenen Fangoptionen geöffnet werden. Die Option "Liniensuche" erwartet für den zweiten Punkt aber nur die Eingabe der Suchrichtung. Wird die Leitung für den Anschluß nicht gefunden, kann die Suchtiefe vergrößert werden. Es erfolgt für jeden weiteren festgelegten Punkt die Abfrage nach den Abstand zum Punktfang. Als neue Option dient "Ende" zum Verlassen des Befehls, nachdem alle Segmente gezeichnet wurden.

Bild 6-26: Leitungsauswahl

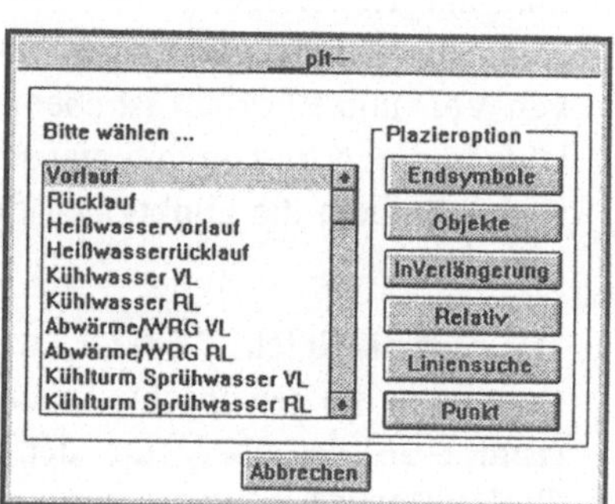

Beim pit-Befehl **"Leitung VL-RL"** werden Vor- und Rückleitungen gleichzeitig gezeichnet. Daher entfällt die Frage nach dem Leitungstyp. Anzugeben ist der Versatz (Links, Mitte oder Rechts) für die Konstruktionslinie (Bild 6-27) und der Leitungsabstand. Der Versatz ist immer in Konstruktionsrichtung zu sehen. Eingegebene Maße für die Leitung (wie der Abstand zum Punktfang) beziehen sich immer auf die Konstruktionslinie. Die Vorgabe für den Leitungsabstand kann über "Status" im Menü "Heizkörper" geändert werden. In den Fangoptionen ist "Leitung VL-RL" mit dem Befehl "Leitung Einzel" identisch.

Bild 6-27: Konstruktionsversatz

Der pit-Befehl **"Leitung VL-RL Auto HZK Anschluß"** schließt Heizkörper automatisch an vorhandene Vor- und Rücklaufleitung an. Dazu sind die anzuschließenden Heizkörper zu wählen und die maximale Suchlänge zu bestimmen. Die Suchrichtung ergibt sich aus der Plazierung des Heizkörpers, gesucht werden die Vor- und Rücklaufleitungen immer entgegengesetzt zur Wandseite des Heizkörpers. Der Anschluß ist rechtwinklig zum Heizkörper.

Leitungsstränge aus mehreren, auch verschiedenen, Rohrleitungen zeichnen Sie mit dem Befehl **"Mlinie"** (für Mehrfachlinie). Die Abstände zwischen den Leitungen kann variieren. Nach dem Aufruf des Befehls stellen Sie in einem Dialogfenster die Leitungen (Bild 6-28) für den Strang zusammen. Der Strang kann auch Leitungen enthalten, welche andere Medien als in der Heizungstechnik üblich führen (für Lüftung, Sanitär etc.).

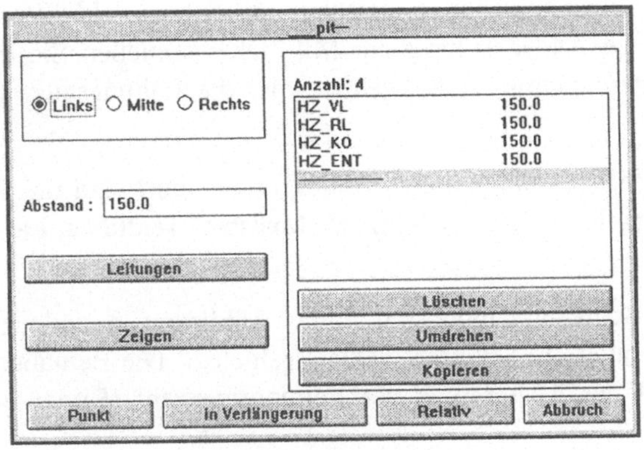

Bild 6-28: Dialogfenster "Mlinie"

Folgende Optionen können Sie verwenden:

— "Versatz":   Wählen Sie den Versatz der Konstruktionslinie (Links, Mitte, Rechts).

— "Abstand":   Dort ist der Abstand zur vorherigen Leitung einzugeben, bevor die Leitung ausgewählt wird.

— "Leitungen":   Die Leitungen sind aus einem Dialogfenster auszuwählen. Eingefügt wird die Leitung über die mit einem Balken als aktuell markierte Leitung.

— "Zeigen":   Mit "Zeigen" übernehmen Sie Leitungen aus der Zeichnung. Eingefügt wird die Leitung über die mit einem Balken als aktuell markierte Leitung.

— "Löschen":   Die aktuell markierte Leitung kann aus der Auswahl entfernt werden.

— "Kopieren":   Die aktuell markierte Leitung wird an das Ende der Auswahl kopiert.

Mit einer der pit-Fangoptionen in der unteren Button-Leiste beginnen Sie das Zeichnen des Stranges. Mit der Option "Punkt" können Sie die AutoCAD-Fangoptionen verwenden, "in Verlängerung" und "Relativ" wurden bereits im Kapitel 6.1.3 erläutert.

Der pit-Befehl **"Leitungen Bemaßen"** erlaubt das Bemaßen einzelner Leitungen, aber auch von Leitungsbündeln. Dieser Befehl ist folgendermaßen anzuwenden:

1. Befehl "Leitungen Bemaßen" aufrufen und die zu bemaßende Leitung anklicken.

2. Es öffnet sich ein Dialogfenster, dort ist die Rohrform und -art zu bestimmen. Im Feld "Wertwahl" ist der Nennwert anzuklicken, er erscheint im unteren Feld "Wert". In diesem Feld sind auch eigene Angaben möglich. Mit "OK" schließen Sie das Dialogfenster und können weitere Leitungen auswählen oder die Leitungsauswahl mit <RETURN> abschließen.

3. Nach der Leitungsauswahl öffnet sich ein weiteres Dialogfenster, dort sind die Eigenschaften der Bemaßung festzulegen (Kennzeichnung, Maßstab, Texthöhe, Layer etc.).

4. Anfangs- und Endpunkt der Bemaßungslinie sind durch Anklicken festzulegen. Durch den Anfangspunkt wird auch die Seite des Textes festgelegt. Die Bemaßung bei Leitungsbündeln entspricht der Reihenfolge der Leitungsauswahl (Bild 6-30, rechts).

Bild 6-29: Dialogfenster "Leitung Bemaßen"

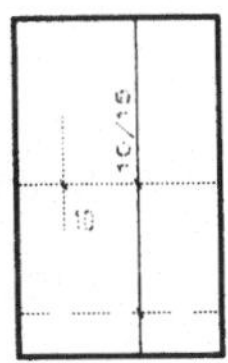

Bild 6-30: Leitungen bemaßen

Mit dem Befehl **"Leitungstext"** beschriften Sie Leitungen. Der Text wird in die Leitung mittig integriert (Bild 6-31), aus dem Leitungswinkel folgt auch der Textwinkel. Mit den Befehlen "Symbol Kopie" und "Symbol Löschen" kann der Text bearbeitet werden.

Bild 6-31: Leitungstext

"Strang bezeichnen" versieht einen Strang oder Strangbeginn mit einer Strangnummer und -bezeichnung. Der Text kann ein- oder zweizeilig sein, bei zweizeiligen Texten sind zusätzliche beliebige Texte möglich.

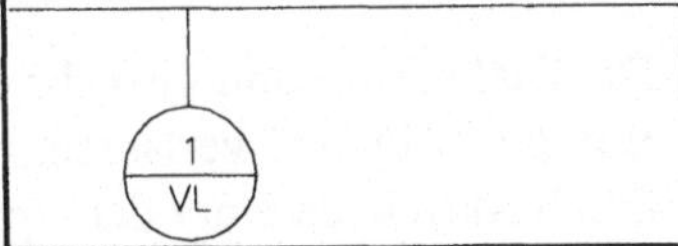

Bild 6-32: Strangbezeichnung

6.5.4 Symbole

Im Menübereich **"Symbole"** sind Befehle für das Einfügen und Editieren aller Symbole wie für Armaturen und Pumpen untergebracht. Im Normalfall werden die Symbole in bestehende Leitungen eingebaut. Bei der gleichzeitigen Auswahl mehrerer Armaturen ist der Einbau in eine Leitung oder die Definition eines neuen Strangs möglich.

Mit dem pit-Befehl **"Symbole Einzel/Auto"** können einzelne oder mehrere Symbole plaziert werden. Nach dem Anklicken erscheint ein Bildmenü, aus dem das oder die Symbole ausgewählt werden können. Die Auswahl wird mit "OK" abgeschlossen.

Wurde ein einzelnes Symbol gewählt, erfolgt die Frage nach dem Absetzpunkt. Durch Anklicken einer passenden Leitung wird das Symbol in diese eingebaut, wobei die Linie automatisch aufgebrochen wird.

Wurden mehrere Symbole gewählt, öffnet sich ein weiteres Dialogfenster:

— "Plazierrichtung drehen":   Die Symbolreihenfolge kehrt sich um.

— "Abstand über Symbolbasis":   Bei Aktivierung dieses Punktes bezieht sich der Symbolabstand auf die Basispunkte der Symbole, sonst auf die Leitungslänge zwischen den Symbolen (Bild 6-33).

— "Strang definieren":   Ein anderer als der aktuelle Strang ist auszuwählen.

— "Auto Abstand":   Der Abstand der Symbole kann auch durch Zeigen eingegeben werden.

— "Auto Winkel":   Der Winkel für die Richtung des Leitungsstrangs wird dort festgelegt.

— "Symbolfaktor":   Der Größenfaktor für die Symbole kann verändert werden. Die Eingabe kann auch durch Zeigen auf vorhandene Symbole erfolgen.

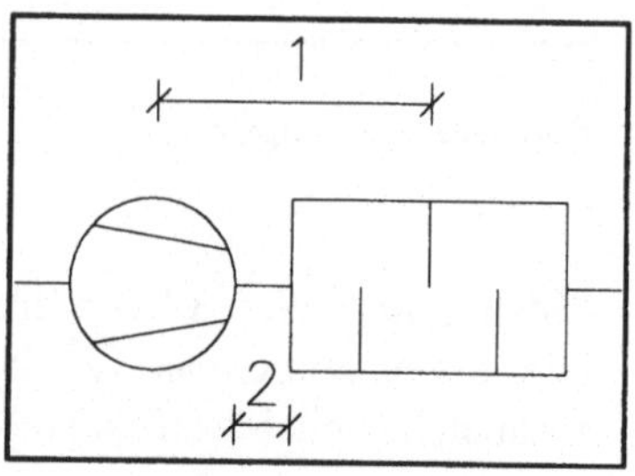

Bild 6-33: Abstandsoptionen

1   Abstand Symbolbasis

2   Abstand Kanallänge

Die Dialogbox kann über die Optionen "Punkt" oder "Linie" verlassen werden. Wird die Box über "Punkt" verlassen, entsteht ein neuer Strang. Das Festlegen des Punktes kann durch Aktivieren einer der Optionen "Punkt", "in Verlängerung" oder "Relativ" bestimmt werden.

Wenn Sie die Option "Linie" anklicken, muß eine vorhandene Linie für den Einbau des Strangs gewählt werden.

Mit dem pit-Befehl **"Symbol Kopie"** können einzelne oder mehrere Symbole kopiert und ein neuer Strang gebildet werden. Bis auf die Symbolauswahl entspricht die Vorgehensweise dem Befehl "Symbol Einzel/Auto".

Der pit-Befehl **"Symbol Löschen"** löscht das gewählte Symbol oder eine Leitungsbeschriftung sofort und schließt die Linie wieder.

Unter dem Menüpunkt **"Symbol Optionen"** finden Sie die Befehle:

— "Symbol über Kategorie":   Aufruf der Befehle "Symbol Einzel/Auto", "Symbol Einzel" und "Symbol Kreuz" nach vorheriger Wahl einer Kategorie (wie DIN-Norm oder Hersteller)

— "Symbol Kreuz":   Dort ist die Auswahl von Symbolen möglich, die auf Kreuzungen von Rohrleitungen gehören.

— "Symbol Einzel":   Sie fügen Symbole ein, die nicht in einen Strang gehören. Nach Auswahl des Symbols aus einem Bildmenü wird nach dem Drehwinkel gefragt, falls das Symbol nicht symmetrisch ist.

— "Symbol Bemaßen":   Wählen Sie das zu bemaßende Symbol, anschließend tragen Sie die Dimension (DN) in das sich öffnende Dialogfenster ein. Die Plazierung des Maßtextes kann durch Zeigen solange verändert werden, bis Sie mit <RETURN> die Position bestätigen.

"Richtungspfeile" können in eine vorhandene Leitung eingefügt werden. Im Dialogfenster sind auf der linken Seite die Pfeile benannt, auf der rechten Seite ist das jeweilige Symbol zu sehen. Eine Flußrichtung nach oben ist durch einen gefüllten Kreis gekennzeichnet. Den Höhensprung geben Sie als positiven oder negativen Wert ein. Nach der Auswahl können die Pfeile noch gedreht werden. Mit "Richtungspfeil ändern" ist auch der Höhensprung veränderbar.

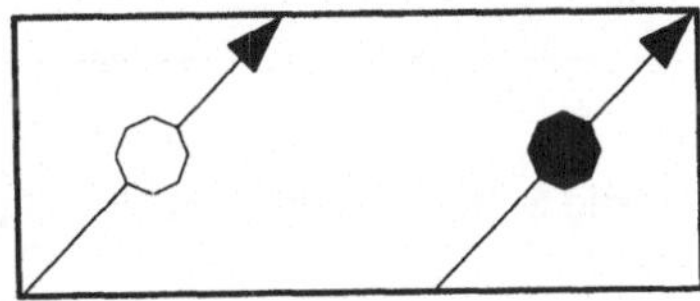

Bild 6-34: Beispiele für Richtungspfeile

Der pit-Befehl **"Antrieb Zeichnen"** fordert Sie nach der Layerwahl auf, eine Linie für das Antriebssymbol zu zeichnen. Anschließend geben Sie den Text ein, zum Beispiel "M" für Motor. Pit-cup schreibt diesen Text in der mit "Status" voreingestellten Textgröße über die von Ihnen gezeichnete Linie und zeichnet einen Kreis um den Text. Ein Beispiel für einen Antrieb sehen Sie im Bild 6-35.

Mit **"Antrieb Ändern"** können Sie die Zuführungslinie neu zeichnen und den Text
verändern.

Bild 6-35: Antrieb

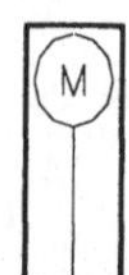

"Heizung Text" dient dem Beschriften der Zeichnung. Dabei wird ein separater Layer
für diese Beschriftungen verwendet, um sie unabhängig von den weiteren Texten ein-
und ausblenden zu können. In einem Dialogfenster nehmen Sie die Einstellungen für den
Layer, die Texthöhe im Plot, den Plotmaßstab und den Textstil vor. "Zeigen" übernimmt
den Layer aus der Zeichnung durch Anklicken eines Objektes auf dem gewünschten
Layer. Nach dem Bestätigen der Einstellungen mit "OK" klicken Sie den Startpunkt für
den Text auf der Zeichnung an und geben den gewünschten Winkel ein. Dann ist die
Texteingabe, auch mehrzeilig, möglich.

6.5.5 Beispielkonstruktion einer Heizungsanlage

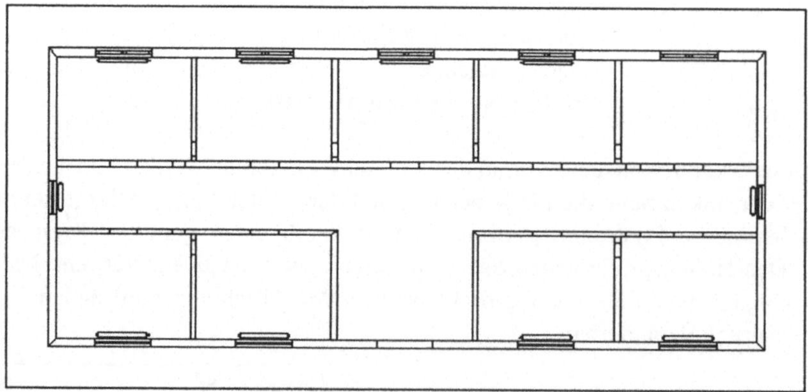

Bild 6-36: Grundriß mit eingefügten Heizkörpern

Als Beispiel sollen Heizkörper, wie in Bild 6-36 zu sehen, in den mit pit-Bau erzeugten
Grundriß eingefügt werden. Dazu ist im Menü "Heizkörper" der Befehl "Heizkörper"
aufzurufen. Zum Einsetzen der Heizkörper wird die Option "Fenster" ausgewählt. Es ist
ein Fenstersymbol des Grundrisses und der Raum zu zeigen.

Folgende Einstellungen werden im Dialogfenster für die Heizkörper getroffen:

— Plazierungspunkt: Mitte

— Daten der Heizung: Vorgaben übernehmen

— Heizkörpertyp: Plane Platte

— Bemaßung: ausgeschaltet

— Anschlußart: unten links

Der Heizkörper wird über "Ausführen" eingesetzt.

Die restlichen Heizkörper werden analog eingesetzt. Die Abmaße der Heizkörper passen sich dabei dem markierten Fenster an.

Mit dem Befehl "Heizkörper 2D→3D" wird die dreidimensionale Darstellung der Heizkörper erzeugt. Das Hochziehen sollte nicht in den frühen Zeichnungsstadien erfolgen, um die Dateigröße und damit zum Beispiel die Regenerierungszeiten möglichst lange gering zu halten.

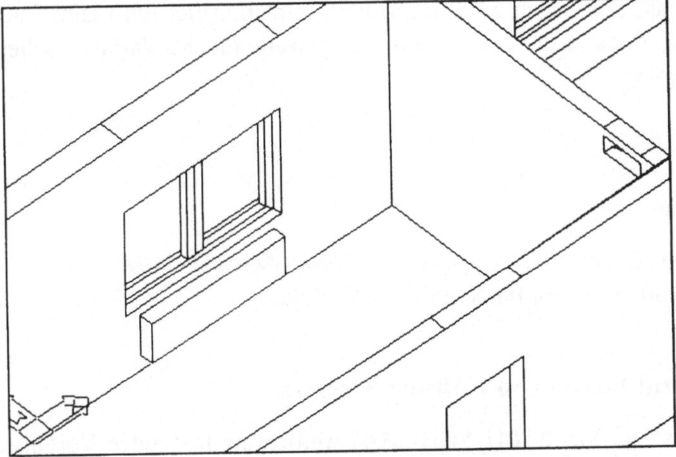

Bild 6-37: Raum mit dreidimensionalem Heizkörper

6.6 Das Modul pit-Lüftung

6.6.1 Start und Aufbau von pit-Lüftung

In das Modul pit-Lüftung wechseln Sie durch Anklicken des Punktes "pit Lüftung" im Menü "Allgemein". Zunächst steht das pit-Lüftung-Hauptmenü zur Verfügung. Dort werden die Befehle "Maßstab", "Schema" und "Grundriß" angeboten.

Mit dem pit-Befehl **"Maßstab"** kann der aktuelle Planmaßstab geändert werden. Der Planmaßstab legt die Einheit für die einzugebenden Maße fest. Wählbar sind Meter, Zentimeter und Millimeter.

Unter dem Punkt **"Schema"** sind die Funktionen zur zweidimensionalen schematischen Konstruktion einer Lüftungsanlage zusammengefaßt. Der Punkt **"Grundriß"** enthält Funktionen zur zwei- und dreidimensionalen Konstruktion von Lüftungsanlagen. Das Umschalten zwischen Schema und Grundriß ist jederzeit möglich.

Außerdem wird Ihnen mit **pit-Klick** eine grafisches Menü geboten. Dieses Menü rufen Sie über das Cursor-Menü, durch die Tastenkombination <Strg>-Rechte Maustaste oder unter dem Punkt "Fang" im Menü "Zeichnen" auf. Alle wichtigen Befehle werden durch die Grafik repräsentiert, das Anklicken eines Einbauteils zum Beispiel führt zum Einfügen eines Einbauteils. Pit-Klick steht für alle Gewerke, jeweils für die Variante Schema und Grundriß, zur Verfügung.

6.6.2 Lüftung Schema

Nach dem Anklicken von "Schema" stehen zwei Pull-Down-Menüs, ein Menü für Symbole ("LU_SCHEMA") und ein Menü für Kanäle zur Verfügung.

6.6.2.1 Allgemeine Funktionen von Lüftung Schema

Unter dem Punkt **"Status"** im Menü "LU_SCHEMA" werden die folgenden Voreinstellungen, die für die weitere Bearbeitung bis zur nächsten Änderung gelten, festgelegt:

— "Neu setzen":   Vorgabewerte für die Konstruktion von Lüftungsanlagen werden aus einer Datei gelesen, diese Vorgaben gelten für alle Zeichnungen. Die Datei heißt "LUS_ALLG.TBL" und ist editierbar.

— "Symbol Faktor":   Dort wird die Symbolgröße eingestellt. Sie können einen Wert eingeben oder durch "Zeigen" die Größe eines vorhandenen Symbols übernehmen.

— "Symbol-Bemaßungsgr.": Diese Größe betrifft die Texthöhe von Symbolbemaßungen.

— "Texthöhe":   Die Höhe von gewerkspezifischen Beschriftungen des Ge-
                         werkes Lüftung ist unter diesem Punkt veränderbar.

— "Textstil":   Der Textstil von gewerkspezifischen Beschriftungen des
                         Gewerkes Lüftung ist unter diesem Punkt veränderbar.

Mit den Funktionen unter dem Punkt **"pit anpassen"** können Sie einen kompletten Lüf-
tungsstrang oder eine Symbolgruppe zusammenfassen, mit den Befehlen unter "Symbol
Str. Gruppe" oder "Symbol Gruppe" werden diese Gruppen für das Einfügen ausgewählt.
Im Prinzip ist die Wirkungsweise mit der AutoCAD-Blocktechnik identisch. Mit
"Strangsymbole ablegen" erweitern Sie die angebotenen Symbole um ihre eigenen Defi-
nitionen.

Der pit-Befehl **"Decken Schnitt"** erzeugt einen Gebäudeschnitt in beliebiger Deckenstärke und Geschoßzahl. Dazu sind die Gebäudeecken und der Deckenunterkanten-Punkt
festzulegen. Jetzt zeichnen Sie die Kontur des Deckenschnittes, Deckensprünge sind
möglich. Die Kontur ist als Fußboden-Unterkante des untersten Geschoßes zu verstehen.
Abschließend sind Geschoßzahl, Deckenstärke und lichte Raumhöhe anzugeben. Pit-cup
erzeugt aus den Angaben automatisch den Deckenschnitt. Bild 6-38 zeigt ein Beispiel:

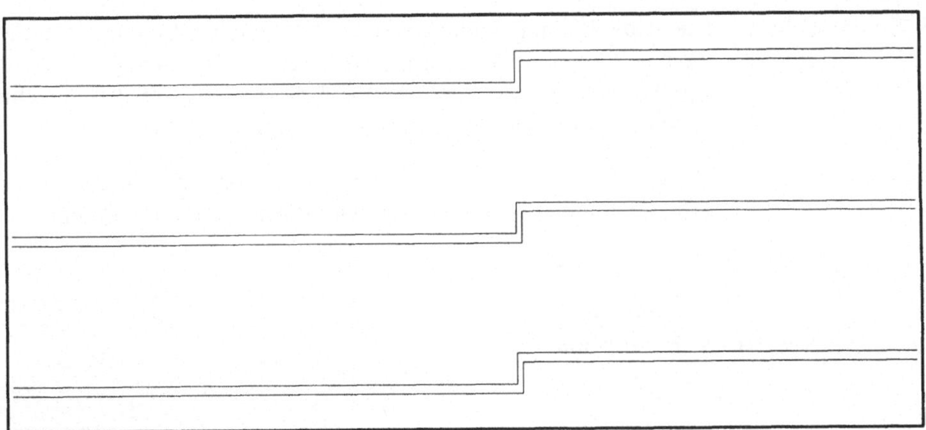

Bild 6-38: Deckenschnitt

"Lüftung Text" dient dem Beschriften der Zeichnung. Dabei wird ein separater Layer
für diese Beschriftungen verwendet, um sie unabhängig von den weiteren Texten ein-
und ausblenden zu können. In einem Dialogfenster nehmen Sie die Einstellungen für den
Layer, die Texthöhe im Plot, den Plotmaßstab und den Textstil vor. "Zeigen" übernimmt
den Layer aus der Zeichnung durch Anklicken eines Objektes auf dem gewünschten
Layer. Nach dem Bestätigen der Einstellungen mit "OK" klicken Sie den Startpunkt für

den Text auf der Zeichnung an und geben den gewünschten Winkel ein. Dann ist die Texteingabe, auch mehrzeilig, möglich.

6.6.2.2 Kanäle in Lüftung Schema

Da Symbole meist in Leitungen eingesetzt werden müssen, wird in der weiteren Darstellung der Funktionalitäten, entgegen der Menüstrukturierung, das Zeichnen von Kanälen behandelt. Darauffolgend sind die Symbole Gegenstand der Analyse.

Kanäle können einzeln oder "gebündelt" gezeichnet werden. Im Pull-Down-Menü "Kanäle" sind außerdem die Funktionen für das Bemaßen und Beschriften der Kanäle untergebracht.

Mit dem pit-Befehl **"Einzel"** wird ein einzelner Kanal gezeichnet. Nach dem Aufruf des Befehls ist der gewünschte Kanal auszuwählen. Das Dialogfenster zur Kanalauswahl (Bild 6-39) ist über eine der Plazieroptionen zu verlassen, "in Verlängerung" und "Relativ" wurden bereits im Kapitel 6.1.3 beschrieben:

— "Liniensuche":   Die neue Leitung kann an einer bestehenden Leitung beginnen. Zeigen Sie den Suchstartpunkt und die Richtung durch das Anklicken von zwei Punkten. Wird die Leitung für den Anschluß nicht gefunden, kann die Suchtiefe vergrößert werden.

— "Punkt":   Der erste Punkt ist mit den AutoCAD-Fangoptionen festzulegen. Er kann noch um einen einzugebenden Abstand versetzt werden.

Bild 6-39: Dialogfenster "Kanalauswahl"

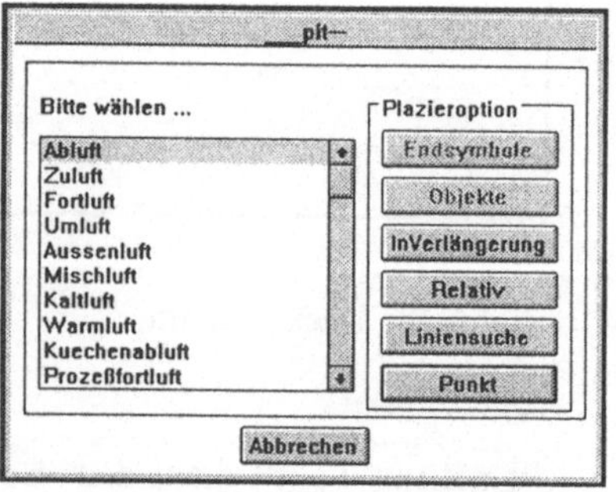

Ist der erste Punkt der Leitung festgelegt, wird durch das Festlegen von Punkten der Kanal fortgeführt. Mit <RETURN> können die beschriebenen Optionen wieder aufgerufen werden. Die Option "Liniensuche" benötigt aber nur noch die Angabe der Richtung für den Anschluß an einen bestehenden Kanal.

Stränge aus mehreren, auch verschiedenen, Kanälen zeichnen Sie mit dem Befehl
"MKanäle" (für Mehrfachkanäle). Die Abstände zwischen den Kanälen kann variieren.
Nach dem Aufruf des Befehls stellen Sie in einem Dialogfenster die Kanäle (Bild 6-40)
für den Strang zusammen.

Bild 6-40: Dialogfenster "MKanäle"

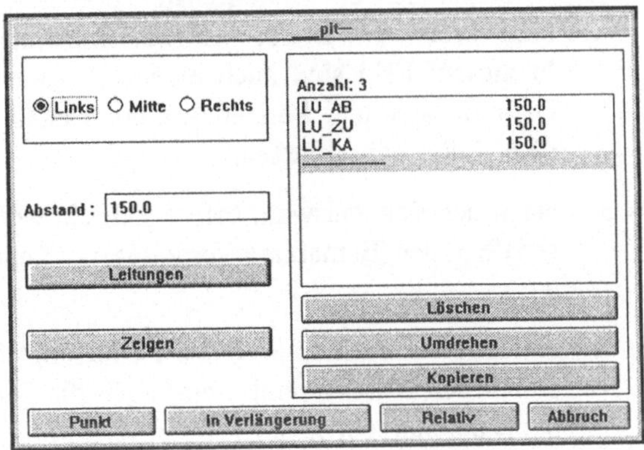

Folgende Optionen können Sie verwenden:

— "Versatz":   Der Konstruktionsversatz für den Kanal kann links, mittig oder rechts
                 liegen (Bild 6-41).

— "Abstand":   Dort ist der Abstand zum vorherigen Kanal einzugeben, bevor der Ka-
                 nal ausgewählt wird.

— "Leitungen":   Die Kanäle sind aus einem Dialogfenster auszuwählen. Eingefügt wird
                 der Kanal über den mit einem Balken als aktuell markierten Kanal.

— "Zeigen":   Mit "Zeigen" übernehmen Sie Kanäle aus der Zeichnung. Eingefügt
                 wird der Kanal über den mit einem Balken als aktuell markierten Ka-
                 nal.

— "Löschen":   Der aktuell markierte Kanal kann aus der Auswahl entfernt werden.

— "Kopieren":   Der aktuell markierte Kanal wird an das Ende der Auswahl kopiert.

Bild 6-41: Konstruktionsversatz

Mit einer der pit-Fangoptionen in der unteren Button-Leiste beginnen Sie das Zeichnen
des Stranges. Mit der Option "Punkt" können Sie die AutoCAD-Fangoptionen verwenden, "in Verlängerung" und "Relativ" wurden bereits im Kapitel 6.1.3 erläutert.

Der pit-Befehl **"Kanal Bemaßen"** erlaubt das Bemaßen einzelner Kanäle, aber auch von Kanalbündeln. Dieser Befehl ist folgendermaßen anzuwenden:

1. Befehl "Kanal Bemaßen" aufrufen und den zu bemaßenden Kanal anklicken.

2. Es öffnet sich ein Dialogfenster, dort ist die Rohrform und -art zu bestimmen. Im Feld "Wertwahl" ist der Nennwert anzuklicken, er erscheint im unteren Feld "Wert". In diesem Feld sind auch eigene Angaben möglich. Mit "OK" schließen Sie das Dialogfenster und können weitere Kanäle auswählen oder die Kanalauswahl mit <RETURN> abschließen.

3. Nach der Kanalauswahl öffnet sich ein weiteres Dialogfenster, dort sind die Eigenschaften der Bemaßung festzulegen (Kennzeichnung, Maßstab, Texthöhe, Layer etc.).

4. Anfangs- und Endpunkt der Bemaßungslinie sind durch Anklicken festzulegen. Durch den Anfangspunkt wird auch die Seite des Textes festgelegt. Die Bemaßung bei Kanalbündeln entspricht der Reihenfolge der Auswahl (Bild 6-43).

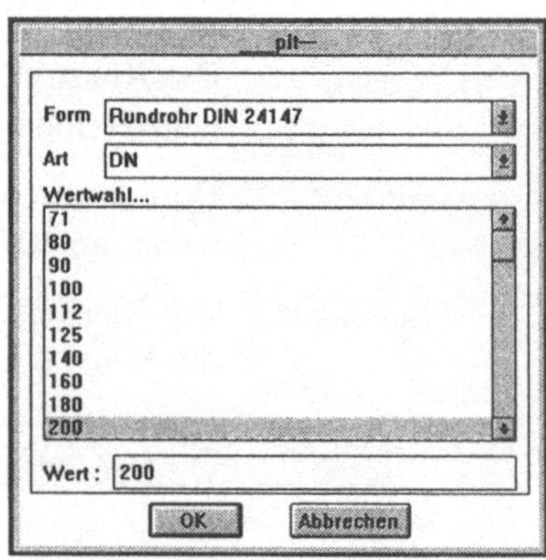

Bild 6-42: Dialogfenster "Leitung Bemaßen"

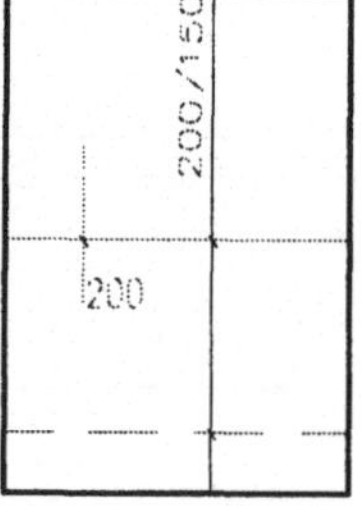

Bild 6-43: Kanäle bemaßen

Mit dem Befehl **"Kanaltext"** beschriften Sie Leitungen. Der Text wird in die Leitung mittig integriert, aus dem Leitungswinkel folgt auch der Textwinkel. Mit den Befehlen "Symbol Kopie" und "Symbol Löschen" kann der Text bearbeitet werden.

Bild 6-44: Kanaltext

6.6.2.3 Symbole in Lüftung Schema

Im Menübereich **"Symbole"** sind Befehle für das Einfügen und Editieren aller Symbole wie für Armaturen untergebracht. Im Normalfall werden die Symbole in bestehende Kanäle eingebaut. Bei der gleichzeitigen Auswahl mehrerer Armaturen ist der Einbau in eine Leitung oder die Definition eines neuen Strangs möglich.

Mit dem pit-Befehl **"Symbole Einzel/Auto"** können einzelne oder mehrere Symbole plaziert werden. Nach dem Anklicken erscheint ein Bildmenü, aus dem das oder die Symbole ausgewählt werden können. Die Auswahl wird mit "OK" abgeschlossen.

Wurde ein einzelnes Symbol gewählt, erfolgt die Frage nach dem Absetzpunkt. Durch Anklicken eines passenden Kanals wird das Symbol in diesen eingebaut, wobei die Linie automatisch aufgebrochen wird.

Wurden mehrere Symbole gewählt, öffnet sich ein weiteres Dialogfenster:

— "Plazierrichtung drehen":   Die Symbolreihenfolge kehrt sich um.

— "Abstand über Symbolbasis":   Bei Aktivierung dieses Punktes bezieht sich der Symbolabstand auf die Basispunkte der Symbole, sonst auf die Kanallänge zwischen den Symbolen (Bild 6-45).

— "Strang definieren":   Ein anderer als der aktuelle Strang ist auszuwählen.

— "Auto Abstand":   Der Abstand der Symbole kann auch durch Zeigen eingegeben werden.

— "Auto Winkel":   Der Winkel für die Richtung des Kanalstrangs wird dort festgelegt.

— "Symbolfaktor":   Der Größenfaktor für die Symbole kann verändert werden. Die Eingabe kann auch durch Zeigen auf vorhandene Symbole erfolgen.

Bild 6-45: Abstandsoptionen

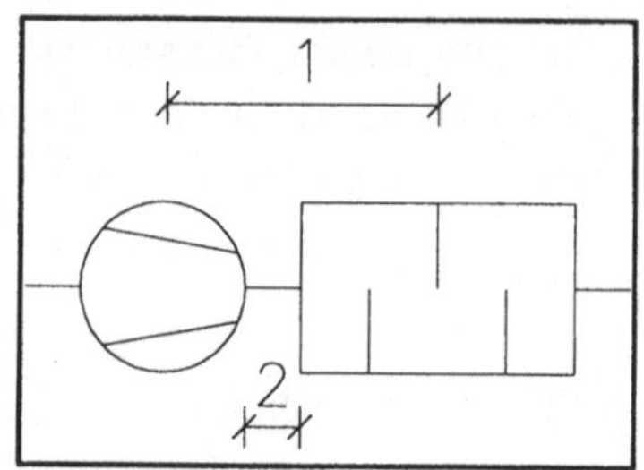

1   Abstand Symbolbasis

2   Abstand Kanallänge

Die Dialogbox kann über die Optionen "Punkt" oder "Linie" in der untersten Button-Leiste verlassen werden. Wird die Box über "Punkt" verlassen, entsteht ein neuer Strang, eine Leitung wird automatisch zwischen die Symbole gesetzt. Das Festlegen des Punktes kann durch Aktivieren einer der Plazieroptionen "Punkt", "in Verlängerung" oder "Relativ" bestimmt werden. Die Option "Punkt" erwartet das Anklicken eines Plazierungspunktes, dabei können die AutoCAD-Fangoptionen verwendet werden. Die Optionen "in Verlängerung" und "Relativ" wurden bereits im Kapitel 6.1.3 vorgestellt.

Wenn Sie die Option "Linie" anklicken, muß eine vorhandene Linie für den Einbau des Strangs gewählt werden.

Mit dem pit-Befehl **"Symbol Kopie"** können einzelne oder mehrere Symbole kopiert und ein neuer Strang gebildet werden. Bis auf die Symbolauswahl entspricht die Vorgehensweise dem Befehl "Symbol Einzel/Auto".

Der pit-Befehl **"Symbol Löschen"** löscht das gewählte Symbol oder eine Kanalbeschriftung sofort und schließt die Linie wieder.

Unter dem Menüpunkt **"Symbol Optionen"** finden Sie die Befehle:

— "Symbol über Kategorie":	Aufruf der Befehle "Symbol Einzel/Auto", "Symbol Einzel" und "Symbol Kreuz" nach vorheriger Wahl einer Kategorie (wie DIN-Norm oder Hersteller)
— "Symbol Einzel":	Sie fügen Symbole ein, die nicht in einen Strang gehören. Nach Auswahl des Symbols aus einem Bildmenü wird nach dem Drehwinkel gefragt, falls das Symbol nicht symmetrisch ist.
— "Symbol Bemaßen":	Wählen Sie das zu bemaßende Symbol, anschließend tragen Sie die Dimension (DN) in das sich öffnende Dialogfenster ein. Die Plazierung des Maßtextes kann durch Zeigen solange verändert werden, bis Sie mit <RETURN> die Position bestätigen.

6.6.3 Lüftung Grundriß

6.6.3.1 Menü "LU_GRUNDRISS"

Unter dem Punkt **"Status"** im Menü "LU_GRUNDRISS" werden die folgenden Voreinstellungen, die für die weitere Bearbeitung bis zur nächsten Änderung gelten, festgelegt:

— "Neu setzen": Vorgabewerte für die Konstruktion von Lüftungsanlagen werden aus einer Datei gelesen, diese Vorgaben gelten für alle Zeichnungen. Die Datei heißt "LUG_ALLG.TBL" und ist editierbar.

— "Texthöhe": Die Höhe von gewerkspezifischen Beschriftungen des Gewerkes Lüftung ist unter diesem Punkt veränderbar.

— "Textstil": Der Textstil von gewerkspezifischen Beschriftungen des Gewerkes Lüftung ist unter diesem Punkt veränderbar.

— "Gerät Bemaßungsart": Für verschiedene Geräte sind auch unterschiedliche Bemaßungen erforderlich. Vor dem Bemaßen von Geräten sind dort die gewünschten Angaben in Zeilen zusammenzustellen. Neben den geometrischen und vorgegebenen Werten (Abmaße, Fabrikat, Luftart), die beim Bemaßen aus der Zeichnung ermittelt werden, sind auch freie Abfragen möglich. Auf die freien Abfragen geben Sie unmittelbar beim Bemaßen Antwort.

— "Bemaßungsgröße": Die Höhe des Maßtextes für die Gerätebemaßung ist dort veränderbar.

Mit den Funktionen unter dem Punkt **"pit anpassen"** können Sie eine komplette Symbolgruppe oder eine Geräteeinheit zusammenfassen, mit den Befehlen unter "Symbol Gruppe" oder "Geräte Gruppe" werden diese Gruppen für das Einfügen ausgewählt. Im Prinzip ist die Wirkungsweise mit der AutoCAD-Blocktechnik identisch. Mit "Strangsymbole ablegen" erweitern Sie die angebotenen Symbole um ihre eigenen Definitionen.

Der pit-Befehl **"Fadenkreuz Winkel"** dreht das Cursor-Fadenkreuz um den angegeben Winkel. Für die Winkeleingabe sind Werteeingaben oder das Übernehmen des Winkels eines Zeichnungselementes möglich. Wurde das Fadenkreuz gedreht, stellt der Befehl "Fadenkreuz 0 Grad" das Fadenkreuz wieder zurück.

Mit dem pit-Befehl **"Deckenraster"** plazieren Sie ein Deckenraster, zum Beispiel für das Plazieren von Luftauslässen, durch Anklicken von drei Raumecken (links unten, rechts unten und links oben). Anschließend öffnet sich ein Dialogfenster, um die Rasterwerte einzustellen. Dabei hilft Ihnen ein Beschreibungsdia (Bild 6-46). Die Option "Gitter zeichnen" muß aktiviert werden, um das Raster zu zeichnen. Durch Anklicken von "OK" werden die Einstellungen bestätigt und das Raster von pit-cup automatisch gezeichnet.

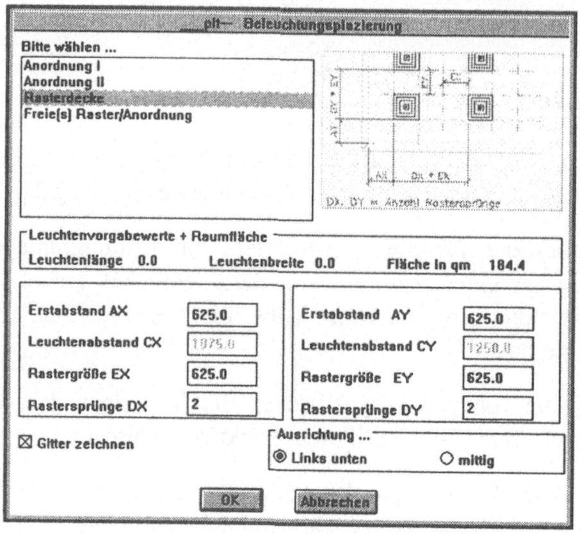

Bild 6-46: Dialogfenster "Deckenraster"

Der pit-Befehl **"Kanalschieber"** berechnet Werte für Kanalabmessungen über Luftgeschwindigkeit und Volumenstrom. Der Volumenstrom läßt sich eingeben oder durch die Eingabe von Luftwechsel, Raumhöhe und Raumfläche ermitteln. Für diese Ermittlung kann auch das einer Raumdefinition erzeugte Raumpolygon (Kapitel 6.4.3.4) angeklickt werden. Gelten räumlich begrenzte Verhältnisse für den Kanal, lassen sich in den Feldern Breite, Höhe oder Durchmesser vorgeben. Wird ein Wert als Fixwert (Fixbreite, -höhe, -durchmesser) in der Auswahlreihe definiert, werden nur Kombinationen mit diesem Wert aufgelistet. Der jeweils freie Wert steigt in Fünferschritten. Die errechnete Luftgeschwindigkeit wird am Ende der jeweiligen Zeile angezeigt.

Bild 6-47: Kanalschieber

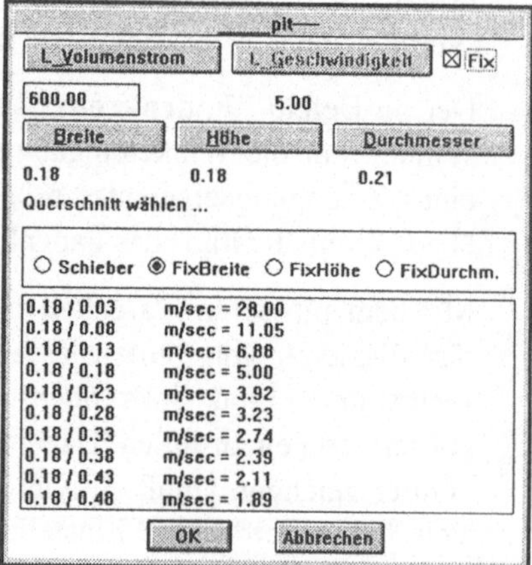

Die nach Aktivieren des Punktes "Fix" (im Dialogfenster ganz oben, Bild 6-47) angeklickte Kombination für einen Kanalquerschnitt im Listenfeld wird als Vorgabe für die
Kanalkonstruktion verwendet. Sie finden dann diese Werte im Dialogfenster des pit-Befehls "Kanal Bogen/Eck" als Vorgaben wieder.

Zu beachten ist, daß die Einheiten zur Berechnung von Kanalabmessungen immer SI-
Einheiten sind, eine Aufstellung finden Sie in Tabelle 6-2. Die in pit-cup getroffene
Einheitendefinitionen (Einheitsmaßstab Meter, Zentimeter oder Millimeter) gelten für die
Zeichnungserstellung und nicht für Berechnungen.

Tabelle 6-2:   Einheiten für die Kanalberechnung

Volumenstrom	m^3/h
Luftgeschwindigkeit	m/s
Raumfläche	m^2
Luftwechsel	l/h
Breite, Höhe, Durchmesser, Raumhöhe	m

Mit dem pit-Befehl **"Symbol Setzen"** fügen Sie allgemeine Symbole der Lüftungstechnik wie Richtungspfeile in die Zeichnung ein. Aus einem Dialogfenster wählen Sie das
gewünschte Symbol und klicken dann den Einfügepunkt an. Geben Sie statt des Einfügepunktes <RETURN> ein, können Sie das Symbol unter Verwendung der Fangoptionen
"in Verlängerung", "Relativ" (Kapitel 6.3.1) oder "Streckenmitte" einfügen. Bei der
Fangoption "Streckenmitte" sind zwei Punkte einzugeben, zwischen diesen wird das
Symbol mittig eingesetzt.

Der pit-Befehl **"Durchbruch"** ist identisch mit dem gleichnamigen Befehl aus pit-bau
und wurde bereits im Kapitel 6.4.3.2 beschrieben.

"Lüftung Text" dient dem Beschriften der Zeichnung. Dabei wird ein separater Layer
für diese Beschriftungen verwendet, um sie unabhängig von den weiteren Texten ein-
und ausblenden zu können. In einem Dialogfenster nehmen Sie die Einstellungen für den
Layer, die Texthöhe im Plot, den Plotmaßstab und den Textstil vor. "Zeigen" übernimmt
den Layer aus der Zeichnung durch Anklicken eines Objektes auf dem gewünschten
Layer. Nach dem Bestätigen der Einstellungen mit "OK" klicken Sie den Startpunkt für
den Text auf der Zeichnung an und geben den gewünschten Winkel ein. Dann ist die
Texteingabe, auch mehrzeilig, möglich.

6.6.3.2 Menü "Lüftung Grundriß Kanäle"

Unter diesem Menü sind die Funktionen für die Konstruktion von Lüftungskanälen zusammengefaßt. Die Kanäle erhalten ihrer Luft- und Materialart oder Anlagendefinition gemäß einen separaten Layer.

Es empfiehlt sich, zunächst alle Lüftungselemente im Grundriß zweidimensional darzustellen. (Die Elemente können durch Aktivieren der Option "3D-Aufbau" bei der Konstruktion sofort dreidimensional dargestellt werden. Diese Verfahrensweise kann aber schnell zur Unübersichtlichkeit der Zeichnung und sehr großen Dateien mit langen Regenerierungszeiten etc. führen.) Die dreidimensionale Darstellung von Lüftungsanlagen ist besonders im Rahmen der Fertigungsübergabe und der Montageplanung ausführender Firmen bei komplexen Anlagen interessant, aber nicht unbedingt in den ersten Planungsstadien oder bei einfachen Anlagen.

Lüftungsanlagen bestehen nicht nur aus Kanalelementen, sondern auch aus Geräten für die Zu- und Abführung der Luft, Trocknung oder Befeuchtung sowie für die Verringerung der Schallemissionen usw. zuständig sind. Es ist günstig, zuerst einen Kanal mit den Abmessungen der Geräte zu zeichnen und dann die Geräte in den Kanal einzufügen.

Der pit-Befehl **"Kanal Info/Formteile"** zeigt Ihnen alle geometrischen Daten eines Kanals oder Kanalteils an. Dazu ist der 2D-Kanal anzuklicken. Mit **"Zeichne ein ?"** reicht der Klick auf einen Kanal, ein Gerät oder Formteil auf der Zeichnung und es wird der Befehl zum Zeichnen eines solchen Elements aufgerufen.

Mit dem Befehl **"Kanal/Bogen/Eck"** wird ein Kanalzug mit automatischer Erzeugung von Bögen oder Ecken konstruiert. Nach Aufruf des Befehls ist die Luftart festzulegen, dann können im Dialogfenster "Kanal/Bogen/Eck" (Bild 6-48) die Voreinstellungen gesetzt werden.

Bild 6-48:   Dialogfenster
                    "Kanal/Bogen/Eck"

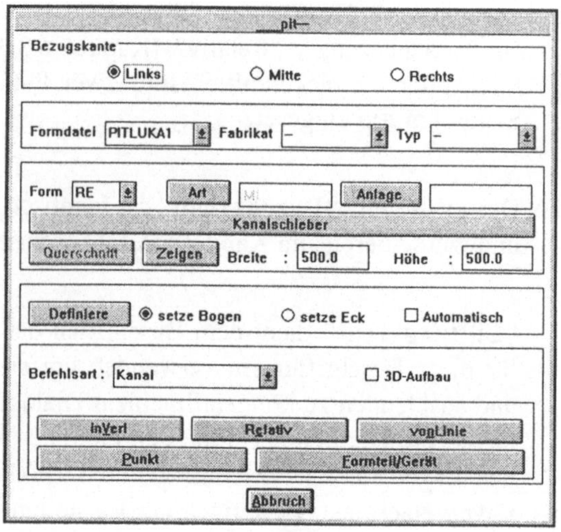

Im folgenden werden die Dialogfenstereinstellungen vorgestellt:

— "Bezugskante": In diesem Feld wird der Versatz (Links, Mitte, Rechts) für die Konstruktionslinie festgelegt (Bild 6-49).

— "Formdatei": Formdateien enthalten Kanal-Luftarten und -Typen. Aus den Einträgen in der Formdatei folgen die möglichen Einträge unter "Form" und "Art". Im Standard-Lieferumfang ist zunächst nur die Datei "PITLUKA1" enthalten. Als mögliche Formen stehen RE, RU und FLEX (rechteckig, rund und flexibel) zur Verfügung. Unter "Art" ist die Auswahl der möglichen Luftarten verfügbar.

— "Fabrikat": Als Fabrikat kann frei (kein spezielles) oder ein bestimmtes gewählt werden. Zur Verfügung steht als bestimmtes Fabrikat beim Standard-Lieferumfang zur Zeit nur DIN 24157 zur Verfügung. Ist ein bestimmtes Fabrikat eingestellt, sind einige andere Optionen für Eingaben gesperrt bzw. dadurch verfügbar.

— "Typ": Der Typ ist eine weitere Unterteilung zum Fabrikat.

— "Form/Art": siehe Formdatei

— "Anlage": Für die Unterscheidung verschiedener Kanalsysteme (Massenermittlung) sind dort Angaben für die aktuelle Einstellung möglich. Bis zur nächsten Änderung gehören alle konstruierten Kanäle zu der festgelegten Anlage. Bitte verwenden Sie keine Sonderzeichen und Umlaute für den Anlagennamen. Der Anlagenname fließt in die Layerbezeichnung ein, um die Anlagen getrennt sichtbar/unsichtbar zu machen.

— "Kanalschieber": Lesen Sie dazu die Erläuterung zum Befehl "Kanalschieber" im Kapitel 6.6.3.1.

— "Querschnitt": Bei einem bestimmten Fabrikat kann aus einer Liste eine Querschnittskombination gewählt werden.

— "Zeigen": Die Werte eines vorhandenen Kanals sind aus der Zeichnung zu übernehmen.

— "Breite/Höhe": Stellen Sie dort die Querschnittswerte des Kanals ein. Bei Rohren ist der Durchmesser unter "Breite" einzutragen.

— "Definiere": In einem weiteren Dialogfenster sind die Abmessungen für Bögen oder Ecken des zu konstruierenden Kanals zu definieren.

— "setze Bogen/Eck": Legen Sie fest, welches dieser Formteile zwischen die Kanalstücke eingesetzt wird. Diese Einstellung wird beim Kanalzeichnen nur berücksichtigt, wenn auch die Option "Automatisch" aktiviert ist. Sonst wird beim Zeichnen des Kanalzuges die Form Bogen oder Eck für die Formteile abgefragt.

— "Befehlsart":   Diese Einstellungen werden im folgenden erläutert.

— "3D-Aufbau":   Bei Aktivierung dieser Option erfolgt der 3D-Aufbau der Ka-
                         nalteile.

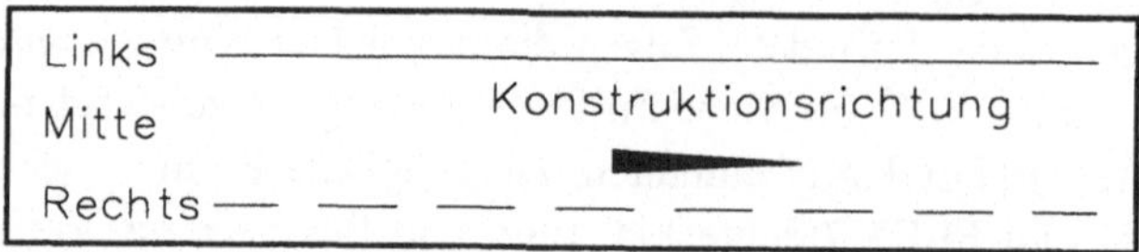

Bild 6-49: Konstruktionsversatz

Durch das Anklicken einer pit-Fangoption im unteren Teil des Dialogfensters wird das
Zeichnen des Kanalzuges gestartet, "in Verlängerung" und "Relativ" wurden bereits im
Kapitel 6.3.1 erläutert:

— "VonLinie":   Diese Option stellt die interessanteste Variante der Kanalkon-
                         struktion dar. Eine vorhandene Linie wird in einen Kanal um-
                         gewandelt.

— "Punkt":   Klicken Sie den Startpunkt für den Kanalzug an. Dabei können
                         die AutoCAD-Fangoptionen genutzt werden.

— "Formteil/Gerät":   Der Kanal wird an ein vorhandenes Gerät angeschlossen.

Das Bild 6-50 zeigt ein Beispiel für die Konstruktion eines Luftkanals mit eingestelltem
Abstand zum Punktfang. Um diesen Abstand wird der Kanal orthogonal zur Konstruktionslinie gezeichnet. Mit diesem Abstand ist es möglich, zum Beispiel die Wandecken
als Fangpunkte zu verwenden, aber den Kanal mit Abstand zur Wand zu verlegen.

Bild 6-50: Abstand zum Punktfang

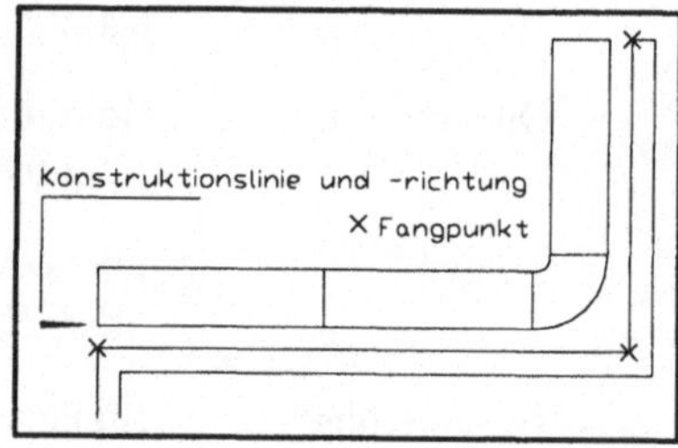

Die Befehlsarten für "Kanal/Bogen/Eck":

— "Kanal":   Nach der Bestimmung des ersten Punktes kann dieser um
                         einen anzugebenden Abstand versetzt werden. Sie können zum
                         Beispiel ein Wandende anklicken, da dieser Punkt als einziger
                         Bezug für den Kanalanfang zur Verfügung steht. Da aber der
                         Kanal in diesem Beispiel neben und nicht auf der Wand

verlaufen soll, kann mit der Abstandsangabe der Startpunkt orthogonal zur Wand versetzt werden. Es folgt die Frage nach dem zweiten Punkt, dort sind die AutoCAD-Fangoptionen anwendbar. Mit <RETURN> rufen Sie pit-Fangoptionen auf, entweder werden diese in diesem Kapitel beschrieben oder wurden bereits im Kapitel 6.3.1 erläutert. Die weiteren Punkte werden ebenso festgelegt. Mit "Ende" schließen Sie den Kanalzug ab.

— "Bogen/Eck":   Damit plazieren Sie einen frei sitzenden Bogen oder setzen ihn an ein Kanalende an. Zum Einfügen eines Bogen/Ecks zwischen Kanalteile ist der Befehl "Formteile am Kanal vorgesehen".

— "Z+Kanal, Z-Kanal":   Mit dieser Option fügen Sie ein Symbol zur Kennzeichnung eines in Z-Richtung (nach oben oder unten) verlaufenden Kanals ein. An diese Symbole angebaute Kanalteile verlaufen in senkrechter Richtung.

— "Bogen/Eck Z+/Z-":   Es wird ein Bogen/Eck, welches in Z-Richtung (nach oben oder unten) verläuft, eingefügt. Die Frage nach dem Einfügen des Symbols für Kanalteile Z+/Z- ist mit "JA" zu beantworten, falls weitere Kanalteile in Z-Richtung einzufügen.

Der pit-Befehl **"Kanal Z+Z- definieren"** dient dem Anfügen weiterer Kanalbauteile an die Symbole für Kanalteile Z+/Z- in senkrechter Richtung. Gestartet wird der Befehl über den Menübefehl oder als Option der Befehle "Formteile am Kanal" oder "Geräte Einzel/Auto". Bei allen Aufrufen muß ein vorhandenes Symbol für Kanal Z+/Z- angeklickt werden (Bild 6-51). Die angefügten Bauteile werden erst bei einer dreidimensionalen Darstellung sichtbar (Befehl "Kanal 2D→3D").

Bild 6-51: Symbole für Z+/Z-

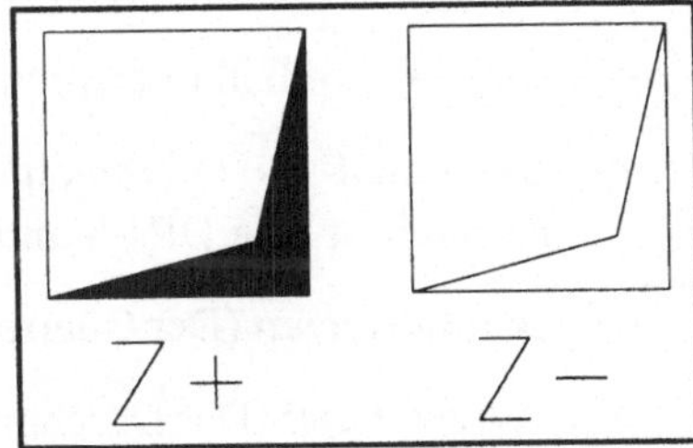

Die Philosophie von pit-cup sieht das Zeichnen von Luftkanälen mit **automatischer Generierung der Formteile** vor. Das manuelle Einfügen von Formteilen in Kanalzüge nehmen Sie mit dem Befehl **"Formteile am Kanal"** vor. Wählen Sie das gewünschte Formteil aus dem Dialogfenster und klicken Sie dann den Button "Ausführen" an. Identifizieren Sie durch Anklicken den oder die Kanäle für den Einbau des Formteils. Es öffnet sich dann ein formteilspezifisches Dialogfenster zur Festlegung der geometrischen Werte und von Fabrikat/Typ. Für jedes Formteil können Sie sich ein Hilfsdia auf den Bildschirm holen, das den Aufbau und die Definition des Formteils erläutert. Die mögliche Formteile sind:

— **Bogen oder Knie** (Es werden automatisch zwei Lüftungskanäle durch einen Bogen oder Knie miteinander verbunden. Es ist darauf zu achten, daß die beiden Kanäle entweder beide innen oder beide außen angeklickt werden.),

— **T-Stück** (Es muß zuerst der Abgangskanal und dann der Durchgangskanal markiert werden. Der Durchgangskanal ist auf der Seite des Anschlußkanals anzuklicken.),

— **T-Stück mit Übergang** (T-Stück mit Reduzierung der Kanalbreite, zuerst ist der Abgangskanal, dann der größere Durchgangskanal am Abgang und abschließend der kleinere Durchgangskanal anzuklicken.),

— **T-Stück Kreuz** (Bei der Wahl der Kanäle ist die Reihenfolge Abgangskanal, größerer Durchgangskanal, kleinerer Durchgangskanal, zweiter Abgangskanal einzuhalten. Geklickt wird auf der Seite des ersten Abgangs.)

— **T-Stück Z+/Z-** (Für den Anbau weiterer Kanalteile an dieses T-Stück in senkrechter Richtung ist das Symbol für Kanalteile Z+/Z- einzufügen.),

— **Übergang** (Es werden zwei Kanäle mit unterschiedlichen Querschnitten und eventuell auch unterschiedlichen Querschnittsformen verbunden. Es sind beide Kanäle auf derselben Seite zu markieren. Der zuerst angeklickte Kanal bleibt unverändert, der zweite wird nach den Vorgaben gestreckt. Es ist auch möglich, den Übergang zwischen die Kanäle zu legen. Bei der geometrischen Definition werden die Formen sowie die Abmaße der zwei Kanäle angegeben. Die Übergangslänge wird vorgeschlagen (Restlänge des zweiten Kanals). Mit dem Button "Zeigen" wird die Übergangslänge angezeigt. Für einen Übergang zwischen einem Lüftungsgerät und einem Kanal muß zuerst das Symbol und dann der Kanal gezeigt werden.

— **Bogen/Knie Z+/Z-** (siehe dazu auch T-Stück)

— **Etage Z+/Z-** (Höhenübergang)

— **Etage Grundriß** (Versprung in X- oder Y-Richtung)

— **Z+ Kanal Z-** (Verbindung zweier Kanalenden in unterschiedlicher Höhe, das Formteil ist kein DIN-Symbol und wird für Stücklisten nicht ausgewertet.)

— **Schuh/Stutzen** (Der Querschnitt wird automatisch festgelegt.)

— **Stutzen rund** (Der Durchmesser wird automatisch festgelegt.)

— **Enddeckel** (Die Größe wird automatisch an die Kanalgröße angepaßt.)

— **Rohrbogen-Muffe** (Der Durchmesser wird automatisch an den Bogen angepaßt.)

Es existieren drei Möglichkeiten, Lüftungsgeräte in die Zeichnung einzufügen:

Mit dem pit-Befehl **"Gerät Einzel/Auto"** werden Geräte zusammengestellt und automatisch in bestehende Kanalsysteme eingefügt. Aus einem Dialogfenster sind die Geräte zu wählen und in der gewünschten Reihenfolge aneinandergefügt. Bild 6-53 zeigt eine Gruppe von Geräten, die mit "Geräte Einzel/Auto" zusammengestellt wurden.

Die Vorgabewerte für Breite, Höhe und Länge können verändert werden. Durch Aktivierung der Option "Kanal" gelten die Kanalabmaße. Für Rundgeräte ist die entsprechende Option zu wählen. Mit "Übernehmen" wird das Gerät mit seinen Abmessungen in die Liste aufgenommen. Beim Verlassen des Dialogfenster über "OK" fügt pit-cup die Geräte entsprechend der in der Liste festgelegten Reihenfolge in die Zeichnung ein. Dabei wird die Plazieroption abgefragt:

— "Kanal":   Das oder die Gerät(e) werden in einen Kanal eingebaut. Dazu ist der Kanal anzuklicken. Dessen Endpunkt wird zunächst als Einfügepunkt vorgeschlagen, der Punkt kann aber verschoben werden.

— "Z+/Z- Symbol": Es wird der bereits beschriebene pit-Befehl "Z+/- Definieren" aktiviert.

— "Frei":   Zwei anzuklickende Punkte beschreiben die Richtung der Geräte, ein dritter Punkt die Seite. Durch Versatzeingabe können außermittige Anordnungen erreicht werden.

Ist die Geräteeinheit größer als der Kanal oder außermittig plaziert, sind mit "Formteile am Kanal" Übergänge einzubauen. Dabei muß zuerst das Gerät angeklickt werden.

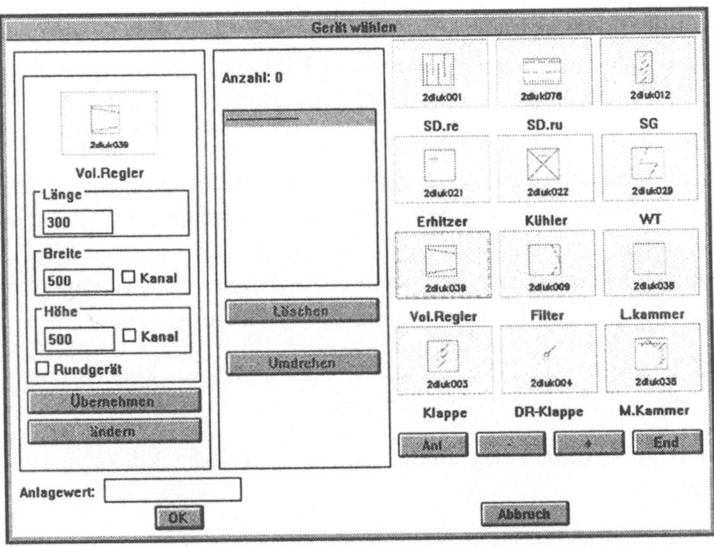

Bild 6-52: Dialogfenster "Gerät Einzel/Auto"

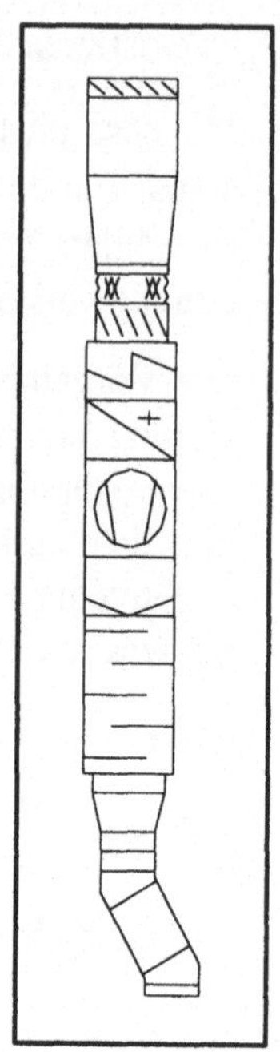

Bild 6-53:   Gerätekombination aus Segeltuchstutzen, Drossel-
klappe, Filter, Erhitzer, Ventilator und Schalldämpfer

Mit dem pit-Befehl **"Geräte Gruppen"** können die unter "pit anpassen" zusammenge-
stellten Gruppierungen eingefügt werden. Einige Gerätekombinationen wurden bereits in
fertige Gruppen zusammengefaßt. Die Abmessungen der Einzelteile werden nacheinander durch Dialogboxen abgefragt. Das Einfügen in die Zeichnung ist analog dem
Befehl "Geräte Einzel/Auto".

Die fabrikatsbezogene Geräteauslegung für Geräte von Dillinger Stahlbau (DSD) automatisiert die Auswahl der Gerätegruppe inklusive der Abmessungen.

Der pit-Befehl **"Gerät Einzel"** fügt spezielle Geräte wie Drallauslässe, Deckenventila-
toren usw. einzeln in die Zeichnung ein. Aus einem Dialogfenster ist das Gerät auszuwählen. Dann werden die Maße und Definitionen des Gerätes festgelegt. Mit "Zeigen"
übernehmen Sie dabei Werte aus der Zeichnung. Über "Datei Def." können Sie Fabri-
katsdateien wählen. Abschließend ist der Absetzpunkt zu definieren, die Fangoptionen
"in Verlängerung" und "Relativ" wurden bereits im Kapitel 6.1.3 vorgestellt:

— "Punkt":   Sie zeigen die Absetzpunkte direkt. Dabei können Sie die
                      AutoCAD-Fangoptionen verwenden.

— "Streckenmitte":   Der Absetzpunkt liegt mittig zwischen zwei anzuklickenden Punk-
                      ten.

— "Deckenraster":   Das Deckenraster wurde bereits im vorigen Kapitel 6.6.3.1 bespro-
                      chen.

Mit **"Gerät Kopie"** werden bereits gezeichnete Geräte kopiert, bis auf die Auswahl durch Anklicken vorhandener Geräte ist die Bedienung mit dem Befehl "Geräte Einzel/Auto" identisch.

Nachträgliche Veränderungen an Kanälen, Formteilen und Geräten führen Sie mit den gleichnamigen Änderungsbefehlen durch. Bei **"Ändere ein ?"** ist das zu ändernde Element anzuklicken und pit-cup ruft den passenden Befehl auf.

An einem Kanal sind die folgenden Änderungen möglich:

— Querschnitt und Länge ändern,

— Optionen korrigieren (Das Element wird komplett neu nach den originalen Vorgaben gezeichnet.),

— Verbinden und Anschließen von Kanalteilen,

— Teilen,

— Öffnen (Herausbrechen von Stücken aus einem Kanalteil),

— Einbauen von Paßstücken und

— Einteilen in Schußlängen.

Bei Änderungen an Formteilen steht das von der Konstruktion her bekannte Dialogfenster für die Neueingabe von Werten zur Verfügung. Zusätzlich können Bogen oder Knie gespiegelt oder getauscht werden. Für alle Bauteile mit Versatz oder Höhenänderungen sind diese Werte auch nachträglich zu verändern.

Für Paßstücke sind Längenänderungen möglich.

Nach der Querschnittsveränderung von Kanalteilen erhält das Symbol für Z+/Z- mit der Option "2D-Aufbau bei Z+ Z-" eine auf den neuen Querschnitt angepaßte Kontur.

Für Geräte lassen sich alle geometrischen Werte (Länge, Breite, Höhe und Niveau) verändern.

Die **Kanalbemaßung** kann sowohl im Modell- als auch im Papierbereich vorgenommen werden. Empfohlen wird die Bemaßung im Papierbereich. Dazu ist in den Papierbereich zu wechseln und ein Ansichtsfenster im gewünschten Maßstab zu öffnen.

Beim Bemaßen im Modellbereich mit dem pit-Befehl "Kanal bemaßen im MB" können Kanäle einzeln oder komplett bemaßt werden. Zunächst sind Maßstab und Höhe des Maßtextes einzustellen sowie eine der Bemaßungsarten Flansch- oder Längsbemaßung (Bilder 6-54 und 6-55).

Über die Auswahl einer der Optionen wird das Bemaßen gestartet:

— "Einzel":   Zum Bemaßen einzelner 2D-Kanalbauteile, diese sind anzuklicken.

— "Auto":   Für das Bemaßen eines kompletten 2D-Stranges.

— "Von bis":   Für das Bemaßen eines Teilstranges, Start- und Endpunkt sind anzu-
                klicken.

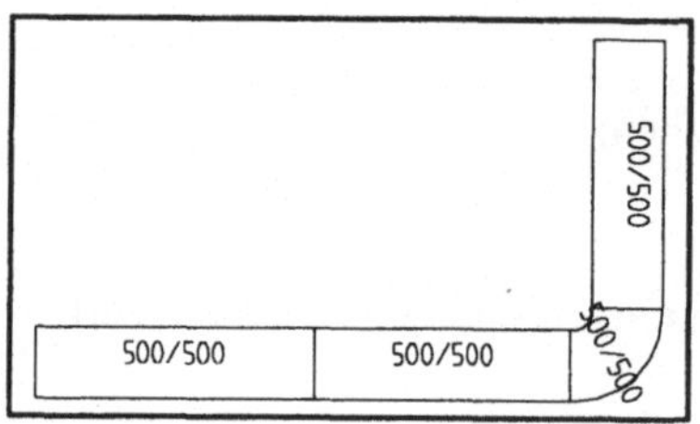

Bild 6-54: Längenbemaßung

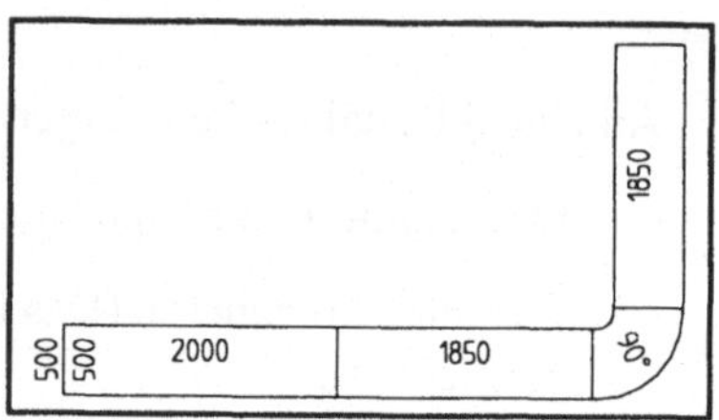

Bild 6-55: Flanschbemaßung

Für das "Kanal Bemaßen im PB" ist in einem Ansichtsfenster des Papierbereichs auf den
Kanal zu klicken. Alle Werte werden durch pit-cup ermittelt und in einem Dialogfenster
dargestellt. Links von den Werten befinden sich Schaltflächen, über die Sie einstellen, ob
der jeweilige Wert in der Bemaßung gezeigt werden soll (Bild 6-65). Abschließend wird
die Bemaßung plaziert und ggf. mit einer Hinweislinie zum Kanal versehen.

Bild 6-56: Bemaßen im Papierbereich

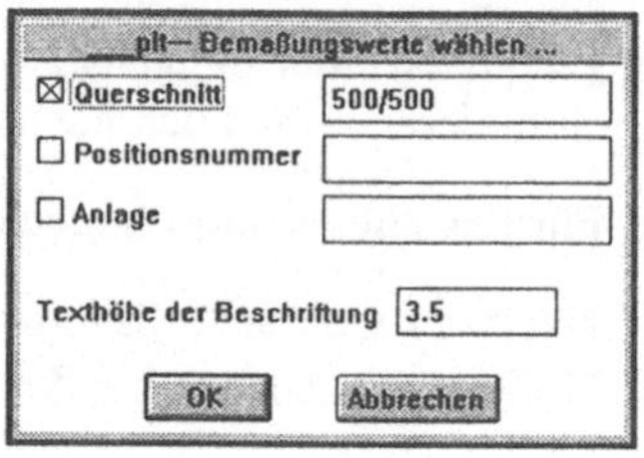

"Geräte bemaßen" bemaßt automatisch Geräte, wobei die unter "Status" eingestellte
Bemaßungsart verwendet wird. Der Standort einer Bemaßung kann durch Klicken solange verschoben werden, bis Sie mit <RETURN> die Position bestätigen.

Der pit-Befehl **"Kanal Schraffur"** fragt Sie in einem Dialogfenster nach den Be-
maßungsparametern wie Schraffurstil und -größe, die Auswahl der zu schraffierenden
Objekte kann einzeln oder für den Layer erfolgen.

Für die Weitergabe von Daten über Schnittstellen sind **Positionsnummern** für die Kanäle erforderlich. Am komfortabelsten arbeitet die automatische Positionsnummernvergabe mit dem pit-Befehl "Setzen" Option "Automatisch" unter dem Menüpunkt Positionsnummern. Klicken Sie das erste Kanalelement an und legen Sie die Startnummer fest. Pit-cup vergibt die Folgenummern. Für abzweigende Kanäle ist die Funktion erneut aufzurufen. Zum Abschluß der Konstruktion empfiehlt sich eine Prüfung und der Neuaufbau der Positionsnummern mit den entsprechenden Befehlen.

Das Hochziehen der zweidimensionalen in die dreidimensionale Darstellung wird mit dem Befehl "2D→3D Kanäle" durchgeführt. Dazu ist die Höhenlage und der Bezug der Höhenlage (Achse, Ober- oder Unterkante des Kanals) anzugeben.

Der pit-Befehl **"Kanäle von...bis"** erzeugt die dreidimensionale Darstellung nicht für die gesamte Zeichnung, sondern ausgewählte Stränge, zum Beispiel im Bereich von Schnitten.

Dreidimensionale Rohre können aus Linien oder Bögen erzeugt werden. Der Befehl **"2D→3D Linie/Bogen → Rohr"** erzeugt das Rohr mit dem einzugebenden Durchmesser aus einer Linie oder einem Bogen.

Für die Weitergabe von Daten über **Schnittstellen** ist zunächst eine Stückliste zu erzeugen. Vor dem Ausführen des Befehls "Stückliste" ist der AutoCAD-Befehl "Zoom Grenzen" auszuführen, um alle Kanalteile erfassen zu können. Der Befehl "Schnittstelle" konvertiert die erzeugte Stückliste in das zu wählende Format (wie Solar, KLiMax etc.). Diese konvertierte Stückliste wird dann an das Programm übergeben.

6.6.4 Beispielkonstruktion einer Lüftungsanlage

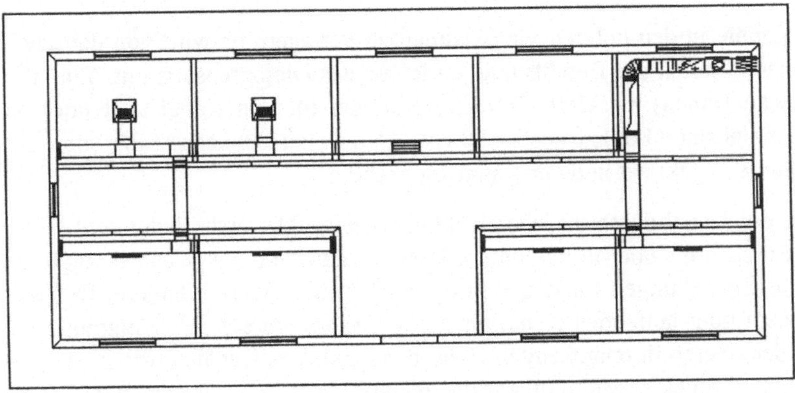

Bild 6-57: Beispiel für eine Lüftungsanlage

Als Grundlage dient der mit pit-Bau erzeugte Grundriß mit den schon eingefügten Durchbrüchen für die Lüftungskanäle. Die fertige dreidimensionale Lüftungsanlage ist in den Bildern 6-57 und 6-61 zu sehen. Die Anlage versorgt die Räume mit Frischluft. In den Räumen sind verschiedene Geräte eingebaut. Für den Kanal wurde eine Höhe von 20 cm und eine Breite von 50 cm gewählt. Der Kanal verläuft 10 cm unter der Dachkante. Im oberen rechten Raum des Gebäudes befinden sich die lufttechnischen Geräte. Es werden als erstes ein Schutzgitter, dann ein Ventilator, ein Elektroerhitzer und ein Schalldämpfer eingebaut. Die Konstruktion wird erleichtert, wenn "Fang" und "Ortho" eingeschaltet sind.

Zur Verlegung des Kanals wird der Befehl "Kanal/Bogen/Eck" aufgerufen. Es ist die Luftart "Zuluft" zu wählen. Für den Kanal gelten die Einstellungen:

— Versatz: rechts

— Formdatei: PITLUK1

— Fabrikat: Frei

— Typ: Frei

— Form: RE (für rechteckig)

— Breite: 50 cm

— Höhe: 20 cm

— Einstellung Bogen/Eck: "setze Bogen" und "Automatisch"

— Definition: Die Einstellungen von pit-cup werden übernommen.

— Zu verlegendes Teil: Kanal

Wählen Sie die Fangoption "Punkt". Der erste Punkt wird in der oberen rechten Ecke des Gebäudes festgelegt. Auf die Abfrage "Kanalabstand zum Punktfang" ist 20 einzugeben. Als zweiter Punkt wird die obere linke Ecke des Raumes angeklickt und die Vorgabe des Kanalabstandes (20) mit der Eingabetaste übernommen. Der nächste Punkt liegt senkrecht nach unten auf der unteren Flurwand. Durch <RETURN> und Anwählen der Option "Ende" beenden Sie den Kanalzug.

Jetzt sind die Kanäle in den unteren vier Räumen zu verlegen. Es wird von den jeweils zwei Räumen nach Starten des Befehls und Verlassen des Dialogfensters mit "Punkt" die obere rechte Ecke (innen) markiert. Die Einstellungen für den Kanal sind noch vorhanden. Der Kanalabstand beträgt wieder 20 cm. Als zweiter Punkt wird die obere linke Ecke beider Räume angeklickt und der Kanalzug beendet.

Daraufhin wird der Kanal durch die oberen Räume gelegt. Der erste Fangpunkt liegt im ersten Raum (Raum links oben) links unten. Der Kanalabstand zur Wand beträgt ebenfalls 20 cm. Die Einstellungen für den Kanal brauchen Sie nicht zu ändern. Der Kanal wird kurz vor dem quer laufenden Kanal im fünften Raum verlegt. Als Fangpunkt dient die Innenseite der oberen durchgehenden Zwischenwand. Bei Kanälen, die in der Konstruktion in einem T-Stück enden, muß auf die genaue Länge beim Festlegen des zweiten Punktes nicht geachtet werden. Beim Einfügen des T-Stücks bringt pit-cup den Kanal automatisch auf die entsprechende Länge.

Eingefügt wird außerdem die linke Verbindung zwischen den oberen und unteren Räumen. Nach Aufrufen des Befehls und Verlassen über die Option "Punkt" ist die obere rechte Ecke des ersten unteren Raumes zu fangen. Der Kanal wird senkrecht nach oben bis kurz vor den waagerecht verlaufenden Kanal gelegt und dann der Kanalzug beendet.

Zum Abschluß legen Sie in die zwei oberen linken Räume Kanalstücke in die Mitte des Raumes. Dazu ist der Versatz "links" einzustellen und der Kanalzug mit "Relativ" zu starten. Der Fangpunkt wird auf den Berührungspunkt des Kanals mit der linken Außenwand (innen und oberer Teil des Kanals) gelegt. Um das Kanalstück in die Mitte des Raumes zu legen, ist ein relativer Abstand vom 215 und ein Winkel von 0 einzugeben. Das ist der erste Punkt des Kanals. Der zweite Punkt wird senkrecht nach oben in einem Abstand von 115 gelegt (dort sind Koordinateneingaben über Tastatur angebracht). Das Kanalstück endet damit in der Mitte des Raumes.

Zum Einfügen der T-Stücke wird der Befehl "Formteile am Kanal" aufgerufen und die Funktion "T-Stück" gewählt. Die vorhandenen Kanalstücke müssen durch sechs T-Stücke verbunden werden. Zuerst markieren Sie den Abgangskanal, dann den Durchgangskanal auf der dem Abgangskanal zugewandten Seite. In der Dialogbox für die T-Stücke stehen in den editierbaren Feldern folgende Werte :

— L1/Länge: 55

— Abstand: 12

— Versatz Form2: 0

— Bogen Wert: 0

— Kantwert E: 5

Über "OK" wird der Befehl ausgeführt und das T-Stück eingefügt. Dabei bringt pit-cup den Abgangskanal auf die richtige Länge. Alle anderen T-Stücke können auch auf diese komfortable Weise in den Kanal eingefügt werden.

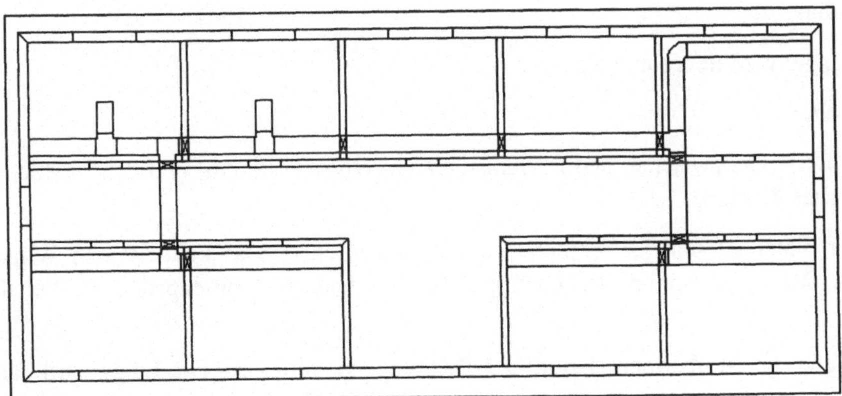

Bild 6-58: Grundriß mit eingefügtem 2D-Kanal und T-Stücken

Der Kanal ist an den offenen Enden mit Endstücken zu versehen. Damit Platz für die Endstücke vorhanden ist, werden die Kanäle an den Wänden um 10 cm gekürzt. Dies ist problemlos über den Befehl "Kanal Ändern" mit der Funktion "Länge Ändern" möglich. Nach Aufruf des Befehls und Auswahl des Kanals wird "-10" im Dialogfenster eingetragen und bestätigt. Dann ist der Befehl "Formteile am Kanal" aufzurufen und die Funktion "Endstück" auszuführen. Es muß jetzt nur noch das Ende des Kanals gezeigt werden. Der Kanal benötigt fünf Endstücke. Im oberen rechten Raum ist kein Endstück erforderlich, da dort die Luft angesaugt wird.

Die Geräte zum Ansaugen der Luft werden mit Hilfe des Befehls "Geräte Einzeln/Auto" in den vorhandenen Kanal eingefügt. Zuerst fügen Sie ein Schutzgitter ein, danach folgt der Ventilator. Außerdem ist ein Elektroerhitzer und ein Schalldämpfer notwendig.

Nach Aufruf des Befehls wird das Schutzgitter ausgewählt. Im der folgenden Dialogfenster sind Kanalbreite und Kanalhöhe zu aktivieren, um die Geräte dem Kanal anzupassen. Für die Länge wird 50 eingetragen. Nach Drücken des "OK"- Buttons kehrt pit-cup zum Bildmenü zurück, das nächste Gerät kann ausgewählt werden. Nach Bestätigen der Auswahl des Gerätes fragt pit-cup die Länge ab. Sie beträgt bei den einzelnen Geräten 100 cm. Wurden alle vier Geräte ausgewählt, wird die Zeile "Plazieren" markiert und mit "OK" bestätigt. Es ist jetzt der Kanal zu zeigen, in dem die Geräte plaziert werden sollen. Die Abfrage nach dem Bezug wird mit 0 bestätigt, ebenso der Versatz zur Kanalachse.

Um vom Niveau der Lüftungsgeräte auf das Niveau des restlichen Kanals zu kommen, ist eine Etage einzufügen. Nach Starten der Funktion "Etage" im Befehl "Formteile am Kanal" wird das Stück Kanal, welches die Etage beinhalten soll, gezeigt (ersichtlich in Bild 6-59).

Für die Etage sind die folgenden Einstellungen vorzunehmen:

— "setze Bogen" markieren

— Schenkel E: 5

— Schenkel F: 5

— Innradius: 10

— L1/Länge: wird übernommen

— L2/Höhe: 190

L2 ist die Differenz zwischen den Lüftungsgeräten (Niveau 100 cm) und dem restlichen Kanal (Niveau 290 cm).

Die Felder hinter L1 und L2 werden aktiviert (angekreuzt). Das Feld für den Winkel bleibt frei. Wenn der Button "Rechne" gedrückt ist, berechnet pit-cup den Winkel der Etage.

Das Dialogfenster ist über den Button "Z+ Richtung" zu verlassen. Die Etage wird dann eingefügt.

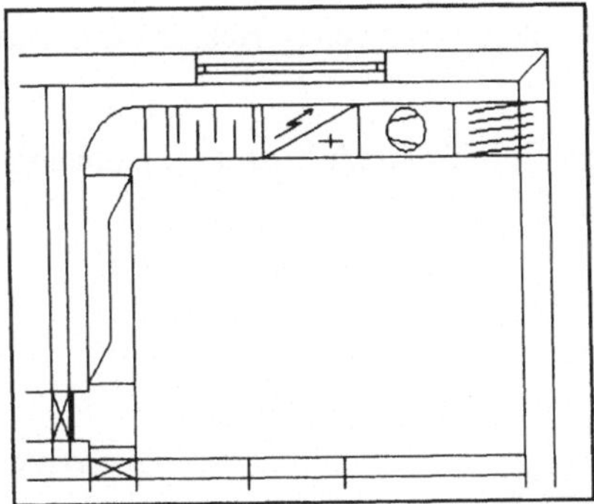

Bild 6-59: Ausschnitt mit Lüftungsgeräten und Etage im Lüftungskanal

Nach Aufruf der Funktion wird das Kanalende im oberen linken Raum gezeigt. Man übernimmt folgende Dialogbox mit den Werten und verläßt sie über den Button "Bogen". Die Frage des Bezuges ist mit Null zu bestätigen und die Abfrage "Bezug auf" mit "Mitte" zu beantworten. Damit liegt das Ende des Kanalbogens in der Mitte des Raumes. Dasselbe wird noch einmal im Nachbarraum durchgeführt.

An die in den zwei oberen Räume eingefügten Z-Bögen werden Übergänge angepaßt. Dies geschieht mit der Funktion "Z+/Z- Definieren". Nach Aufruf der Funktion wird das Z-Symbol in den ersten Z-Bogen gezeigt. Im folgenden Dialogfenster wird unter "Option" Übergang eingestellt und der Button "Neu" gedrückt.

In der Dialogbox zur Definition des Übergangs sind folgende Einstellungen vorzunehmen:

— Fabrikat: Frei

— Typ: Frei

— 2. Kanal

— Form: RE (rechteckig)

— Breite: 100

— Höhe: 100

— Übergangslänge: 50

— 1./2. Einschublänge: 0

— Z-Versatz: 0

Nach Beendigung wird mit "OK" bestätigt. Die Abfrage nach der Einfügeposition ist ebenfalls zu bestätigen. Der Übergang steht jetzt in der Liste definierten Teile für eine Z-Zuordnung. Die Einfügeposition für den Übergang wird markiert und der Befehl durch

Drücken des "OK"-Buttons ausgeführt. Für den Übergang des zweiten Raumes geht man auf die selbe Art vor.

Für die vier unteren Räume sind Zuluftgitter mit dem Befehl "Gerät Einzel" einzubauen.

Es gelten folgende Einstellungen für das Gitter:

— Form: RE (rechteckig)

— Länge: 100

— Höhe: 20

Das Dialogfenster ist über die Option "Relativ" verlassen. Als Fangpunkt wird im ersten unteren Raum das Ende des Kanals angeklickt. Als relative Entfernung geben Sie 180 und als Winkel 0 ein. Dann wird die Symbolrichtung entlang des Kanals gezeigt. Die Ausrichtung des Symbols ist in Richtung des Raums. Es folgt dann noch die Abfrage des Einfügepunktes. Dort muß "Kante" gewählt werden.

In die anderen Räume können die Lüftungsgitter auf analoge Weise eingefügt werden.

Mit dem Befehl "Kanal" im Menüpunkt "Kanal 2D→3D" kann für den Kanal die dreidimensionale Darstellung erzeugt werden. Nach Starten des Befehls werden zuerst die Geräte, die Etage und die Verbindungsteile bis zum Ende der Etage markiert. Für die Höhenlage dieses Teils ist 100 einzugeben. Auf Abfrage des Bezugs wählen Sie die Oberkante. Der Befehl wird wiederholt und der restliche Kanal auf eine Höhe von 290 cm gelegt. Beachten Sie, daß für den Bezug ebenfalls die Oberkante gewählt wird.

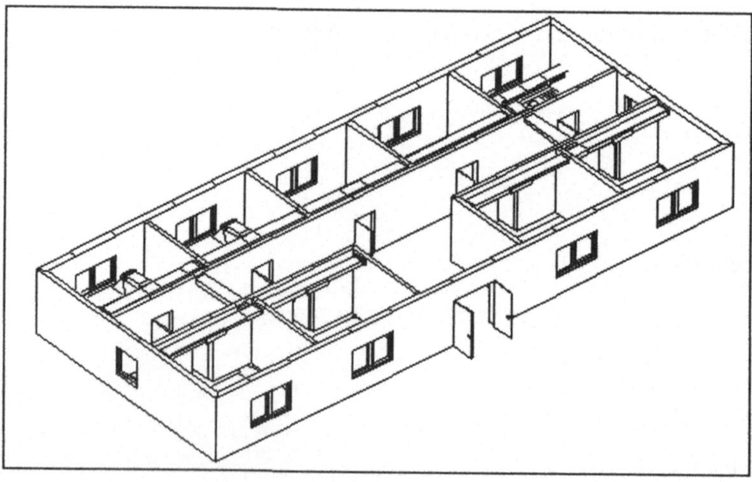

Bild 6-60: Gebäude mit Lüftungsanlage

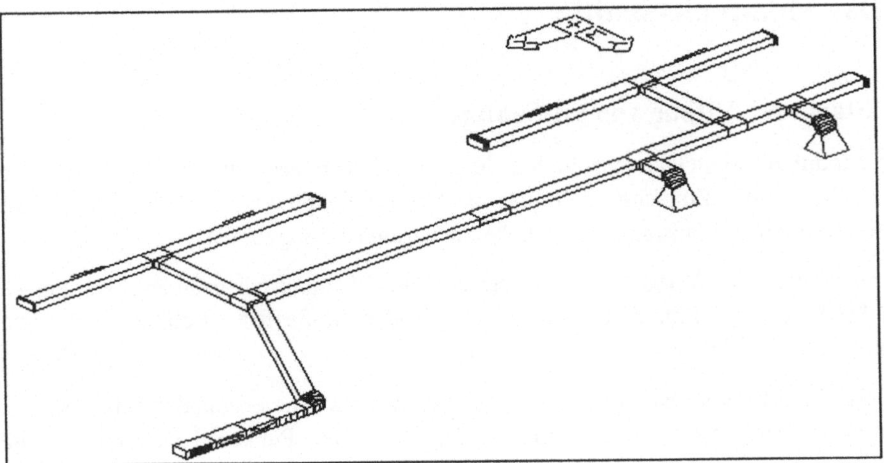

Bild 6-61: Lüftungsanlage ohne Gebäudedarstellung

6.7 Das Modul pit-Sanitär

6.7.1 Start und Aufbau von pit-Sanitär

In das Modul pit-Sanitär wechseln Sie durch Anklicken des Punktes "pit Sanitär" im Menü "Allgemein". Zunächst steht das pit-Sanitär-Hauptmenü zur Verfügung. Dort werden die Befehle "Maßstab", "Schema" und "Grundriß" angeboten.

Mit dem pit-Befehl **"Maßstab"** kann der aktuelle Planmaßstab geändert werden. Der Planmaßstab legt die Einheit für die einzugebenden Maße fest. Wählbar sind Meter, Zentimeter und Millimeter.

Unter dem Punkt **"Schema"** sind die Funktionen zur zweidimensionalen schematischen Konstruktion einer Sanitäranlage zusammengefaßt. Der Punkt **"Grundriß"** enthält Funktionen zur zwei- und dreidimensionalen Konstruktion von Sanitäranlagen. Die Funktionen der beiden Konstruktionspunkte sind identisch gegliedert, wobei der Umfang an Funktionalitäten im Bereich "Grundriß" größer ist. Da die Schema-Funktionen in den Menge der Grundriß-Funktionen enthalten ist, wird im folgenden nur der Bereich "Grundriß" betrachtet. Das Umschalten zwischen Schema und Grundriß ist jederzeit möglich.

Nach dem Anklicken von "Schema" oder "Grundriß" stehen zwei Pull-Down-Menüs, je eines für Objekte/Symbole und für Leitungen, zur Verfügung. Außerdem wird Ihnen mit **pit-Klick** eine grafisches Menü geboten. Dieses Menü rufen Sie über das Cursor-Menü, durch die Tastenkombination <Strg>-Rechte Maustaste oder unter dem Punkt "Fang" im Menü "Zeichnen" auf. Alle wichtigen Befehle werden durch die Grafik repräsentiert, das Anklicken eines Sanitärsymbols zum Beispiel führt zum Einfügen eines Symbols der Sanitärtechnik. Pit-Klick steht für alle Gewerke, jeweils für die Variante Schema und Grundriß, zur Verfügung.

6.7.2 Sanitärobjekte

Unter dem Punkt **"Status"** werden die folgenden Voreinstellungen, die für die weitere Bearbeitung bis zur nächsten Änderung gelten, festgelegt:

— "Neu setzen":   Vorgabewerte für die Konstruktion von sanitärtechnischen Anlagen werden aus einer Datei gelesen, diese Vorgaben gelten für alle Zeichnungen. Die Datei heißt "SAG_ALLG.TBL" und ist editierbar.

— "Symbol Faktor":   Dort wird die Symbolgröße eingestellt. Sie können einen Wert eingeben oder durch "Zeigen" die Größe eines vorhandenen Symbols übernehmen.

— "Symbol-Bemaßungsgr.": Diese Größe betrifft die Texthöhe von Symbolbemaßungen.

— "Abkantlänge": Dort legen Sie die Größe der Fase fest, mit der Entwässerungsleitungen verlegt werden sollen (Bild 6-62).

— "Leitungsabstand": Stellen Sie dort den gewünschten Abstand, zum Beispiel zwischen Warm- und Kaltwasserleitungen, ein.

— "Texthöhe": Die Höhe von gewerkspezifischen Beschriftungen des Gewerkes Sanitär ist unter diesem Punkt veränderbar.

— "Textstil": Der Textstil von gewerkspezifischen Beschriftungen des Gewerkes Sanitär ist unter diesem Punkt veränderbar.

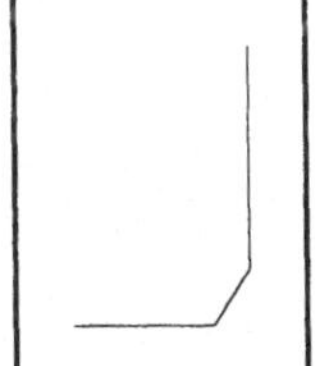

Bild 6-62: Fase an Abwasserleitungen

Mit den Funktionen unter dem Punkt **"pit anpassen"** können Sie einen kompletten Strang oder eine Symbolgruppe zusammenfassen, mit den Befehlen unter "Symbol Str. Gruppe" oder "Symbol Gruppe" werden diese Gruppen für das Einfügen ausgewählt. Im Prinzip ist die Wirkungsweise mit der AutoCAD-Blocktechnik identisch. Mit "Strangsymbole ablegen" erweitern Sie die angebotenen Symbole um ihre eigenen Definitionen.

Der pit-Befehl **"Fadenkreuz Winkel"** dreht das Cursor-Fadenkreuz um den angegeben Winkel. Für die Winkeleingabe sind Werteeingaben oder das Übernehmen des Winkels eines Zeichnungselementes möglich. Wurde das Fadenkreuz gedreht, stellt der Befehl "Fadenkreuz 0 Grad" das Fadenkreuz wieder zurück.

Der pit-Befehl **"Objekte"** bietet Ihnen an, unterschiedliche Sanitärobjekte wie WC, Badewanne etc. zu zeichnen. Sie können auf DIN-Objekte oder aufwendiger gestaltete pit-Objekte zurückgreifen. Im Grundriß werden die Objekte zunächst zweidimensional erzeugt, sie können später mit "Sanitär 2D→3D" hochgezogen werden.

Nach dem Aufruf des Befehls ist zunächst das Objekt aus dem Dialogfenster (Bild 6-63) zu wählen. Im folgenden Dialogfenster geben Sie die Geometriedaten wie Breite und Höhe an.

Anschließend ist die Fangoption für das Einfügen zu wählen, "in Verlängerung" und "Relativ" wurden bereits im Kapitel 6.3.1 vorgestellt:

— "Streckenmitte":   Es sind zwei Punkte auf der Zeichnung anzuklicken, die Mitte zwischen diesen Punkten ist der Absetzpunkt. Die Richtung ergibt sich aus der Richtung der angeklickten Punkte.

— "Punkt zeigen":   Es sind zwei Punkte auf der Zeichnung anzuklicken, der erste Punkt ist der Absetzpunkt, der zweite gibt die Richtung an.

Die Antwort auf die Frage nach dem Raum beantworten Sie durch Anklicken eines Punktes. Dadurch definieren Sie, ob das Objekt links oder rechts der beiden ersten Punkte plaziert wird. Sie können das Objekt mittig oder mit der Kante auf den ersten Punkt legen. Im Konstruktionsbeispiel zur Sanitärtechnik sind mehrere Beispiele für das Einfügen von Sanitärobjekten zu finden.

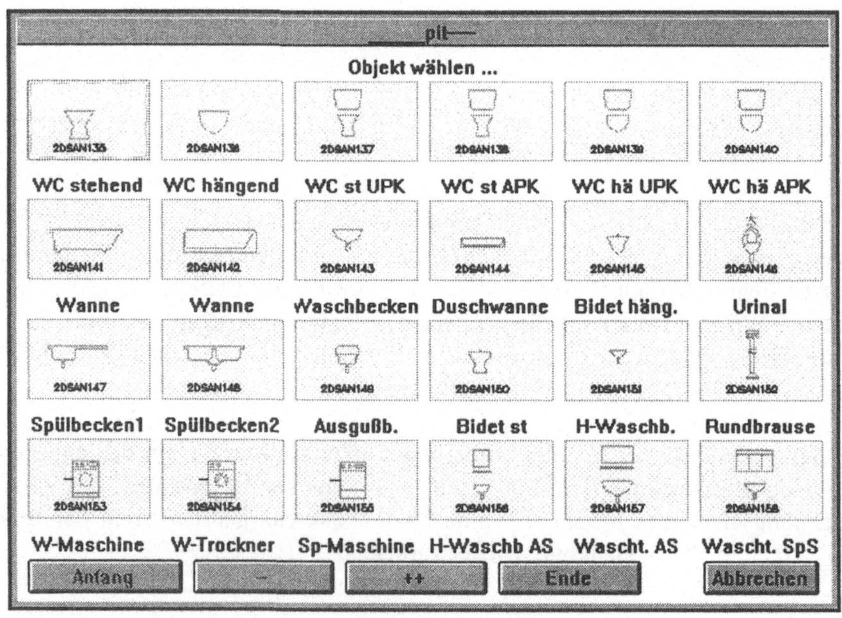

Bild 6-63: Dialogfenster "Sanitär Objekte"

Mit **"Objekt Kopie"** kopieren Sie bereits vorhandene Symbole. Deren Vorgaben können auch verändert werden.

Die pit-Befehle unter **"Objekt Optionen"** bewirken im einzelnen:

— "Objekt über Kategorie": Sie können zwischen DIN-Norm- oder pit-Objekten wählen. Danach wird der Befehl "Objekt" aufgerufen.

— "Objekte Ändern": Alle geometrischen Werte eines zweidimensionalen Symbols sind veränderbar, die dreidimensionale Darstellung wird automatisch aktualisiert.

— "Objekt 2D→3D": Aus zweidimensionalen Symbolen werden dreidimensionale Darstellungen entwickelt. Der Befehl kann sich auf einzelne Symbole oder alle Symbole eines Layers beziehen.

— "Objekt Symbole": Dort sind Bodenabläufe, Schächte, Abscheide und Strangnummern in einem Dialogfenster zusammengefaßt. Einige Symbole erfordern das Vorhandensein einer Leitung, da sie eingebaut werden, andere können frei im Raum oder am Leitungsende plaziert werden. Bei einzubauenden Symbolen ist die Leitung anzuklicken. Die anderen Symbole werden ausgerichtet.

6.7.3 Leitungen

Abwasserleitungen sind einzeln zu zeichnen und können sofort mit Entlüftungen versehen werden. Bei Warm- und Kaltwasserleitungen ist das gleichzeitige Zeichnen möglich. Bewässerungsleitungen sind auch einzeln zu zeichnen. Im Pull-Down-Menü "Leitungen" sind außerdem die Funktionen für das Bemaßen und Beschriften der Leitungen untergebracht.

Mit dem pit-Befehl **"Abwasser Einzel"** wird eine Abwasserleitung gezeichnet. Nach dem Aufruf des Befehls ist die gewünschte Leitung auszuwählen. Das Dialogfenster zur Leitungsauswahl ist über eine der Plazieroptionen zu verlassen, "in Verlängerung" und "Relativ" wurden bereits im Kapitel 6.1.3 beschrieben:

— "Endsymbol": Zuerst geben Sie den Einfügepunkt des Symbols an. Dieser kann noch um einen Abstand versetzt werden. Dann ist der nächste Punkt der Leitung zu zeigen. Anschließend wählen Sie ein Endsymbol aus einem sich öffnenden Dialogfenster (Richtungspfeile mit Flußrichtung und Höhensprung, Bild 6-64). Das Symbol wird von pit-cup eingefügt, Sie werden zum Abschluß nach einem Drehwinkel gefragt.

— "Liniensuche": Die neue Leitung kann an einer bestehenden Leitung beginnen. Zeigen Sie den Suchstartpunkt und die Richtung durch das Anklicken von zwei Punkten. Wird die Leitung für den Anschluß nicht gefunden, kann die Suchtiefe vergrößert werden.

— "Punkt":   Der erste Punkt ist mit den AutoCAD-Fangoptionen festzulegen. Er kann noch um einen einzugebenden Abstand versetzt werden. Mit "?" können Sie sich eine Hilfe anzeigen lassen.

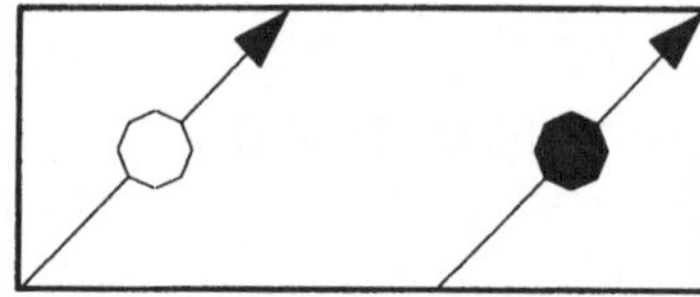

Bild 6-64: Beispiel für Richtungspfeile

Ist der erste Punkt der Leitung festgelegt, wird durch das Festlegen von Punkten die Abwasserleitung fortgeführt. Mit <RETURN> wird das Zeichnen abgeschlossen.

Schließen zwei definierte Punkte einen Winkel ein, öffnet sich ein Dialogfenster mit weiteren Optionen. Die Option "Fase" versieht die Entwässerungsleitung automatisch mit einer DIN-gerechten Fase, der Vorgabewert für den Fasenabstand wird unter dem Menüpunkt "Status" festgelegt. Mit der Option "Zurück" löschen Sie den zuletzt eingegebenen Leitungspunkt für die Eingabe eines neuen Punktes. Die Option "Weiter" setzt das Zeichnen der Leitung fort. Über die Option "Ende" verlassen Sie den Befehl zum Zeichnen der Leitung.

Drücken Sie <RETURN>, statt einen Leitungspunkt einzugeben, können Sie nochmals einen Richtungspfeil eingeben oder die Leitung mit einer Fase zu einer anderen Leitung beenden. Die Abkantungsrichtung legen Sie durch die Klickrichtung fest.

Mit dem pit-Befehl **"Entlüftung +AW"** zeichnen Sie eine Abwasserleitung, an die anschließend eine Entlüftung angebaut wird:

1. Rufen Sie den Befehl auf und legen Sie den Startpunkt der Leitung fest. Diesen Startpunkt können Sie durch eine Abstandseingabe orthogonal zur Konstruktionsrichtung verschieben.

2. Legen Sie den zweiten Punkt der Leitung fest. Durch die Eingabe von "?" können Sie sich ein Hilfsdia anzeigen lassen.

3. Klicken Sie die weiteren Punkte an, wobei wiederum der Abstand festgelegt wird oder beenden Sie die Punkteingabe durch <RETURN>.

4. Schließen zwei definierte Punkte einen Winkel ein, öffnet sich ein Dialogfenster mit Optionen. Mit der Option "Endsymbol" fügen Sie einen Richtungspfeil mit Flußrichtungsangabe und einen Höhensprung ein. Die Option "Fase" versieht die Entwässerungsleitung automatisch mit einer DIN-gerechten Fase, der Vorgabewert für den Fasenabstand wird unter dem Menüpunkt "Status" festgelegt. Mit der Option "Zurück" löschen Sie den zuletzt eingegebenen Leitungspunkt für die Eingabe eines neuen Punktes. Die Option "Weiter" setzt das Zeichnen der Leitung fort. Über die Option "Ende" verlassen Sie den Befehl zum Zeichnen der Leitung.

5. Drücken Sie <RETURN>, statt einen Leitungspunkt einzugeben, können Sie noch-
    mals einen Richtungspfeil eingeben oder die Leitung mit einer Fase zu einer anderen
    Leitung beenden. Die Abkantungsrichtung legen Sie durch die Klickrichtung fest.

6. Ist der Leitungszug beendet, folgt die Konstruktion der Entlüftungsleitung. Geben
    Sie dazu die Seite und den Abstand für die zweite Leitung ein.

Der pit-Befehl **"Bewässerung Einzel"** zeichnet eine Leitung, deren Art Sie aus einem
Dialogfenster wählen können. Beenden Sie die Leitungsauswahl durch Anklicken einer
der Punktfangoptionen, die Optionen "in Verlängerung" und "Relativ" wurden bereits im
Kapitel 6.3.1 erläutert:

— "Endsymbol":   Zuerst geben Sie den Einfügepunkt des Symbols an. Dieser kann
                   noch um einen Abstand versetzt werden. Dann ist der nächste Punkt
                   der Leitung zu zeigen. Anschließend wählen Sie ein Endsymbol aus
                   einem sich öffnenden Dialogfenster (Richtungspfeile mit Fluß-
                   richtung und Höhensprung). Das Symbol wird von pit-cup ein-
                   gefügt, Sie werden zum Abschluß nach einem Drehwinkel gefragt.

— "Objekt":   Pit-cup erwartet das Zeigen eines Sanitärobjektes, um die Leitung
                   automatisch anzuschließen.

— "Liniensuche":   Die neue Leitung kann an einer bestehenden Leitung beginnen.
                   Zeigen Sie den Suchstartpunkt und die Richtung durch das
                   Anklicken von zwei Punkten. Wird die Leitung für den Anschluß
                   nicht gefunden, kann die Suchtiefe vergrößert werden.

— "Punkt":   Der erste Punkt ist mit den AutoCAD-Fangoptionen festzulegen. Er
                   kann noch um einen einzugebenden Abstand versetzt werden.

Anschließend folgt die Frage nach dem zweiten Leitungspunkt. Entweder klicken Sie
diesen auf der Zeichnung, die Verwendung der AutoCAD-Objektfangmodi ist dabei
möglich, oder rufen mit <RETURN> die oben beschriebenen pit-Fangoptionen wieder
auf. Mit der Option "Ende" verlassen Sie den Befehl.

Beim pit-Befehl **"Leitung WW-KW"** werden Warm- und Kaltwasserleitungen gleichzeitig gezeichnet. Daher entfällt die Frage nach dem Leitungstyp. Anzugeben ist der
Versatz (Links, Mitte oder Rechts) für die Konstruktionslinie und der Leitungsabstand.
Der Versatz ist immer in Konstruktionsrichtung zu sehen. Eingegebene Maße für die
Leitung (wie der Abstand zum Punktfang) beziehen sich immer auf die Konstruktionslinie (Bild 6-65). Die Vorgabe für den Leitungsabstand kann über "Status" geändert werden. In den Fangoptionen ist "Leitung WW-KW" mit dem Befehl "Bewässerung Einzel"
identisch.

Bild 6-65: Konstruktionsversatz

Leitungsstränge aus mehreren, auch verschiedenen, Rohrleitungen zeichnen Sie mit dem Befehl **"Mlinie"** (für Mehrfachlinie). Die Abstände zwischen den Leitungen kann variieren. Nach dem Aufruf des Befehls stellen Sie in einem Dialogfenster die Leitungen (Bild 6-66) für den Strang zusammen.

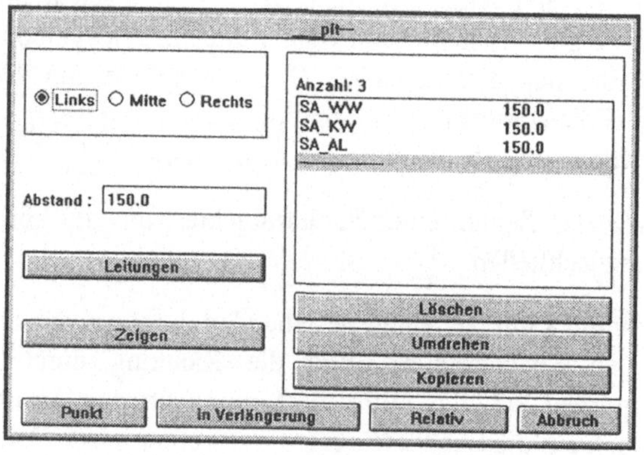

Bild 6-66: Dialogfenster "Mlinie"

Folgende Optionen können Sie verwenden:

— "Versatz":   Wählen Sie den Versatz der Konstruktionslinie (Links, Mitte, Rechts).

— "Abstand":   Dort ist der Abstand zur vorherigen Leitung einzugeben, bevor die Leitung ausgewählt wird.

— "Leitungen":   Die Leitungen sind aus einem Dialogfenster auszuwählen. Eingefügt wird die Leitung über die mit einem Balken als aktuell markierte Leitung.

— "Zeigen":   Mit "Zeigen" übernehmen Sie Leitungen aus der Zeichnung. Eingefügt wird die Leitung über die mit einem Balken als aktuell markierte Leitung.

— "Löschen":   Die aktuell markierte Leitung kann aus der Auswahl entfernt werden.

— "Kopieren":   Die aktuell markierte Leitung wird an das Ende der Auswahl kopiert.

Mit einer der pit-Fangoptionen in der unteren Button-Leiste beginnen Sie das Zeichnen des Stranges. Mit der Option "Punkt" können Sie die AutoCAD-Fangoptionen verwenden, "in Verlängerung" und "Relativ" wurden bereits im Kapitel 6.1.3 erläutert.

Der pit-Befehl **"Leitungen Bemaßen"** erlaubt das Bemaßen einzelner Leitungen, aber auch von Leitungsbündeln. Dieser Befehl ist folgendermaßen anzuwenden:

1. Befehl "Leitungen Bemaßen" aufrufen und die zu bemaßende Leitung anklicken.

2. Es öffnet sich ein Dialogfenster, dort ist die Rohrform und -art zu bestimmen. Im Feld "Wertwahl" ist der Nennwert anzuklicken, er erscheint im unteren Feld "Wert". In diesem Feld sind auch eigene Angaben möglich. Mit "OK" schließen Sie das Dialogfenster und können weitere Leitungen auswählen oder die Leitungsauswahl mit <RETURN> abschließen.

3. Nach der Leitungsauswahl öffnet sich ein weiteres Dialogfenster, dort sind die Eigenschaften der Bemaßung festzulegen (Kennzeichnung, Maßstab, Texthöhe, Layer etc.).

4. Anfangs- und Endpunkt der Bemaßungslinie sind durch Anklicken festzulegen. Durch den Anfangspunkt wird auch die Seite des Textes festgelegt. Die Bemaßung bei Leitungsbündeln entspricht der Reihenfolge der Leitungsauswahl (Bild 6-68).

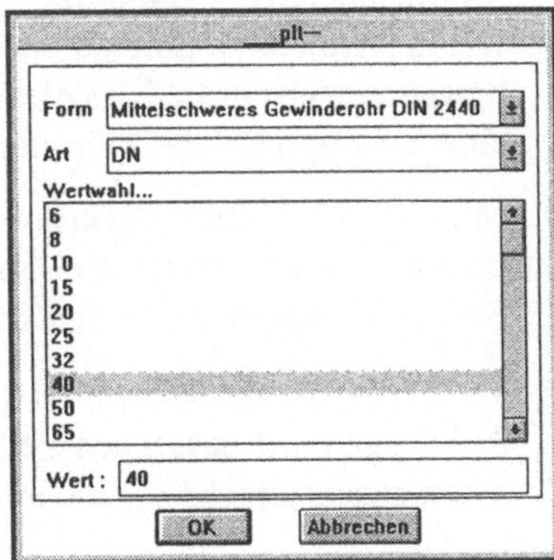

Bild 6-67: Dialogfenster "Leitung Bemaßen"

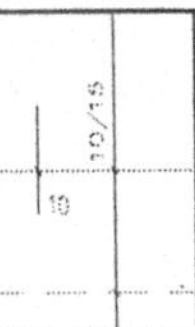

Bild 6-68: Leitungen bemaßen

"Strang bezeichnen" versieht einen Strang oder Strangbeginn mit einer Strangnummer und -bezeichnung (Bild 6-69). Der Text kann ein- oder zweizeilig sein, bei zweizeiligen Texten sind zusätzliche beliebige Texte möglich.

Bild 6-69: Strangbezeichnung

Mit dem Befehl **"Leitungstext"** beschriften Sie Leitungen (Bild 6-70). Der Text wird in die Leitung mittig integriert, aus dem Leitungswinkel folgt auch der Textwinkel. Mit den Befehlen "Symbol Kopie" und "Symbol Löschen" kann der Text bearbeitet werden.

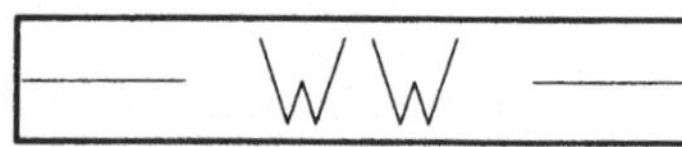

Bild 6-70: Leitungstext

6.7.4 Symbole

Im Menübereich **"Symbole"** sind Befehle für das Einfügen und Editieren aller Symbole wie für Armaturen untergebracht. Im Normalfall werden die Symbole in bestehende Leitungen eingebaut. Bei der gleichzeitigen Auswahl mehrerer Armaturen ist der Einbau in eine Leitung oder die Definition eines neuen Strangs möglich.

Mit dem pit-Befehl **"Symbole Einzel/Auto"** können einzelne oder mehrere Symbole plaziert werden. Nach dem Anklicken erscheint ein Bildmenü, aus dem das oder die Symbole ausgewählt werden können. Die Auswahl wird mit "OK" abgeschlossen.

Wurde ein einzelnes Symbol gewählt, erfolgt die Frage nach dem Absetzpunkt. Durch Anklicken einer passenden Leitung wird das Symbol in diese eingebaut, wobei die Linie automatisch aufgebrochen wird.

Wurden mehrere Symbole gewählt, öffnet sich ein weiteres Dialogfenster:

— "Plazierrichtung drehen":   Die Symbolreihenfolge kehrt sich um.

— "Abstand über Symbolbasis":   Bei Aktivierung dieses Punktes bezieht sich der Symbolabstand auf die Basispunkte der Symbole, sonst auf die Leitungslänge zwischen den Symbolen (Bild 6-71).

— "Strang definieren":   Ein anderer als der aktuelle Strang ist auszuwählen.

— "Auto Abstand":   Der Abstand der Symbole kann auch durch Zeigen eingegeben werden.

— "Auto Winkel":   Der Winkel für die Richtung des Leitungsstrangs wird dort festgelegt.

— "Symbolfaktor":   Der Größenfaktor für die Symbole kann verändert werden. Die Eingabe kann auch durch Zeigen auf vorhandene Symbole erfolgen.

Die Dialogbox kann über die Optionen "Punkt" oder "Linie" in der untersten Button-Leiste verlassen werden. Wird die Box über "Punkt" verlassen, entsteht ein neuer Strang. Das Festlegen des Punktes kann durch Aktivieren einer der Plazieroptionen "Punkt", "in Verlängerung" oder "Relativ" bestimmt werden. Die Option "Punkt" erwartet das Anklicken eines Plazierungspunktes, dabei können die AutoCAD-Fangoptionen verwendet werden. Die Optionen "in Verlängerung" und "Relativ" wurden bereits im Kapitel 6.1.3 vorgestellt. Wenn Sie die Option "Linie" anklicken, muß eine vorhandene Linie für den Einbau des Strangs gewählt werden.

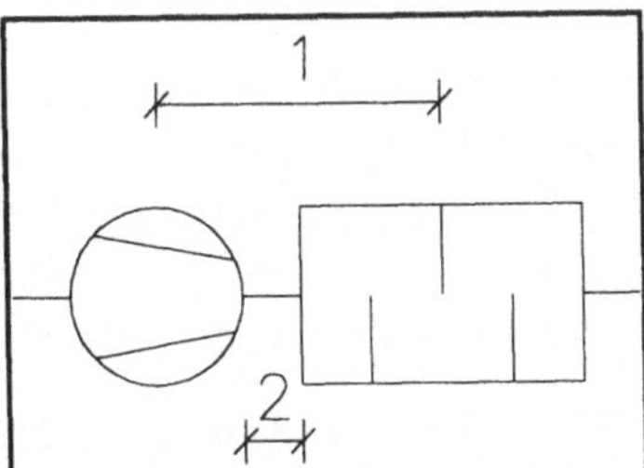

Bild 6-71: Abstandsoptionen

1   Abstand Symbolbasis

2   Abstand Kanallänge

Mit dem pit-Befehl **"Symbol Kopie"** können einzelne oder mehrere Symbole kopiert und ein neuer Strang gebildet werden. Bis auf die Symbolauswahl entspricht die Vorgehensweise dem Befehl "Symbol Einzel/Auto".

Der pit-Befehl **"Symbol Löschen"** löscht das gewählte Symbol oder eine Leitungsbeschriftung sofort und schließt die Linie wieder.

Unter dem Menüpunkt **"Symbol Optionen"** finden Sie die Befehle:

— "Symbol über Kategorie":   Aufruf der Befehle "Symbol Einzel/Auto", "Symbol Einzel" und "Symbol Kreuz" nach vorheriger Wahl einer Kategorie (wie DIN-Norm oder Hersteller).

— "Symbol Kreuz":   Dort ist die Auswahl von Symbolen möglich, die auf Kreuzungen von Rohrleitungen gehören.

— "Symbol Einzel":   Sie fügen Symbole ein, die nicht in einen Strang gehören. Nach Auswahl des Symbols aus einem Bildmenü wird nach dem Drehwinkel gefragt, falls das Symbol nicht symmetrisch ist.

— "Symbol Bemaßen":   Wählen Sie das zu bemaßende Symbol, anschließend
                                    tragen Sie die Dimension (DN) in das sich öffnende
                                    Dialogfenster ein. Die Plazierung des Maßtextes kann
                                    durch Zeigen solange verändert werden, bis Sie mit
                                    <RETURN> die Position bestätigen.

"Richtungspfeile" können in eine vorhandene Leitung eingefügt werden. Im Dialogfenster sind auf der linken Seite die Pfeile benannt, auf der rechten Seite ist das jeweilige
Symbol zu sehen (Bild 6-72). Eine Flußrichtung nach oben ist durch einen gefüllten
Kreis gekennzeichnet. Den Höhensprung geben Sie als positiven oder negativen Wert
ein. Nach der Auswahl können die Pfeile noch gedreht werden. Mit "Richtungspfeil ändern" ist der Höhensprung veränderbar.

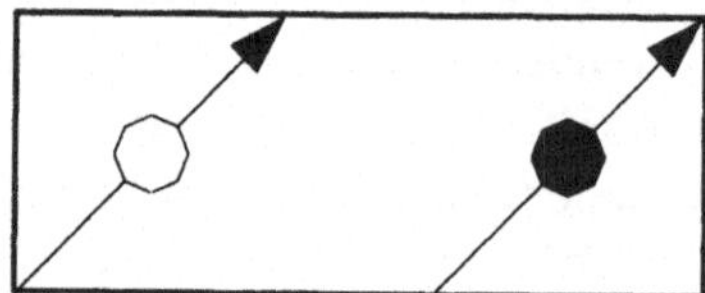

Bild 6-72: Richtungspfeile

Der pit-Befehl **"Antrieb Zeichnen"** fordert Sie nach der Layerwahl auf, eine Linie für
das Antriebssymbol zu zeichnen. Anschließend geben Sie den Text ein, zum Beispiel
"M" für Motor. Pit-cup schreibt diesen Text in der mit "Status" voreingestellten Textgröße über die von Ihnen gezeichnete Linie und zeichnet einen Kreis um den Text. Ein
Beispiel für einen Antrieb sehen Sie im Bild 6-73.

Mit **"Antrieb Ändern"** können Sie die Zuführungslinie neu zeichnen und den Text
verändern.

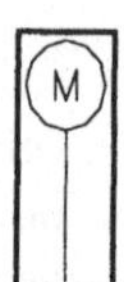

Bild 6-73: Antrieb

"Sanitär Text" dient dem Beschriften der Zeichnung. Dabei wird ein separater Layer für
diese Beschriftungen verwendet, um sie unabhängig von den weiteren Texten ein- und
ausblenden zu können. In einem Dialogfenster nehmen Sie die Einstellungen für den
Layer, die Texthöhe im Plot, den Plotmaßstab und den Textstil vor. "Zeigen" übernimmt
den Layer aus der Zeichnung durch Anklicken eines Objektes auf dem gewünschten
Layer. Nach dem Bestätigen der Einstellungen mit "OK" klicken Sie den Startpunkt für
den Text auf der Zeichnung an und geben den gewünschten Winkel ein. Dann ist die
Texteingabe, auch mehrzeilig, möglich.

6.7.5 Beispielkonstruktion einer Sanitäranlage

Für das Einsetzen von Sanitärobjekten wurde ein Raum aus dem mit pit-bau erzeugten
Gebäude genommen (Bild 6-74). Zusätzlich ist die rechte Wand mit einer Zwischenwand
zu verkleiden, um die Rohre abzudecken. Außerdem wurden noch zwei Verschläge für

die Toiletten eingefügt. Die Tiefe dieser Verschläge beträgt 1,50 m, die Breite 2,40 m und die Höhe 2,50 m.

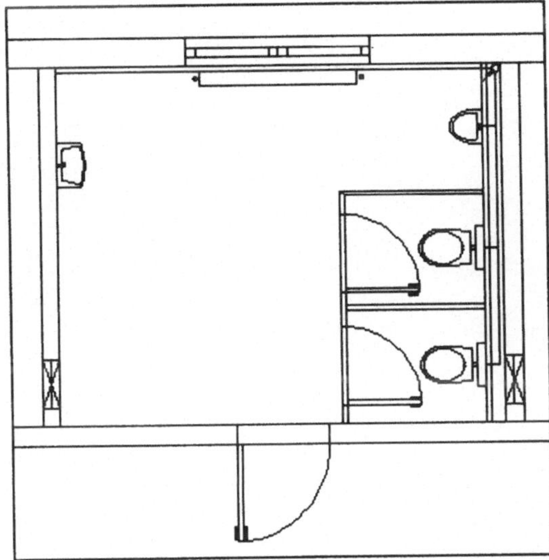

Bild 6-74: Raum mit Sanitärobjekten

Für die Toiletten verwenden Sie die pit-Objekte "WC stehend APS" ohne Veränderung der Abmaße. Der Absetzpunkt ist mit "Streckenmitte" zu fangen. Es können jetzt an der Vormauerung eines Verschlages an der rechten und linken Wandseite die zwei Punkte gezeigt werden, von welchen dann die Mitte berechnet wird. Für den Drehwinkel des Einfügens sind 90° einzugeben. Der Einfügepunkt des Objektes ist die Mitte. Das zweite WC kopieren Sie mit "Objekt Kopie". Über die Option "Streckenmitte" kann das zweite WC auf die gleiche Weise wie das erste eingefügt werden.

Zwischen Toiletten und Außenwand ist ein Urinal aus den pit-Objekten einzufügen. Der Einfügepunkt ist die Mitte.

An der gegenüberliegenden Wand bringen Sie das Waschbecken an. Wählen Sie das pit-Objekt "45/30 HW-Becken". Die Abmaße werden nicht verändert und die Option "Relativ" zum Einsetzen gewählt. Zeigen Sie auf die obere linke Ecke des Raumes als vorläufigen Absetzpunkt. Für die relative Länge geben Sie 100 ein. Der Winkel beträgt 270°. Bei der Frage nach der Symbolrichtung zeigen Sie auf einen Punkt senkrecht nach unten. Dann muß noch der Raum gezeigt werden. Der Einfügepunkt ist die Mitte.

7 Zusammenfassung

Nach der Darstellung der Funktionalitäten der beiden Softwarepakete **C.A.T.S.** und **pit-cup** kann zusammenfassend festgestellt werden, daß beide Systeme die Durchgängigkeit der rechnergestützten Projektierung haustechnischer Anlagen auf hohem und benutzerfreundlichen Niveau gewährleisten. Dies wurde durch die Komplexität der Programme und die Implementierung von Schnittstellen zu marktführender Berechnungssoftware erreicht. Bei der Anwendung beider Systeme auf komplexe Projektierungsaufgabenstellungen wird deutlich, daß die Software von mit dem Metier Haustechnik vertrauten Fachingenieuren konzipiert und vom Standpunkt der Informatik auf hohem und standardisierten Niveau implementiert wurde.

Doch muß an dieser Stelle gefragt werden, ob die gegenwärtige Situation in der rechnergestützten Projektierung HLS eine langfristige Lösung darstellt. Im Hinblick auf die immer größere Rolle des Informationsaustausches über internationale Datennetze kann der aktuelle Stand der Dinge nur als lokale Übergangslösung gesehen werden.

Dafür gibt es generell folgende Gründe, die es zukünftig noch zu beseitigen gilt:

1. Vom Austausch maschinenlesbarer Zeichnungen zwischen Architekt und Planer /Projektant der Haustechnik kann, wenn überhaupt, nur in wenigen Ausnahmen gesprochen werden. Dieser funktioniert nur dann, wenn beide Applikationen das gleiche Grundmodul (z. B. AutoCAD) nutzen und somit das gleiche Dateiformat der Zeichnung Grundlage des Austausches ist.

   Diese Problematik wird zur Zeit durch implementierte Architekturmodule in den Haustechnik CAD-Applikationen überspielt. Auf Einbußen in der Funktionalität gegenüber professioneller CAD-BAU Software (z. B. ACAD-BAU) wurde bereits hingewiesen.

   Die Extraktion des Architekturmoduls aus der HLS-CAD Software hätte eventuell positive Auswirkungen auf das Preisniveau dieser Applikationen, da die Entwickler keinen Arbeitsaufwand in ein solches Modul mehr investieren müssen. Somit wird die Software auch für eine noch größere Anzahl von Ingenieurbüros interessant. Dies dürfte auch im Interesse der Softwarefirmen sein, da mehr Installationen bekanntlich mehr Umsatz bedeuten.

   Ein Lösungsvorschlag besteht dabei in der Schaffung einer universellen standardisierten Schnittstelle bzw. eines universellen Dateiformates für den Datenaustausch zwischen unterschiedlichen CAD Systemen auf einer Betriebssystemebene, wenn nicht sogar plattformübergreifend. Wichtig hierbei ist die 100%ige Informationsübertragung aller Elemente der Zeichnungsdatenbank (z. B. 3D Körper, Linientypen, Koordinaten, Layerstruktur, usw.) Entsprechende Normungsaktivitäten sind durch die internationalen Gremien zur Standardisierung von Software eingeleitet.

2. Die Schnittstellenimplementierung zu marktführender Berechnungssoftware ist zwar ein großer Fortschritt für die Durchgängigkeit und Effizienz rechnergestützter Projektierung, kann für das Planungsunternehmen jedoch nur als Dogma gesehen

werden, sich diejenige Software zuzulegen, deren Schnittstellen in der bereits erworbenen CAD Applikation vorhanden sind. Andere Softwareunternehmen, die innovative und vielleicht leistungsfähigere Produkte zu einem geringeren Preis anbieten, bleiben somit außen vor. Dabei sind gerade kleine bis mittelständische Planungsunternehmen auf solche Softwareprodukte angewiesen. Der Sachverhalt läßt sich auch umgekehrt anwenden, also auf durchaus leistungsfähige CAD Software, die nicht mit den Schnittstellen zu führenden Berechnungsprogrammen ausgestattet ist. Diese findet dadurch weniger Akzeptanz bei den professionellen Anwendern.

Auch für dieses Problem stellt die Schaffung einer standardisierten universellen Schnittstelle zur Parameterübergabe zwischen CAD Applikation und Berechnungssoftware die auf lange Sicht einzig akzeptable Lösung dar. Die Einführung der Betriebssysteme WINDOWS 95/WINDOWS NT und die daraus resultierende Nutzung der implementierten Schnittstellen könnten diesen Vorgang eventuell beschleunigen.

Ein mögliches Modell für den zukünftigen Datenaustausch zwischen CAD Applikationen und Berechnungssoftware verdeutlicht Bild 7-1.

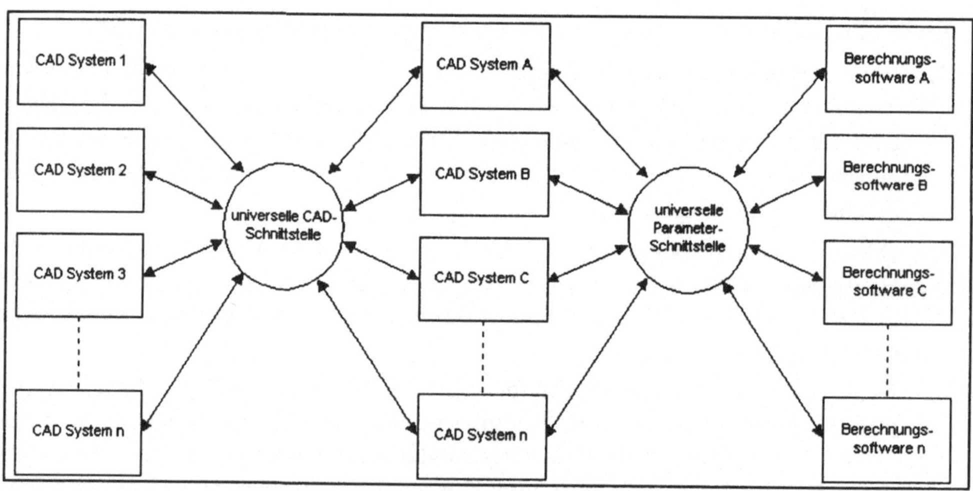

Bild 7-1:   Modell eines zukünftigen Datenaustausches

Trotz dieser kritischen Analyse bleibt festzuhalten, daß mit den gegenwärtigen Möglichkeiten der rechnergestützten Projektierungsverfahren in der Haustechnik den Projektanten ein leistungsfähiges Werkzeug zur effizienten Erledigung ihrer Aufgaben zur Verfügung steht. Allerdings ist auf Grund der Komplexität der Programmsysteme die Einarbeitungszeit, insbesondere für Einsteiger, nicht zu unterschätzen.

Anhang

Anschriften der im Kapitel 2.4 genannten Softwarevertriebs-Firmen

Berechnungs-Software:

MW-Software

Markert Welfens & Partner GmbH
Ubierring 11
50678 Köln

mh-Software

mh-Software GmbH
An der Roßweid 6
76229 Karlsruhe

IBM Haustechnik

IBM Deutschland Informationssysteme GmbH
70548 Stuttgart

SSS

SyskopoS Software GmbH
Joseph-Dollinger-Bogen 7
80807 München

Solar

Solar Computer Bayern GmbH
Geislbach 12
84416 Taufkirchen/Vils

CAD Applikationen

C.A.T.S.

CAD and Technical Software GmbH
Karlstraße 10
64285 Darmstadt

pit-cup

pit-cup
Hebelstraße 22
69115 Heidelberg

RoCAD

RoCAD (Rottermann CAD) Informatik
CH-3012 Bern (Schweiz)

PHi-Tech

PHi-Tech Computer & Automations Systems GmbH
Kapuzinerstraße 84 E
A-4020 Linz (Österreich)

Triplan

Triplan Ingenieur AG
Hauptstraße 8
CH-4153 Reinach 1 (Schweiz)

Tabellenverzeichnis

Bilderverzeichnis

Literaturverzeichnis

/1-1/   Meißner, U. u.a.: CAD im Bauwesen.
         Springer-Verlag, 1992.

/1-2/   Verordnung über die Honorare für Leistungen der Architekten und
         Ingenieure (HOAI).

/1-3/   DIN 2000: Zentrale Trinkwasserversorgung: Leitsätze für
         Anforderungen an Trinkwasser, Planung, Bau und Betrieb
         der Anlagen: Technische Regeln des DVGW.

/1-4/   DIN 1356: Bauzeichnungen.

/1-5/   DIN 2425: Planwerke für die Versorgungswirtschaft, die
         Wasserwirtschaft und für Fernleitungen.

/1-6/   DIN 1988: Technische Regeln für Trinkwasser-Installationen (TRWI).

/1-7/   DIN 1786: Installationsrohre aus Kupfer.

/1-8/   DIN 1986: Entwässerungsanlagen für Gebäude und Grundstücke.

/1-9/   DIN 2429: Graphische Symbole für Technische Zeichnungen.

/1-10/   Feurich, H.: Sanitärtechnik, Krammer-Verlag, Düsseldorf, 1991.

/1-11/   DIN 18022: Küche, Bad, WC, Hausarbeitsräume.

/1-12/   Siegloch, H.: Technische Fluidmechanik, VDI-Verlag, Düsseldorf, 1991.

/1-13/   DIN 1946: Raumlufttechnik.

/1-14/   DIN 24190: Blechrohre; gefalzt, geschweißt.

Weiterführende Literatur:

/1-15/   Volger, K. und Laasch, E.: Haustechnik.
         Teubner-Verlag, Stuttgart, 1989.

/1-16/   Feurich, H.: Sanitärtechnik.
         Krammer-Verlag, Düsseldorf, 1991.

/1-17/   Mutschmann, J.; Stimmelmayr, F.:
         Taschenbuch der Wasserversorgung.
         Franckh-Kosmos Verlag, Stuttgart, 1991.

/1-18/   DIN 4045: Abwasserwesen; Fachausdrücke und Begriffserklärungen.

/1-19/   Recknagel; Sprenger; Hönmann (Hrsg. Schramek): Taschenbuch für
         Heizung Klimatechnik. R. Oldenbourg Verlag, München, Wien, 1993.

/1-20/   Ihle, C.: Lüftung und Luftheizung .Werner-Verlag, Düsseldorf, 1991.

/2-1/   Reinemann, G.; Düvel, H.; Galow, U.; Enke, T.; Schmidt, G.
         (Hrsg.: Reinemann, G.): CAD mit ACAD-BAU.
         Friedr. Vieweg & Sohn Verlagsgesellschaft mbh,
         Braunschweig Wiesbaden, 1994.

/3-1/   Anderl, R.: CAD-Schnittstellen: Methoden und Werkzeuge zur
         CA-Integration. Carl-Hanser Verlag, München Wien, 1993.

/3-2/   Vajna, S.; Weber, Ch.; Schlingensiepen, J.; Schlottmann, D.:
         CAD/CAM für Ingenieure: Hardware, Software, Strategien.
         Friedr. Vieweg & Sohn Verlagsgesellschaft mbh,
         Braunschweig Wiesbaden, 1994

/3-3/   Friedel, T.; Lüneburg, W.; Reinemann, G.: Planen und Entwerfen mit
         AutoCAD. SYBEX-Verlag Düsseldorf, 1992.

/4-1/   TabCAD, Benutzerhandbuch.
         C.A.T.S. GmbH, Darmstadt,1995.

/4-2/   ArchiCAD, Benutzerhandbuch.
         C.A.T.S. GmbH, Darmstadt,1995.

/4-3/   SymCAD-Heizungstechnik, Benutzerhandbuch.
         C.A.T.S. GmbH, Darmstadt,1995.

/4-4/   SymCAD-Lüftungstechnik, Benutzerhandbuch.
         C.A.T.S. GmbH, Darmstadt,1995.

/4-5/   SymCAD-Elektrotechnik, Benutzerhandbuch.
         C.A.T.S. GmbH, Darmstadt,1995.

/4-6/   SymCAD-Feuerschutz, Benutzerhandbuch.
         C.A.T.S. GmbH, Darmstadt,1995.

/4-7/   C.A.T.S.News, Magazin für die Haustechnik.
         Ausgabe 12/1995, C.A.T.S. GmbH, Darmstadt,1995.

/4-8/   pit-cup 4.x, Benutzerhandbuch der Module
         pit-Menü, pit-Regelung und pit-Bau.
         Pit-Cup GmbH, Heidelberg,1995.

/4-9/   pit-cup 4.x, Benutzerhandbuch der Module
         pit-Menü, pit- und pit- .
         Pit-Cup GmbH, Heidelberg,1995.

/4-10/   pit-cup 4.x, Benutzerhandbuch der Module
         pit-Menü, pit- und pit-.
         Pit-Cup GmbH, Heidelberg,1995.

/4-11/   pit-cup 4.x, Benutzerhandbuch der Module
         pit-Menü, pit- und pit- .
         Pit-Cup GmbH, Heidelberg,1995.

Sachwortverzeichnis

CAD mit ACAD-Bau

Rechnergestützte Bauprojektierung unter AutoCAD

von Günter Reinemann

1995. X, 264 Seiten mit 225 Abbildungen und 16 Tabellen (CAD mit AutoCAD-Bau) Kartoniert. ISBN 3-528-06605-9

Über den Autor: Dr.-Ing. habil. Günter Reinemann war früher Leiter des Rechenzentrums der TH Merseburg. Heute ist er in der Entwicklung von Anwendersoftware tätig.

Aus dem Inhalt: Programmstruktur – Außenwand – Innenwand – Dächer – Öffnungen – Obergeschoß – Treppe – Bemaßung – Symbole

Dieses Buch bietet eine systematische Einführung in den Umgang und die Anwendung von ACAD-Bau. Als Lehrbuch bietet es eine praxisorientierte Einführung in die CAD-Arbeit anhand alltäglicher Aufgabenstellungen aus dem Gebiet der Bauzeichnung. Nutzer und Anwender, die bisher schon mit ACAD-Bau gearbeitet haben, lernen die neuen Möglichkeiten der Anwendung unter Windows kennen und werden mit dem Update der Version 5.01 vertraut gemacht.

Verlag Vieweg · Postfach 1546 · 65005 Wiesbaden